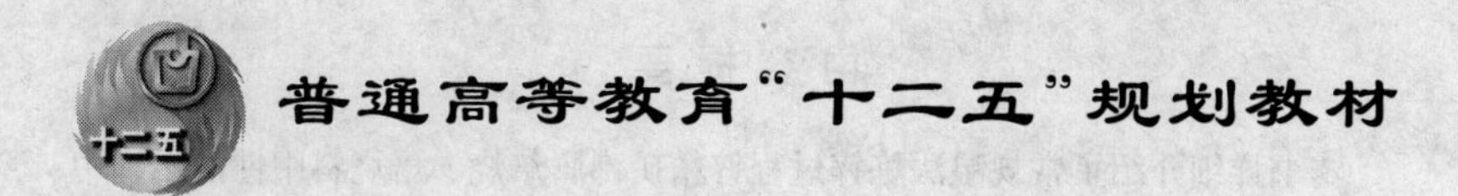

锌提取冶金学

魏 昶 李存兄 编著

北京
冶金工业出版社
2013

内容提要

本书详细介绍了常规湿法炼锌过程锌精矿沸腾焙烧、焙烧料中性浸出、中性浸出液净化、硫酸锌溶液的电解沉积等过程的基本原理、生产工艺与设备及操作。对炼锌原料、炼锌方法、浸出渣处理、硫化锌矿的处理新工艺、氧化锌矿湿法冶炼工艺等也做了适当的介绍。

本书可作为高等院校相关专业的教学用书，也可供有色金属冶金企事业单位的工程技术人员参考。

图书在版编目（CIP）数据

锌提取冶金学/魏昶，李存兄编著. —北京：冶金工业出版社，2013.8

普通高等教育“十二五”规划教材

ISBN 978-7-5024-6314-4

Ⅰ.①锌… Ⅱ.①魏… ②李… Ⅲ.①炼锌—高等学校—教材 Ⅳ.①TF813

中国版本图书馆 CIP 数据核字（2013）第 163597 号

出 版 人 谭学余

地　　址 北京北河沿大街嵩祝院北巷 39 号，邮编 100009

电　　话 (010)64027926 电子信箱 yjcbs@cnmip.com.cn

责任编辑 杨盈园 王雪涛 美术编辑 吕欣童 版式设计 孙跃红

责任校对 郑 娟 责任印制 李玉山

ISBN 978-7-5024-6314-4

冶金工业出版社出版发行；各地新华书店经销；北京百善印刷厂印刷

2013 年 8 月第 1 版，2013 年 8 月第 1 次印刷

787mm×1092mm 1/16；11.5 印张；274 千字；174 页

28.00 元

冶金工业出版社投稿电话：(010)64027932 投稿信箱：tougao@cnmip.com.cn

冶金工业出版社发行部 电话：(010)64044283 传真：(010)64027893

冶金书店 地址：北京东四西大街 46 号(100010) 电话：(010)65289081（兼传真）

（本书如有印装质量问题，本社发行部负责退换）

前　言

金属锌被称为“现代工业的保护剂”，由于其良好的物理化学性能广泛应用于国民经济建设与发展的各个领域。目前世界上约80%的金属锌采用湿法冶炼工艺生产，我国已成为锌的最大生产国和消费国。

作者在总结近些年科研、生产实践经验的基础上，将生产实践和基本理论相结合，科研与生产相结合，编写了此书，充分反映和展示湿法炼锌领域的国内外最新科研和生产成果。本书以常规湿法炼锌工艺流程为主线，全面阐述了锌精矿沸腾焙烧、焙烧料中性浸出、中性浸出液净化、硫酸锌溶液的电解沉积等过程的基本原理、基本技术、基本工艺和主要设备，并结合生产实践，总结了实践中的技术与控制条件。介绍了硫化锌矿、氧化锌矿处理的新工艺、新方法。

魏昶教授担任本书主编，并编写了第2章第2.4.4节、第3章第3.2.6节及第6章，其余部分由李存兄编写。在本书编著过程中邓志敢、李兴彬、李旻廷完成统稿、审校工作。

昆明理工大学魏昶教授2003年主编的《湿法炼锌理论与应用》一书是本书坚实的基础。在编写过程中，还参阅了锌冶金方面的相关文献，在此向书中参考文献的作者表示诚挚的谢意。

由于水平有限，书中不妥之处，恳请读者批评指正。

编　者

2013年4月

目　录

1 概　述

1.1 锌及其化合物的性质

1.1.1 锌的结构与物理化学性质

1.1.1.1 锌的原子、离子及晶体结构

A　锌的原子结构

锌位于周期表中第四周期，第二族副族，原子序数30，相对原子质量65.39。锌和另外两个重金属Cd和Hg位于同一副族内，这一副族也常被称为锌分族。

在锌的原子结构中，K、L、M三个主层均已填满电子，在最外面的N层上只有两个电子，且都在4S轨道。锌分族元素的电子分布状况如表1-1所示。

表1-1　锌分族元素的电子分布

符　号	原子序数	K	L	M	N	O	P
Zn	30	2	8	18	2		
Cd	48	2	8	18	18	2	
Hg	80	2	8	18	32	18	2

所有电子轨道都被填满是锌原子结构的最大特点，正由于此缘故，使得锌的物化性质不同于周期表中的前后元素，而与同一分族的镉（Cd，第五周期）和汞（Hg，第六周期）在物化性质的许多方面表现相似性。镉的内层和5S亚层，汞的内层和6S亚层同样都为电子填满，因而和锌原子的十分相似，它们的电子分布分别是锌（$3d^{10}/4S^2$）；镉（$4d^{10}5S^2$）；汞（$5d^{10}6S^2$）。

B　锌的离子结构

当锌最外围4S亚层的两个电子失去后，即变为带正电荷的阳离子Zn^{2+}。元素的化学性质在很大程度上取决于外电子层构造，尤其是最外层的价电子的影响特别大。

锌离子的半径较小，为0.074nm，离子外壳由18电子层（M主层）组成。锌的离子半径在第二副族中是最小的，而且也比大多数主族元素小，仅大于铍离子（Be^{2+}），而和镁离子Mg^{2+}的半径（0.072nm）十分相近。

C　锌的晶体结构

晶体结构对锌的塑性变形及性能的各向异性有重要作用。锌和镁、镉、α-钛一样具有密排六方结构（图1-1），25℃时的单胞尺寸为：

$$a=0.26649\text{nm},\qquad c=0.49469\text{nm},\qquad c/a=1.856$$

理想的 hcp 结构的轴比为 1.633，而锌具有高的 c/a 比值，说明在 c 轴方向上原子间距较大，这使得锌在许多方面如热膨胀、导热性、电阻等表现出明显的各向异性。

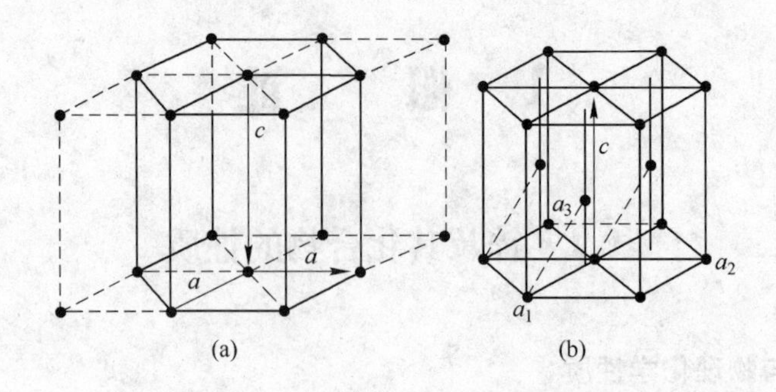

图 1-1 锌晶体结构的重要特征

（a）简单六方空间点阵；（b）密排六方晶体结构

1.1.1.2 锌的热力学性质

A 热容

气态金属锌的蒸气分子由单原子组成。单原子气体的热容都具有如下的数值：

$$c_V = 12.54 J/(K \cdot mol)$$

$$c_p = c_V + R = 20.9 J/(K \cdot mol)$$

c_p的精确值为 20.77J/(K·mol)，升温时系统所吸入的热量全部用来增加分子移动的动能，并且遵照能量均分原则，平均地分配在三个不同的方向上（三个自由度）。

气态的锌原子是以无规律的形式运动，加热的结果仅仅增大它们的动能，其热容不随温度变化。而液态锌就不同了，它们在近距离范围内，具有规则的点阵结构，这种有秩序的排列方式只有在达到较远距离时才会逐渐消失。由于质点间的相互作用，升温的结果不仅增大了原子或离子振动的动能，而且也增大了它们的位能。

各种液态金属的热容在熔点附近和固态相近，锌也是如此，如 419℃时，

$$c_p（固态）= 30.1 J/(K \cdot mol)$$

$$c_p（液态）= 33.02 J/(K \cdot mol)$$

液态金属锌的热容随温度的升高而逐渐降低（表 1-2），且有一定的规律，温度每升高约 100℃，c_p值减小约 0.9J/(K·mol)。

表 1-2 液态锌的热容与温度的关系

温度/℃	c_p/J·(K·mol)$^{-1}$
419	32.73
500	32.06
600	31.18
700	30.31
800	29.39
900	28.51

已经测得，固态锌在室温（25℃）下的热容为25.37J/(K·mol)，而在每一个相变点即熔点时的c_p值为32.19J/(K·mol)。固态锌的热容随温度升高而增大，其关系可描述为：

$$c_p = 21.95 + 11.29 \times 10^{-3} T \qquad (0 \sim 420℃)$$

或

$$c_p = 22.36 + 10.03 \times 10^{-3} T \qquad (25 \sim 419℃)$$

上述两个方程的精确度都可以达到±1%，按照以上两个关系求出的固态锌在某些温度下的c_p值如表1-3所示。

表1-3 固态锌在某些温度下的c_p值

温度/℃		0	25	200	400
c_p /J·(K·mol)$^{-1}$	1	25.03	25.31	27.28	29.54
	2	25.10	25.35	27.11	29.11

B 蒸气压

蒸气压是金属锌的一项极为重要的热力学数据，锌的一系列物化性质都由这个参数所规定。

锌的蒸气压随温度的升高而增大。蒸气压和温度的关系服从指数规律，即蒸气压的增长速度最初很缓慢，当达到750℃时，就急剧增大。

常用Kelley方程计算液态锌的蒸气压：

$$\lg p = -\frac{6754.5}{T} - 1.318\lg T - 6.01 \times 10^{-5} T + 9.843$$

固态锌的蒸气压则用Barrow-Dodsworth方程计算：

$$\lg p = 9.8253 - 0.1923\lg T - 0.2623 \times 10^{-3} T - \frac{6862.5}{T}$$

在不同温度下，由Kelley方程计算的蒸气压数值与实测值非常接近，其比较见表1-4。

表1-4 液态锌的饱和蒸气压

温度		实测蒸气压 /mmHg[①]	计算蒸气压 /mmHg
℃	K		
420	693	1.63×10^{-1}	1.545×10^{-1}
450	723	3.97×10^{-1}	3.684×10^{-1}
500	773	1.38×10^{0}	1.353×10^{0}
550	823	4.10×10^{0}	4.298×10^{0}
600	873	1.17×10	1.136×10
650	923	2.80×10	2.763×10
700	973	6.05×10	6.056×10
750	1023	1.22×10^{2}	1.231×10^{2}
800	1073	2.40×10^{2}	2.335×10^{2}
850	1123	4.27×10^{2}	4.162×10^{2}
900	1173	7.17×10^{2}	7.052×10^{2}
950	1223	1.145×10^{3}	1.141×10^{3}
1000	1273	—	1.759

① 1 mmHg=133.322Pa。

C 锌的熵

熔化热与熔点的高低成正比，对大多数金属来说，除去熔化热后所得的熔化熵都具有相近的数值，一般在9.61～10.03J/(K·mol)。锌的熔化热为6897J/mol，其熔化熵为9.82J/(K·mol)。

气化热的大小与金属键的强弱有关。金属键越强，则气化热就越大，沸点也就越高。根据特鲁顿规则，气化热和沸点两者之间的比值接近于一常数，其数值为91.96～96.14J/(K·mol)，这个常数就是气化熵。锌在沸点（1180K）的气化熵为97.39J/(K·mol)。

锌在低于15K或12K时的热容值可以根据德拜公式直接求出：

$$c_V = 1941.6\frac{T^3}{Q^3}$$

已知锌的特征温度为210K，求出的固态锌的标准熵值为：

$$S_{298}^{\ominus} = 41.59 \pm 0.1\ \mathrm{J/(K \cdot mol)}$$

锌的熵值随温度的升高而增大，只要有了热容与温度的关系，就可以找出熵和温度的关系。固态锌、液态锌和气态锌的熵与温度的关系如下：

固态锌：$S_T^{\ominus} = -86.74 + 50.54\lg T + 11.29 \times 10^{-3} T$（温度范围0～419.5℃）

液态锌：$S_T^{\ominus} = -137.48 + 73.07\lg T + 2.3 \times 10^{-3} T$

气态锌：$S_T^{\ominus} = 40.04 + 47.86\lg T$

根据以上三个方程式得出锌在一些温度下的熵值，如表1-5所示。

表1-5 锌的熵值 (J/(K·mol))

固态锌		液态锌		气态锌	
t/℃	$S_T^{\ominus}$	t/℃	$S_T^{\ominus}$	t/℃	$S_T^{\ominus}$
0	39.46	419.5	71.60	25	158.42
25	39.92	500	75.28	907	187.10
100	47.44	600	79.38	1000	188.64
200	53.75	700	83.06	1200	191.65
300	59.11	800	86.40	1400	194.33
400	63.75	900	89.41	—	—
419.5	64.62	907	90.46	—	—

1.1.1.3 锌的物理性质

锌的物理性质见表1-6。

表1-6 锌的物理性质

项 目	数 值
原子序数	30
相对原子质量	65.38
天然稳定同位素的相对原子质量	64，66，67，68，70
在地球中所占百分比/%	59.9，27.3，3.9，17.4，0.5

续表 1-6

项目			数值
人工放射性同位素质量数			60～63，65，69，71，72
晶体结构			hcp
点阵参数			a=0.26649nm，c=0.49469nm c/a=1.856
孪生面			（1012）
原子尺寸/nm	金属原子半径		0.1332
	离子半径（M^{2+}）		0.074
熔点/℃（K）			419（692）
沸点（101325Pa 时）/℃（K）			907（1180）
密度/$g \cdot cm^{-3}$	固体	25℃时	7.14
		419.5℃时	6.83
	液体	419.5℃时	6.62
		800℃时	6.25
熔化热/$J \cdot mol^{-1}$	419.5℃时		7384.76
蒸发热/$J \cdot mol^{-1}$	907℃时		114767.12
热容/$J \cdot mol^{-1}$	固体（298～692.7K 时）		c_p=22.40+10.05×$10^{-3}T$
	液体		c_p=33.02
	气体		c_p=20.90
导热系数/$J \cdot (s \cdot cm \cdot ℃)^{-1}$	固体	18℃时	1.13
		419.5℃时	0.96
	液体	419.5℃时	0.61
		750℃时	0.57
线膨胀系数/$℃^{-1}$	多晶体（20～25℃）		39.7×10^{-6}
	a 轴（20～100℃）		14.3×10^{-6}
	c 轴（20～100℃）		60.8×10^{-6}
体膨胀系数/$℃^{-1}$（20～400℃）			8.9×10^{-5}
表面张力/$mN \cdot cm^{-1}$			7.58～0.0009（t～419.5）
电阻率/$\mu\Omega \cdot cm^{-3}$	多晶体（0～100℃）		5.46（1+0.0042t）
	20℃时 a 轴		5.83
	20℃时 c 轴		6.16
	液体（423℃时）		39.955
磁化率/mHs	多晶体（20℃时）		−1.74×10^{-9}
	a 轴		−1.55×10^{-9}
	c 轴		−2.18×10^{-9}
弹性模量/MPa			80000～130000
剪切模量/MPa			8000

1.1.2 锌的主要化合物

1.1.2.1 硫化锌（ZnS）

硫化锌（ZnS）：纯硫化锌为白色物质，但工业上用的硫化锌由于含有方铅矿、赤铁矿、黄铁矿等杂质常呈褐色、褐黑色、褐黄色、灰红色。硫化锌在自然界常以闪锌矿出现，闪锌矿的密度为4.083g/cm^3。硫化锌在常压下不熔化，在高温下经过液相阶段直接气化挥发。硫化锌在空气中加热易氧化生成氧化锌，在温度为600℃时反应较剧烈；在氮气流中1200℃即可显著挥发，如在氧化气氛中加热时由于挥发后的硫化锌蒸气氧化生成氧化锌和二氧化硫，更加速了硫化锌挥发的进行，这对硫化锌精矿的沸腾焙烧有重要意义。

硫化锌可溶于盐酸和浓硫酸溶液中，但不溶于稀硫酸，可以采用各种氧化剂，如高铁离子 Fe^{3+}将溶液中的硫离子 S^{2-}氧化成元素硫（S）即硫黄，降低溶液中 S^{2-}浓度，使溶解过程加快进行，硫化锌精矿直接酸浸的可能性就在于此。

1.1.2.2 氧化锌（ZnO）

氧化锌（ZnO）俗称锌白，为白色粉末，但在加热时会发黄，可溶解于酸和氨液中。氧化锌的密度为5.78g/cm^3，熔点为1973℃。氧化锌在1000℃以上开始挥发，1400℃以上挥发激烈。法捷尔在氮气流中测得氧化锌在1300℃和1400℃下的蒸气压分别为199Pa和399Pa。

氧化锌为两性氧化物，可与酸和强碱反应生成相应的盐类，在高温下可与各种酸性氧化物、碱性氧化物，如 SiO_2、Fe_2O_3、Na_2O 等，生成硅酸锌、铁酸锌、锌酸钠。氧化锌能被碳和一氧化碳还原成为金属锌。

1.1.2.3 碳酸锌（$ZnCO_3$）

自然界中碳酸锌以菱锌矿状态存在（52.2% Zn），350～400℃开始分解，易溶于稀硫酸、碱和氨水中。

1.1.2.4 硫酸锌（$ZnSO_4$）

硫酸锌（$ZnSO_4$）极易水化，通常生成含有7个结晶水的水化合物——七水硫酸锌 $ZnSO_4 \cdot 7H_2O$。锌矾、硫酸锌溶液蒸发结晶时或加热脱水时按控制的温度不同可形成一系列水化合物，其中主要有 $ZnSO_4 \cdot 7H_2O$、$ZnSO_4 \cdot 6H_2O$、$ZnSO_4 \cdot H_2O$ 等。全脱水和部分脱水后的硫酸锌吸水能力很强。

硫酸锌加热时最先生成碱式硫酸 $ZnSO_4 \cdot 2ZnO$，随后进一步分解成 ZnO。硫酸锌约在650℃开始离解，在750℃以上进行激烈离解。硫酸锌离解压和温度的关系如表1-7所示。

表1-7 硫酸锌离解压和温度的关系

温度/℃	674	690	720	750	775	800
离解压/kPa	0.71	0.81	3.24	8.11	15.20	252.3

1.2 锌资源及炼锌原料

1.2.1 锌资源概况

世界锌资源较多，主要分布在中国、加拿大、美国、澳大利亚、秘鲁和墨西哥等国。据美国地调局统计，2002 年世界已查明的锌储量有 1.9×10^8t，锌储量基础为 45000×10^4t。世界锌储量和储量基础较多的国家有中国、澳大利亚、美国、加拿大、墨西哥、秘鲁、哈萨克斯坦、南非、摩洛哥和瑞典等，它们合计占世界锌基础储量的 75% 左右。

我国的锌资源主要分布在云南、内蒙古、甘肃、四川、广东等省和自治区，这五地的锌资源占全国锌资源总量的 59%，其中云南锌矿资源储量共 2028.93×10^4t，居全国第一。广西、湖南、贵州等地也有锌矿资源。中国在 1999 年底探明锌资源总量为 9212×10^4t，资源量为 6047×10^4t，基础储量为 3165×10^4t。2002 年探明锌储量 3300×10^4t，锌基础储量为 9200×10^4t，到 2003 年探明锌储量为 3600×10^4t，基础储量仍然为 9200×10^4t。

1.2.2 炼锌原料

锌冶炼的原料有锌矿石中的原矿和锌精矿，也有冶炼厂产出的次生氧化锌烟尘。按原矿石中所含的矿物种类可分为硫化矿和氧化矿两类。在硫化矿中锌呈闪锌矿（ZnS）或铁闪锌矿（nZnS · mFeS）状态。氧化矿中的锌多呈菱锌矿（$ZnCO_3$）和硅锌矿（$Zn_2SiO_4 \cdot H_2O$）状态。自然界中锌矿石最多的还是硫化锌矿，氧化锌矿一般是次生的，是硫化锌矿长期风化的结果，故氧化锌矿常与硫化锌矿伴生，但世界上也有大型独立的氧化锌矿，如泰国的巴达思矿（Pa. Daeng）、巴西的瓦赞提矿、澳大利亚的巴尔塔纳矿（Beltana）、伊朗的安格拉矿（Anqouan）等。

我国硫化锌精矿的化学成分见表 1-8。

由表 1-8 可知，硫化锌矿一般常与其他金属硫化矿伴生，除锌外还常含有铅、铜、铁、银、金、砷、锑等其他有价金属。硫化矿矿石易选，经选矿得到的精矿中锌含量一般在 40% ~60% 之间。我国的锌精矿质量标准（YB114—82）见表 1-9。

氧化锌矿的选矿至今还是难题，富集比不高，故目前氧化锌矿的应用多以富矿为对象，一般将氧化锌矿经过简单选矿进行少许富集，或直接冶炼富矿。几种用于冶炼的氧化锌矿化学成分见表 1-10。

氧化锌烟尘主要有烟化炉烟尘和回转窑还原挥发的烟尘。各种烟尘的化学成分见表 1-11。

表 1-8 我国硫化锌精矿的化学成分

名称	矿山														
	凡口	桓仁	天宝山	青城子	青源	柴河	小西林	大新	大厂	黄沙萍	桃林	八家子	厂坝	赤铁山	红透山
w(Zn)/%	43.0	55	44.5	53.5	45	48	48	58	46.5	44.24	51	46	55	44	52
w(Pb)/%	2.5	0.43	0.4	0.8	0.2	1.8	1.0	0.8	1.03	0.6	0.5	0.78	1.3~1.49	1.37	0.20
w(Cd)/%	0.1	0.22	0.28	0.35	0.17	0.38	0.4	0.4	0.35	0.21	0.15	0.24	0.27~0.31	0.32	0.18
w(S)/%	32.0	30.6	28	31.5	32.3	27	32	30.5	31.7		28	30	27~31	33	32
w(Fe)/%	10.5	7.1	11.6	7.5	19.5	5.0	14	4.5	12.3	15~17	6.0	4	4~5	15	12
w(Cu)/%	0.09	0.78	0.55	0.4	0.39	0.12	0.4	0.09	0.53	0.3~0.8	0.3	0.69	0.04~0.20	0.25	0.76
w(In)/%	<0.0003	0.0035	0.021	0.0065	0.0038	0.0003	0.014	0.0053	0.067	0.006		0.011	0.002	0.056	0.005
w(Ni)/%	<0.0005	0.0024	0.0014	0.0006	0.001	0.0005	<0.0005	0.0032	0.001	<0.001					
w(Sb)/%	<0.002	<0.002	0.0024	0.009	0.021	0.008	0.005	0.01	0.455		0.0071	0.015	0.011	0.014	0.013
w(Hg)/%	0.017	0.0006	0.001	0.001	0.0032	0.105	0.0007	0.02	0.0024	0.0003	0.0007	0.005	0.021	0.005	0.005
w(Bi)/%	0.005	0.016	0.005	<0.005	<0.005	<0.005	<0.005	<0.005	0.033	0.026					
w(Co)/%	0.0005	0.08	0.008	0.0015	0.005	0.0011	0.0008	0.0025	0.0015	0.0006	0.036				
w(Ga)/%	0.0146	0.0006	<0.0005	0.0041	<0.0005	<0.0013	<0.005	0.0032	0.0037	0.001	0.001	0.0032	<0.0005	0.0007	0.0005
w(Ge)/%	0.0061	0.0005	0.0005	0.0006	0.0005	0.0011	0.0005	0.006	0.0005	0.0001	0.0006	0.0009	<0.0005	<0.0005	<0.0005

续表 1-8

名称	矿山														
	凡口	桓仁	天宝山	青城子	青源	柴河	小西林	大新	大厂	黄沙萍	桃林	八家子	厂坝	赤铁山	红透山
$w(Se)$/%	<0.0005	0.0075	0.0071	0.0005	0.0029	0.0005	0.0005	0.0005	0.0027	0.0012					
$w(Mn)$/%	0.111	0.29	0.65	0.055	0.017	0.07	0.30	0.042	0.613		0.071				
$w(Tl)$/%	<0.0003	<0.0003	0.0003	<0.0002	0.0002	0.0002	0.0002	0.0004	<0.0002	0.001					
$w(Te)$/%	<0.0005	0.0006	0.0005	<0.0005		<0.0005	<0.0005	<0.001	<0.0005	0.00026		<0.0005	0.0007	0.0005	<0.005
$w(Ag)$ /$g \cdot t^{-1}$	469	860	44	274	50	153	126	62	302			258	37	39	59
$w(CaO)$ /%	0.74	1.76	2.9	0.91	<0.05	3.6	0.05	0.5	0.97	1.01	0.42		0.20		
$w(MgO)$ /%	1.35	<0.5	<0.5	<0.5	<0.5	2.1	<0.5	0.5	<0.5		0.62		0.03		
$w(Al_2O_3)$ /%	0.42	0.12	0.45	0.2	0.26	0.07	0.093	0.68	0.13		1.02				
$w(SiO_2)$ /%	5.92	3.0	5.44	1.8	1.2	1.42	0.38	4.56	1.5	1.83	4.85		5.22		
$w(As)$ /%	0.1	0.03	0.47	0.16	0.014	0.53	0.029	0.014	0.7	0.20	0.0032	0.045	0.057	0.069	0.01
$w(F)$ /%	<0.01	0.015	0.05	0.011	0.001	<0.01	<0.01	0.005	0.021	0.063	0.46				
$w(Sn)$ /%	0.0052	<0.005	0.008	0.03	<0.005	<0.005	0.008	<0.005	0.42		0.005	0.006	0.005	0.012	0.005
烧结温度 /℃	1080 ~ 1120	1184	1140	1193	1199	1150 ~ 1170	1281	1178	1212		1177	>1250	>1250		1240
堆积密度 /$t \cdot m^{-3}$		1.84	1.79	1.85	1.7				1.74						

表 1-9 锌精矿质量标准（YB114-82）

品 级	锌含量（不小于）/%	杂质（不大于）/%					
		Cu	Pb	Fe	As	SiO_2	F
一级品	59	0.8	1.0	6	0.20	3.0	0.2
二级品	57	0.8	1.0	6	0.20	3.5	0.2
三级品	55	0.8	1.0	6	0.30	4.0	0.2
四级品	53	0.8	1.0	7	0.30	4.5	0.2
五级品	50	1.0	1.5	8	0.40	5.0	0.2
六级品	48	1.0	1.5	13	0.50	5.5	0.2
七级品	45	1.5	2.0	14	协议	6.0	0.2
八级品	43	1.5	2.5	15	协议	6.5	0.2
九级品	40	2.0	3.0	16	协议	7.0	0.2

表 1-10 氧化锌矿化学成分

矿 名	成分/%							
	Zn	SiO_2	Ca	Mg	Pb	As	Cl	F
巴尔塔纳矿	36.8	22.3	7.7	1.85	1.95	0.7	0.08	0.011
巴尔塔纳矿	29.77	31.57	2.45	0.5	2.11	0.065	0.043	0.014
巴尔塔纳矿	29~77	13~26	1.6	1.1~3	0.7~1.0		0.067	0.041~0.1
安格拉矿	38.5	11.28	1.20	0.03	2.80	0.18	0.07	0.015

表 1-11 氧化锌烟尘化学成分 （%）

成 分	株洲冶炼厂		沈阳冶炼厂	会泽铅锌矿冶炼厂
	铅烟化炉氧化锌	锌回转窑氧化锌	锌回转窑氧化锌	氧化矿烟化炉氧化锌
Zn	59~61	66.39	60~68	53~58
Pb	11~12	10.40	8.5~9.5	16~22
F	0.9~1.1	0.167	0.05~0.1	0.11~0.17
Cl	0.03~0.06	0.126	0.06~0.08	0.055~0.07
In	0.08~0.1	0.064	0.03~0.08	
Ge	0.008	0.0124	0.005~0.01	0.025~0.032

续表 1-11

成 分	株洲冶炼厂		沈阳冶炼厂	会泽铅锌矿冶炼厂
	铅烟化炉氧化锌	锌回转窑氧化锌	锌回转窑氧化锌	氧化矿烟化炉氧化锌
Ga	0.003	0.0116		
As	0.3~0.9	0.432	<0.5	0.4~0.6
Sb	0.2~0.4	0.0566	<0.02	0.07~0.12
SiO_2	0.8~1.0	0.277		1.5~2.5
CaO	0.2~0.5	0.038		0.45~1.6
Al_2O_3	0.13~0.75			0.2~0.6
S	1.82~2.40	2.73		1.2~3.4

1.3 锌冶炼方法

现代炼锌方法分为火法炼锌与湿法炼锌两大类。火法炼锌包括平罐炼锌、竖罐炼锌、密闭鼓风炉炼锌及电热法炼锌。无论火法炼锌还是湿法炼锌，生产流程皆较复杂，在选择时，应根据原材料性质力求技术先进可行，经济合理，耗能少，环境友好，成本低等原则。

1.3.1 火法炼锌

火法炼锌工艺主要有平罐、竖罐、电热法和密闭鼓风炉等。其共同的特点是利用锌的沸点（906℃）较低，在冶炼过程中用还原剂将其从氧化物中还原挥发，从而使锌与脉石和其他杂质分离，锌蒸气进入冷凝系统被冷凝成金属锌。而硫化锌精矿则需经过焙烧而氧化成氧化物，然后再进行还原挥发、冷凝得到粗锌。粗锌经精馏后得到精锌。冶炼原则工艺流程如图 1-2 所示。

1.3.1.1 平罐炼锌工艺

第一台平罐炼锌炉于1807 年投入工业化生产，开创了现代锌冶金的先河。

平罐炼锌是将氧化矿或含硫小于1% 的焙砂配入适量的还原剂后，靠人工装入平罐蒸馏炉中的平放小罐内，然后加热炉体使罐内炉料升温到1000℃ 以上。炉料中锌被还原成锌蒸气，从罐内挥发到罐外的小冷凝器中冷凝成液体锌，残余的锌蒸气与 CO 一道进入延伸器中冷凝成蓝粉，剩余的 CO 在延伸出口自燃。

平罐炼锌具有设备简单、不用焦炭、耗电少、便于建设等优点，但平罐炼锌的罐渣锌含量达5% ~10%，需要进一步处理，加上其他挥发损失，锌的回收率仅为 70% ~ 80%；由于罐子的体积小，进出料完全靠人工操作，难以实现完善的机械化，从而造成劳动强度较大，操作难度增加，环境污染严重等问题，而且燃料和耐火材料的消耗均比较大。因此，技术落后的平罐炼锌现已基本被淘汰，世界上仅我国落后地区的一些小厂仍然采用该技术进行粗锌生产。

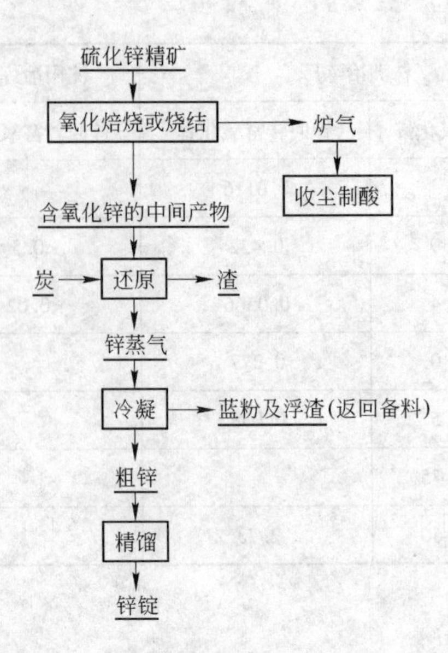

图 1-2 火法炼锌原则工艺流程

1.3.1.2 竖罐炼锌

竖罐炼锌是在平罐炼锌的基础上发展起来的，其原料性质和冶炼的技术操作条件与平罐炼锌基本相同。由于其装料罐体直立，罐体的进出料皆可实现机械化，从而使竖罐炼锌设备实现了大型化和机械化的操作，使劳动条件得到一定改善，提高了劳动生产率，对于缺少电力和焦炭的地区，这种方法具有独特的适应性。但此法仍无法避免罐体的间接加热，必须采用换热性能好而价格昂贵的碳化硅制品作为罐体材料，从而使投资增加，运行费用增高。竖罐炼锌仍未解决单罐产锌能力低、热效率低等缺点；而且炉料准备工序（压团、干燥）复杂，使备料作业费用提高。

目前，世界上大多数竖罐炼锌厂已被迫减产、停产或转产，但我国的葫芦岛锌厂的竖罐炼锌技术通过不断完善和改进，如锌精矿采用高温流态化焙烧、改造和简化制团工艺，精制优质团矿，强化蒸馏过程，实行竖罐大型化，并以廉价煤为燃料，多层次回收废热以弥补间接加热的不足，开拓了旋涡熔炼技术，扩大了综合回收等，提高了该方法的技术水平。故此，竖罐炼锌目前还是我国主要的火法炼锌工艺之一。

1.3.1.3 电炉炼锌工艺

电炉炼锌工艺是在早期的火法炼锌工艺基础上发展起来的。电热法炼锌的特点是，利用电能直接加热炉料连续蒸馏出锌。电热法炼锌所用的电炉形式有电弧炉和电阻炉两类。

电阻炉也是以氧化矿和焙砂作为原料，配入适量还原剂作为炉料，并以炉料作电阻。当电流通过炉料时产生热，即供反应使用，炉料同平罐、竖罐炼锌一样在锌蒸馏时不熔化。但该炉体结构较复杂，且炉子寿命太短，仅 1.5 ~ 3 个月，没有在世界上广泛推广。

电弧炉也是以氧化矿和焙砂作为原料，配入适量焦炭作还原剂，并需配入适量熔剂，电极被直接插入熔池中。当电流通过炉料时，在电极与炉渣之间产生电弧，电弧温度约 3000 ~ 4000℃，使炉料中锌蒸发挥发，而其他金属如铁也部分被还原沉入池底，脉石则熔化造渣。

19世纪末，瑞典的德拉瓦尔建立了第一座炼锌电弧炉，为电炉炼锌作出了重大贡献。随后，挪威和瑞典的其他锌生产厂也采用该技术建立了处理锌矿石的生产厂。1914年美国的哈德福特在康纳州建立了一座炼锌电炉，熔炼含锌37%的焙烧矿。这些电炉炼锌过程中主要采用液态炉渣。

我国的电炉炼锌始于1985年，当时采用矩形电炉，随着电炉功率的增大，又开始使用圆形电炉。我国的电炉炼锌和锌粉主要采用熔炼液态渣的办法。该技术最先在邯郸冶炼厂采用，随后推广到我国的河南、陕西、甘肃和青海等。

电炉炼粗锌和锌粉，具有对原料成分适应性很强的优点，不论是高铁锌矿还是高硅锌矿以及各类含锌中间物料，电炉熔炼工艺都能很好地对这些锌物料进行处理。但电炉炼锌耗电量太大，使该炼锌工艺的应用受到一定限制。

1.3.1.4 ISP炼锌工艺

ISP是英国帝国熔炼公司在鼓风炉熔炼法的基础上开发出来的处理工艺，于1950年投入工业化生产，因此该法也称密闭鼓风炉熔炼法或帝国熔炼法。1977年，我国韶关冶炼厂采用ISP法生产锌，随后白银冶炼厂也采用该工艺进行锌的生产。ISP法炼锌是将铅锌比为0.45～0.82的铅锌矿与溶剂混合后在烧结机上进行烧结脱硫，热烧块（800℃）和经预热的焦炭（400℃）通过双料钟加料器加入到密闭鼓风炉的顶部。经预热的高温空气（800℃）从鼓风炉底部的风嘴鼓入鼓风炉并在炉内迅速燃烧产生大量的热量和CO。锌则在鼓风炉内被还原挥发，然后从炉顶与烟气一道进入铅雨冷凝器冷凝获得锌，铅和铜等有色金属则还原后进入鼓风炉的炉底炉缸中。

ISP法的优点是能够同时炼锌和铅，且生产能力大，对原料适应性强，可以处理难选的铅锌矿、钢厂烟尘等各种杂料。但密闭鼓风炉炼锌需消耗较多冶金焦炭，且操作的技术条件要求较高，劳动强度较大，烧结工序的烟气较难处理，对环保有一定的危害。

在锌火法冶金工艺中，由于使用还原剂，产生大量的温室气体，在不同程度上对大气环境都有污染。随着环保要求的日益提高，火法炼锌法正逐步被湿法炼锌法取代。

1.3.2 湿法炼锌

目前，世界上80%的锌是采用湿法冶金方法生产的。湿法炼锌是1915年在美国蒙大拿州的Anacond锌厂首先进行工业化应用。该工艺实现了设备的大型化，并消除火法冶金的某些缺陷，如使用固体还原剂，使环境保护问题大为改善。1960年以后湿法炼锌得到迅速发展和应用。

湿法炼锌由锌精矿的沸腾焙烧、焙烧矿的浸出、净化和电积4个工序组成。湿法炼锌能综合回收10多种有价元素，对环境的影响小，可以产出高品质锌，其工艺流程如图1-3所示。在20世纪60年代以前，湿法炼锌厂都是采用简单的浸出流程，一部分锌损失在浸出渣中，锌的直接回收率只有80%左右。浸出渣含锌一般为18%～22%，因此需设置渣处理设备，以回收渣中的锌。

浸出渣的处理取决于渣的成分及冶炼条件，可分为火法渣处理和湿法渣处理。火法渣处理是将浸出渣干燥至水分为 15% ~18% 后，配加适当燃料（也做还原剂）焦炭，通过挥发窑将锌从渣中挥发进入烟尘，产出的次氧化锌烟尘含锌达 60%，再经冶炼回收其中的锌，其产出的渣既便于堆存，也可作为铺路的基层原料，但难以解决挥发烟气中低浓度 SO_2 对环境污染的问题。

早期的浸出渣处理皆采用火法渣处理，自 20 世纪 60 年代末以来，随着高酸高温浸出法以及各种沉铁方法（黄钾铁矾法和针铁矿法等）的研究成功，使湿法渣处理投入工业生产，有效地解决了浸出渣中锌含量高的问题，整个流程锌的回收率最高可达 95% ~98%，同时还解决了火法渣处理投资大、烟气排放难达标等问题。在焙烧、浸出、净液和电积车间实现了设备的大型化、机械化和自动化，明显减轻了劳动强度，提高了劳动生产率，但湿法渣处理产出的渣难以风干，渣中仍有少量酸液，从而对渣库的要求较高，投资增加。

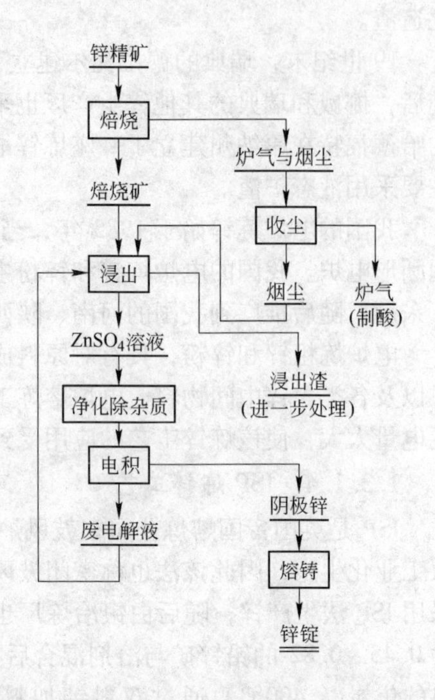

图 1-3　湿法炼锌原则工艺流程

1.4　锌的用途

锌的用途很广，它在国民经济中占有很重要的地位。世界锌的总消耗量在金属行列中排第五位，仅次于钢、铝、铜、锰。锌的主要用途如下：

（1）镀锌。钢材镀锌是锌消费量的大宗，特别是在经济发展时期，锌的消费量都急剧增长，如日本在 60 年代锌耗量从 18.9×10^4t 增长到 59.5×10^4t，10 年中平均每年增长率为 13.6%，其中 54% ~61.5% 用在镀锌方面。

（2）锌基合金。20 世纪初发展起来的 Zn－4Al 压铸合金由于具有熔点低、铸造性能好等特点，在航空工业和汽车工业获得广泛应用。虽然由于质量原因，锌的某些用途有被铝和塑料所取代的趋势，但因薄壁压铸技术的发展，在国外锌压铸件仍得到了一定程度的发展。特别是 60 年代开始发展，至 70 年代末形成的新的铸造锌合金开辟了新的应用领域。

但是，锌及其合金制品在某些范围内的应用正不断减少，如印刷制板工业用锌板的耗计量一直是有限的，目前部分印刷图板改用有机化合物（所谓塑料板），使锌在加工轧制品方面的消耗受到影响。

（3）合金元素。锌能与多种有色金属形成合金，以适应于各部门的需要。如 Cu-Zn 构成黄铜，Cu-Sn-Zn 形成青铜，Cu-Zn-Sn-Pb 用作耐磨合金，其中配制黄铜用锌占很大部分。

（4）化学工业用锌。硫酸锌用于制革、陶器、医药工业；氧化锌用作颜料、橡胶填料以及医药化妆品；氯化锌还用于浸渍木材起防腐作用。

（5）锌粉。在锌湿法冶炼的净液过程中，通常加锌粉除去铜、镉等杂质；在提取粗铅中的贵金属时也用到锌。

在世界各国锌的消费结构中，防腐领域（镀锌）用锌量总是第一位，其次为锌制品（包括压铸、加工品），配制合金用锌量一般居第三位。从使用锌的产业部门来看，也是由于镀锌，建筑业几乎耗去锌总量的三分之一，其次为交通运输业和电气工程、机械工程等领域。

1.5 锌的产量与消费

锌是国民经济的重要原材料，应用广泛，在有色金属中消费量仅次于铜和铝。世界上生产锌的主要国家和地区有中国、欧洲、加拿大、日本、澳大利亚、韩国、美国和墨西哥等，欧洲是世界上最大的锌生产地区，中国是世界上最大的锌生产国。表 1-12 列出了近几年来世界精锌的供求平衡。

表 1-12 世界精锌的供求平衡 （$\times 10^4$t）

年 份	2000	2001	2002	2003	2004	2005	2006	2007	2008
世界产量	898.1	924.8	967.3	990.9	1013.6	1019.7	1083.5	1134.5	1197.5
世界消费量	900.8	877.8	928.5	973.3	1005.9	1024.6	1129	1118.5	1140.0
世界供求平衡	-87.3	47.0	38.7	17.7	7.7	-4.9	54.5	16.7	57.8

2 锌精矿的沸腾焙烧

2.1 概　述

湿法炼锌的主要原料大体可以分成两大类：一类是锌的氧化矿；另一类是锌的硫化矿。锌的氧化矿在地壳中蕴藏量不多，其矿物多属菱锌矿（$ZnCO_3$）和硅锌矿（$ZnSiO_4 \cdot H_2O$），经过选矿处理，采用湿法工艺可直接提取锌。

锌的硫化矿是目前湿法炼锌的主要原料，其矿物基本上是闪锌矿和铁闪锌矿。大多数工厂使用的锌精矿锌的含量在40% ~54%之间，铁的含量在5% ~14%之间。

对于硫化矿，在常规湿法炼锌的过程中，首先要进行氧化焙烧，使硫化锌氧化成氧化锌。

$$ZnS+1.5O_2 = ZnO+SO_2$$

伴生在硫化锌精矿中的有价金属 Me（Cu，Cd 等），在焙烧过程中同时被氧化成金属氧化物。

$$MeS+1.5O_2 = MeO+SO_2$$

焙烧过程中产生的烟气含 SO_2，送制酸车间生产硫酸，焙烧产出的焙砂和烟尘送浸出工序。

2.2 锌精矿的配料

2.2.1 配料的目的

我国锌冶炼所用的锌精矿，是由多个矿山供给的，其主要元素及杂质的含量波动范围较大，而沸腾焙烧则要求炉料的主要成分杂质的含量均匀、稳定。

如果混合锌精矿各元素成分波动太大，则对沸腾焙烧及下一步湿法处理带来操作困难，并影响中间产品的质量。例如，锌品位低，不仅产量下降而且直接回收率也低；含硫不稳定，沸腾焙烧炉内的温度难以控制；水分太高，加料困难；水分太低，沸腾焙烧炉炉顶温度升高，烟尘率亦相对增高；含铅过高，易在炉内及冷却烟道形成结块，恶化操作过程；含铁太高，在焙烧时生成的铁酸锌就多，因为它不溶于稀硫酸中，从而会降低锌的浸出率；含硅高时，在焙烧时生成硅酸盐，浸出时间产生胶体二氧化硅，严重影响浸出矿浆的澄清及过滤；含砷锑过高，将导致电积过程出现“烧饭”现象。所以，锌精矿在焙烧之前，需要进行严格的配料。

2.2.2 配料方法

锌精矿的配料，在我国的生产实践中，通常采用圆盘配料及堆式配料两种方法。

2.2.2.1　圆盘配料法

圆盘配料就是采用圆盘给料机，将各种成分不同的精矿分别加入到各个圆盘给料机上的料仓中，根据确定的配料比例，用人工调节圆盘给料机的出口闸门，实现所要求的配料比例。为了保证配料准确，要求经常用皮带小磅秤进行测定。

圆盘配料不需要庞大的配料场地，能够灵活及时地改变配料比例，但设备及操作人员较多。

2.2.2.2　堆式配料法

根据配料计算所确定的配料比例，用行车抓斗将各种矿以抓数为单位按比例抓入配料仓内，将品位高低不同的精矿一层层地撒在配料仓内，一直将料仓堆满为止，每层料厚100～150mm，如图2-1所示。

使用时由一个方向从上到下切割到底，并以抓斗进行多次混合，以达到均匀稳定，此法又称切割堆式配料。

堆式配料可使炉料成分均匀稳定，并可预先分析校正，可以减少操作人员，但需要较大的配料场地。

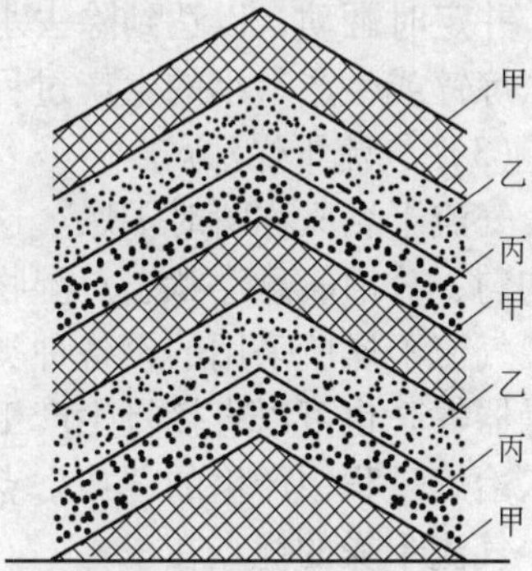

图2-1　切割堆式配料示意图

2.2.3　配料计算

配料计算的步骤：

(1) 根据配料计算前所掌握的情况加以分析，并初步假设一个配料比例。

(2) 将假定的配料比例乘以精矿中所含某元素成分的质量百分数，就等于精矿中该元素的质量。

(3) 将各种精矿中同一元素成分的质量相加，就得到混合锌精矿中该元素的总量。

(4) 根据计算结果，与混合锌精矿的质量标准相比较，经校正达到与要求的配料比例相符合。

2.3　锌精矿的干燥

2.3.1　干燥的目的与方法

锌精矿干燥的目的：

(1) 浮选所得的锌精矿一般含水在8%～15%左右，在雨季运输中精矿水分还会增加，这种精矿不能直接进入沸腾炉焙烧。水分过高使精矿成球而失去疏散性，焙烧不完全，易于堵死前室。

(2) 在冬季含水较高的精矿，由矿山运输到冶炼厂时就会冻结，特别是在我国北方更为严重，因此必须经过干燥。

(3) 锌精矿含水太高，对于皮带运输、破碎、筛分以及对沸腾炉均匀进料造成困难。

(4) 锌精矿太湿，焙烧所产出的炉气中含水蒸气亦高，当炉气温度降低时，易与SO_2

及 SO_3 气体结合生成酸雾，腐蚀管道及设备。

实践证明，硫酸化焙烧的炉料含水在 8% 左右最为适宜。当进厂锌精矿的水分超过 8% 以上时就要进行干燥。干燥的方法通常有自然干燥法、铁板干燥法、气流干燥法、回转窑干燥法。

(1) 自然干燥法。

当进厂精矿的水分不太高时，可采用自然干燥，即将精矿堆放在储矿仓内或地面上，物料中的水分借阳光、空气的流动进行蒸发。自然干燥不需要供给热量，但干燥速度慢，时间长，需要较大的场地，只适用于生产量小的土法生产过程。

(2) 铁板干燥法。

在地面上铺设 6 ~ 8mm 厚的铁板，铁板面积根据处理量大小而定。在铁板底下砌以一个或多个加热炉子。燃烧块煤或其他燃料，直接加热铁板，将精矿置于铁板之上进行烘烤，并定时翻动，以达到除去水分的目的。此法虽然简单易行，但劳动强度大，只适用于土法炼锌或生产量小的生产过程。

(3) 气流干燥法。

气流干燥又称瞬时干燥。这种方法系热气流与被干燥物料直接接触，并使被干燥物料呈均匀、分散、悬浮状态。湿物料中的水分在热气流的作用下得到蒸发。

气流干燥所采用的设备种类很多，如管式气流干燥器、沸腾气流干燥器、倒锥型气流干燥器等。也可以直接将生产工艺过程中带有密封罩的皮带运输、破碎、筛分等设备直接通入冶炼过程中产生的“废”热气流。

气流干燥的优点在于：

1) 干燥速度快，强度大，能实现自动化连续生产。

2) 干燥设备结构简单，占地面积小，可构筑在室外。

3) 可利用生产过程的废气、废热等，同时装卸方便。

所以近年来气流干燥被广泛地应用在黄铁矿、铜精矿和锌精矿的干燥过程中，但是，需要较大的收尘设备。

(4) 回转窑干燥法。

回转窑干燥是将物料加到回转窑内并通入热气流，被干燥物料与热气流接触，使湿物料中的水分汽化除去。干燥所用的回转窑又称圆筒式干燥窑。现在干燥大量的锌精矿，通常都是采用此法。

2.3.2　固体物料干燥的机理

干燥是指从固体物料中借热能的作用，使水分汽化而除去的生产过程。在干燥前，物料中的水分是均匀分布的，但通过与干燥介质（热气体）的接触，水分很快就被汽化。水分汽化所需要的热能，是依靠燃烧煤气或重油等燃料产生热气体或者利用各种废热，当物料被加热到水的汽化点时，水分就大量蒸发。

物料的干燥过程是一种扩散过程，物料的表面水被汽化之后，就造成物料内部与表面的湿度差，此时内部水分开始向表面移动。水分由物料内部扩散到表面，再蒸发到周围的气体介质中，就达到了干燥的目的。但是，只有当物料表面的蒸气压大于周围气体介质中的蒸气分压时，干燥过程才能继续进行，两个蒸气压的差值就是扩散过程的推动力，这种推动力越大，干燥速度就越快。

所谓干燥速度，就是单位时间、单位表面积所汽化的水分量，可用下式表示：

$$V = \frac{W}{F \cdot t}$$

式中 V——干燥速度，kg/($m^2 \cdot h$)；
W——汽化的水分量，kg；
F——被干燥物料的表面积，m^2；
t——物料干燥的时间，h。

在实践过程中，人们往往用干燥强度来衡量干燥速度。所谓干燥强度，就是单位时间、单位干燥器容积所汽化的水分量，可用下式表示：

$$l = \frac{W}{V \cdot t}$$

式中 l——干燥强度，kg/($m^3 \cdot h$)；
W——汽化的水分量，kg；
V——干燥器的体积，m^3；
t——物料干燥的时间，h。

干燥速度及干燥强度取决于下列诸因素：

(1) 物料中水分的状态。

当物料中含水较高时，水分主要是依靠内聚力的作用与物料结合，此种水分称为非结合水分。这时汽化是在物料的表面进行，它所产生的蒸气压与在同一温度下的饱和蒸气压相同。当物料中含水较低时，水分主要由于毛细管吸力的作用被渗透而包蓄在物料中，此种水分称为结合水分。这时汽化将深入到物料内部进行，它所产生的蒸气压比在同一温度下的饱和蒸气压低。

因此，结合水分子较难除去。如果要求物料的最终水分过低时，干燥速度就慢，越到干燥后期，干燥速度越慢。

(2) 气体介质的状态。

干燥过程气体介质的温度越高，流速越大，湿度越小，则干燥速度越快。然而，气体介质的温度及流速是受限制的，否则就会使被干燥的物料燃烧，以及细颗粒物料会被气流带走，导致热利用率低和收尘困难。因此要根据被干燥物料的性质，选择适当的温度及流速。一般锌精矿的干燥，气体介质的温度控制在900℃以内，流速在10~12m/s为适宜。

(3) 被干燥物料的性质以及它与干燥介质的接触状态。

被干燥物料的物理状态（如黏度、粒度等）及化学组成与干燥速度都有关系，黏度小，颗粒细，疏散性好，则干燥速度快。干燥速度与被干燥物料和气体介质的接触表面积有密切关系，接触表面越大，单位时间内所汽化的水分就越多。所以在干燥器内往往装有许多挡板使物料能很好地翻动并分散在整个窑内空间，以扩大与气体介质的接触表面，提高干燥强度。如果物料的最初水分过高，它虽呈非结合水分状态，但由于分散不好，与气流的接触表面受到限制，干燥强度的提高也是比较困难的。

2.3.3 锌精矿的破碎与筛分

2.3.3.1 干燥后锌精矿的破碎

干燥后锌精矿的破碎通常是在鼠笼破碎机中进行，因为它还能起到混合松散物料的作用，所以这种破碎机又称鼠笼混合机。它的破碎效果好、生产能力大，并适应潮湿黏性物料的破碎与混合。

2.3.3.2 破碎后干锌精矿的筛分

破碎后干锌精矿的筛分可在往复式、弹簧悬挂式或共振动筛中进行。采用最多的是往复式振动筛和悬挂式振动筛。

往复式振动筛是由筛架、筛板、拉杆及电动机组等组成的一部联动机。电动机通过曲轴、曲柄带动筛架、筛板产生往复运动。当物料下到筛板上时，由于振动力的作用和物料本身的重力具有继续下落的趋势，使合格的细物料通过筛孔与粗颗粒分离。

悬挂式振动筛的筛架、筛板由弹簧拉杆悬挂在支架上，并与电动机联成一部联动机。电动机通过三角皮带和偏心轮带动筛架而产生上下不停的运动。

通过筛分后的锌精矿最大粒度要求小于10mm。

2.4 硫化锌精矿的焙烧

从硫化锌精矿中提取锌，无论采用火法还是湿法工艺，当前一般须预先经过焙烧（除用锌精矿高温加压直接浸出流程外），使焙烧产物适合下一步冶炼要求，因此，焙烧是生产锌的第一个冶金过程，但根据采用的生产流程不同，对焙烧过程的要求也不同，各具特点。

（1）采用火法炼锌（蒸馏法）时，通过焙烧力求除去全部硫和绝大部分的铅镉以获得主要以金属氧化物组成的多孔度的焙烧矿，这样就可以使蒸馏过程强化，得到较纯的锌。此外，还可以通过电收尘把炉子中的部分烟尘收下，作为提铅和镉的原料。焙烧产物含SO_2的炉气则送去制造硫酸。

（2）采用鼓风炉炼锌时，通过烧结机进行烧结焙烧。其过程既要脱硫、结块，还要控制铅的挥发。如果为了回收精矿中的铜，根据铜含量的高低，还要适当残留一部分硫，以便在熔炼中制造冰铜。

（3）湿法炼锌对焙烧的要求：1）尽可能完全地氧化金属硫化物，并在焙烧矿中得到氧化物及少量硫酸盐。2）使砷、锑氧化，并以挥发物状态从精矿中除去。3）在焙烧时，尽可能少地得到铁酸锌，因为铁酸锌不溶于稀硫酸溶液，影响锌的直收率。4）得到SO_2浓度大的焙烧炉气，用以制造硫酸。5）得到细小粒子状的焙烧矿，以利于浸出的进行。

由上述可知，硫化锌精矿焙烧的具体要求是将硫化锌转变为氧化锌，并脱除精矿中部分伴生元素，以利于进一步的冶炼过程。

硫化锌精矿的焙烧过程是在高温下借助空气中的氧进行的，参与化学反应的元素及化合物主要是锌、硫和氧，当处理含铁较高的精矿时，铁也是参与反应的主要元素。为了弄清锌在焙烧矿中的形态及焙烧过程的物理化学变化，下面讨论硫化锌焙烧的热力学、硫化锌氧化的动力学及各种伴生元素在焙烧过程中的行为。

2.4.1 硫化锌焙烧的热力学

2.4.1.1 硫化锌焙烧的一般规律

焙烧是一个复杂的过程，硫化锌焙烧发生的重要反应与一般硫化物的焙烧反应相类似，可以分为以下几大类：

（1）硫化锌氧化生成氧化锌：

$$2ZnS+3O_2 = 2ZnO+2SO_2$$

（2）硫酸锌和 SO_3 的生成与分解：

$$ZnS+2O_2 \rightleftharpoons ZnSO_4$$

$$2SO_2+O_2 \rightleftharpoons 2SO_3$$

（3）ZnO 与 Fe_2O_3 形成铁酸铁：

$$ZnO+Fe_2O_3 \rightleftharpoons ZnFe_2O_4$$

在实际的焙烧温度下，第一类反应只会向右进行，基本上为不可逆反应，同时放出大量热。第二类反应中硫酸锌的生成反应是复杂的，将产生一定组成的碱式硫酸锌，最终反应可能是：

$$ZnO+SO_3 \rightleftharpoons ZnSO_4$$

用热重分析与 X 射线分析法进行试验，已确定碱式硫酸锌的组成为 $ZnO \cdot 2ZnSO_4$。在 1007K 时 $ZnSO_4$ 有晶格转变发生，估计为：

$$ZnSO_4(\alpha) = ZnSO_4(\beta) \qquad \Delta H^{\ominus}=20172J(1007.5K)$$

因此确认有三种无水硫酸锌存在，即低于 1007K 时稳定的是 α-$ZnSO_4$；高于 1007K 时稳定的是 β-$ZnSO_4$ 和 $ZnO \cdot 2ZnSO_4$。

2.4.1.2 Zn-S-O 系等温平衡状态图

Zn-S-O 系基本反应的平衡常数列于表 2-1 中。

利用表 2-1 所列平衡常数便可作出在这些温度下的 Zn-S-O 三元素的等温平衡状态图（图 2-2）。

表 2-1 Zn-S-O 系中各反应的平衡常数（lg*K*）

反应	lg*K*				
	900K	1000K	1100K	1200K	1300K
（1）$ZnS+2O_2 = ZnSO_4(\alpha \cdot \beta)$	26.607	22.158	18.614	15.673	13.206
（2）$3ZnSO_4(\alpha \cdot \beta) = ZnO \cdot 2ZnSO_4+SO_2+1/2O_2$	−3.978	−2.120	−0.869	−0.151	1.008
（3）$2ZnS+9/2O_2 = ZnO \cdot ZnSO_4+SO_2$	75.843	64.354	54.973	47.170	40.627
（4）$1/2(ZnO \cdot 2ZnSO_4) = 3/2ZnO+SO_2+1/2O_2$	−5.260	−3.394	−1.880	−0.627	0.424
（5）$ZnS+3/2O_2 = ZnO+SO_2$	21.774	19.189	17.071	15.305	13.845
（6）Zn（气、液）$+SO_2 = ZnS+O_2$	−6.852	−6.316	−5.876	−5.589	−5.671
（7）2Zn（气、液）$+O_2 = 2ZnO$	29.844	25.745	22.341	19.433	16.308

图 2-2 所示，在 1100K 时，Zn-S-O 系平衡状态图的重要特性如下：

（1）金属锌的稳定区被限制在特别低的 p_{O_2} 及 p_{SO_2} 的数值范围内。这说明要从 ZnS 直

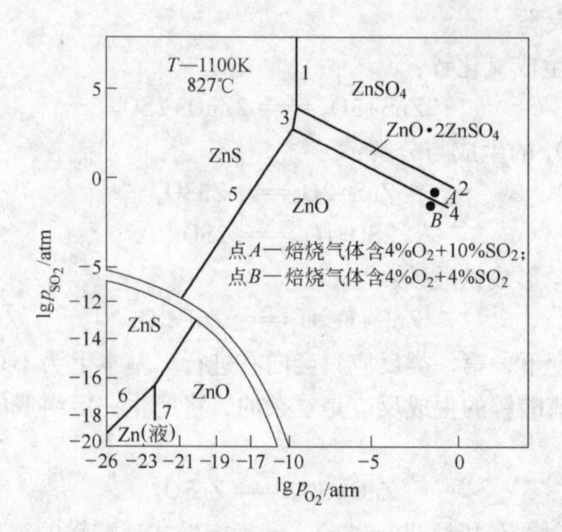

图 2-2　Zn-S-O 系等温平衡状态图（1atm=0.1MPa）

接获得金属锌是比较困难的，很难像铅冶金那样直接熔炼得到金属铅或像铜冶金那样从冰铜吹炼得到金属铜。

（2）硫酸锌的稳定性比铅的硫酸盐小得多。硫酸锌难以直接分解得到 ZnO。

从图 2-2 中可以确定，$ZnSO_4$分解经过一个中间产物——碱式硫酸盐，要在 ZnO 与 $ZnSO_4$之间形成一稳定平衡是不可能的，它一定是按表 2-1 中的反应（2）和反应（4）进行两段分解。因而，如果控制焙烧条件，在产物只保持少量硫酸盐时，应该得到碱式硫酸盐而不是正硫酸盐。例如控制焙烧条件，烟气中有4% O_2和 10% SO_2时（图 2-2 中 A 点）就是这样。如果气相中 SO_2的浓度降低到 B 点即气相中含有 4% SO_2和 4% O_2，则焙烧产物中的锌应该完全以 ZnO 形态存在，这就是在锌精矿沸腾焙烧时，焙砂产物中的硫酸盐较烟尘中少的原因。同样，降低气相中 O_2的浓度也能达到不产生硫酸锌的目的。但是应该指出，用降低 p_{SO_2}及 p_{O_2}来保证获得 ZnO 焙烧产物，在生产中是不能采用的，因为这样会降低焙烧设备和硫酸生产设备的能力，因而在生产实践中生产高 ZnO 焙烧的主要措施是提高温度。下面进一步分析提高温度下的硫化锌的氧化过程。

（3）温度升高时，表 2-1 中反应（2）和反应（4）的 $\lg K$ 值增大，图 2-2 中线 2 和线 4 相应向上移动，硫酸锌稳定区缩小，在 1413K 以上时，锌的硫酸盐应该全部分解，现在许多湿法炼锌厂已将锌精矿沸腾焙烧的温度从 1123K 左右提高到 1223K 以上，甚至达到 1427K，以保证锌硫酸盐的彻底分解。

根据表 2-1 中反应（5）、（6）、（7），假定 p_{Zn}为 1010Pa、101Pa、10.1Pa 和 1.01kPa 作出 1473K 时 Zn-S-O 系等温平衡状态图（图 2-3）。

将一定量的空气鼓入有大量 ZnS 存在的体系进行氧化反应，在气固相间建立平衡，这时的平衡固相为 ZnS 与 ZnO 共存。在现有一般冶炼过程中，气相中的 SO_2浓度约为 10%，那么这种平衡体系便处在图 2-3 中 A 点附近，从锌蒸气等压线判断，在 A 点平衡条件下，可以知道约有 2% 的锌以气体锌存在。因此硫化锌在 1473K 的高温下氧化时，其氧化产物主要是氧化锌，只是有可能产生锌蒸气。

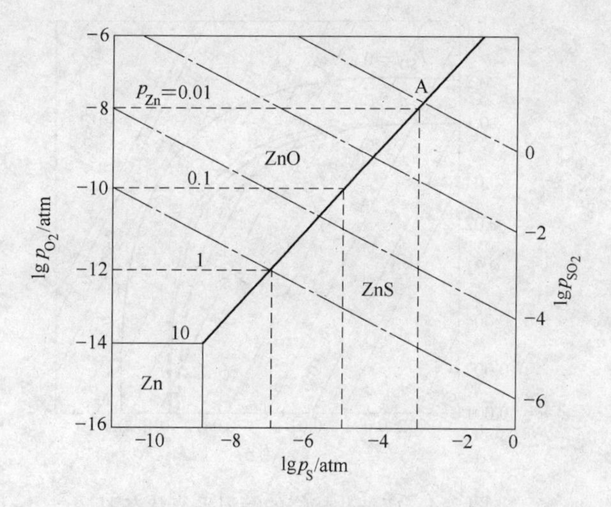

图2-3 1473K时Zn-S-O系等温平衡状态图（1atm=0.1MPa）

按Zn-S-O三元系进行化学量计算，可以认为硫化锌是依下列氧化反应产生气体锌的：

$$ZnS+O_2 \longrightarrow Zn(g)+SO_2$$

$$ZnS+2ZnO \longrightarrow 3Zn(g)+SO_2$$

温度升高，进入气相中的锌量就急剧增加，但是温度一降低便会发生锌蒸气重新被氧化的逆反应，所以要使硫化锌在高温下直接氧化生成金属，以现有技术水平来说还有难以克服的困难。

（4）在处理多金属复杂锌物料时，需要采用湿法冶金进行优先溶解而与铁分离，此时采用硫酸化焙烧，使原料中的锌化合物发生硫酸化反应。为了做到选择硫酸化，就必须掌握各种硫酸盐的稳定条件。在硫酸化反应中，气相中的SO_2和O_2是影响很大的因素。现以$\lg p_{SO_2}$-$\lg p_{O_2}$图（图2-4）来表示各种硫酸盐的稳定性，平衡条件是按下列反应进行计算：

$$MeSO_4 \longrightarrow MeO+SO_3$$

$$SO_2+\frac{1}{2}O_2 \longrightarrow SO_3$$

图2-4中实线是953K的计算结果，点画线是903K的计算结果，而虚线则是1003K的计算结果。953K是铜、锌、镍、钴共存的复杂硫化矿进行选择性硫酸化焙烧时工业实践采用的温度；位于直线的左下侧表示MeO稳定；位于直线右上侧，表示$MeSO_4$稳定，$MeSO_4$和MeO共存。

由图2-4可知，对于复杂原料（含Cu、Zn、Fe等）进行硫酸化焙烧时，希望Cu、Zn等有价金属转变为硫酸盐，控制953K的温度是最适当的温度。降低50℃，铁将被硫酸化，随后被大量浸出。相反，温度升高50℃，Cu、Zn的硫酸盐发生分解。温度波动在953K±30K是被允许的。实验结果与这个数值极为吻合。

由于锌精矿中一般都会有铁，且焙烧过程中易生成铁酸盐，因此，研究焙烧过程中Me-Fe-S-O四元系平衡图，可以从理论上阐明铁酸锌生成的某些问题。

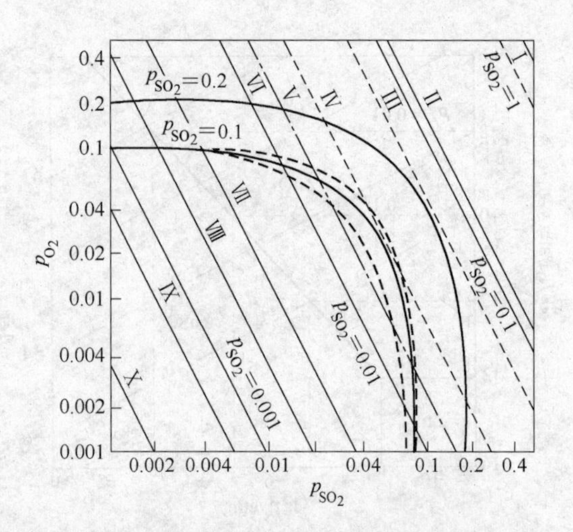

图 2-4　硫酸化焙烧的等温平衡状态图

图 2-5 为 Zn-Fe-S-O 系的 $\lg p_{SO_3}-\frac{1}{T}$图，图中直线表示各稳定区间的分界线，表示有三个凝聚相和一个气相平衡，为一变系；线与线间的区域为两个凝聚相存在的稳定区，为二变系；交点表示体系为零变系，即平衡分压 $\lg p_{SO_3}$ 和温度都一定。由图 2-5 可以看出各稳定的焙烧条件及其产物，其中有全硫酸化焙烧区 $ZnSO_4-Fe_2(SO_4)_3$，全氧化焙烧区 ZnO-$ZnFe_2O_4$，部分氧化焙烧区 ZnS-$ZnFe_2O_4$ 和部分硫酸化焙烧区 $ZnSO_4-ZnFe_2O_4$。可根据不同的焙烧目的，采取不同的焙烧条件使产物处在不同的凝聚相稳定区。研究 Me-Fe-S-O 四元系可为现行各种焙烧方法选择最佳条件提供依据。

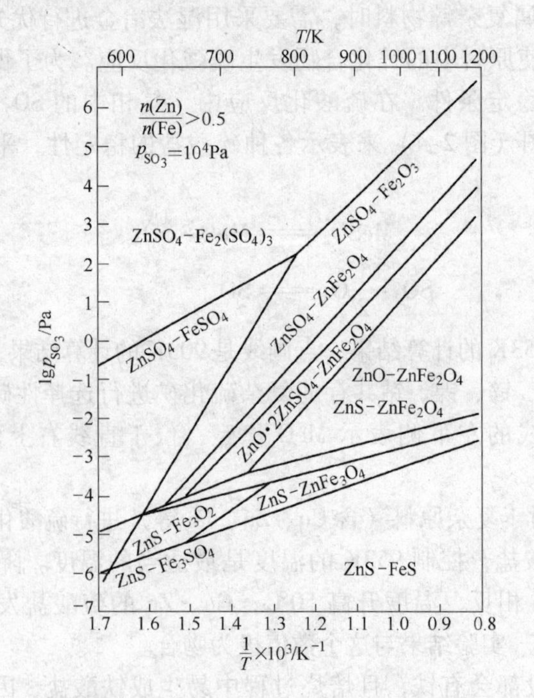

图 2-5　Zn-Fe-S-O 系的 $\lg p_{SO_3}-\frac{1}{T}$图

2.4.2 硫化锌焙烧的动力学

从上面的热力学分析可知，硫化锌焙烧可能产出氧化锌、硫酸锌和碱式硫酸锌，或是它们的混合物，而热力学对多相反应过程的处理比较简单，但动力学就不同了，多相反应一般要比均相反应复杂得多。锌精矿的焙烧是一个复杂过程。在锌精矿的焙烧过程中，不但存在着气-固反应，而且还有多种不同固相之间的反应以及固相和液相间的反应；不仅包括有一般的化学环节，并且还包括吸附、解吸、内扩散、外扩散等物理环节和晶核的生成、新相的成长等化学晶型转变现象。另外，焙烧时还会出现稳定的中间化合物和多种硅酸盐、铁酸盐、硫酸盐等，因而整个过程是非常复杂的。

2.4.2.1 硫化锌精矿的着火温度

在某一温度下，硫化物氧化所放出的热足以使氧化过程自发地扩展到全部物料并使反应加速进行，此温度即为着火温度。温度较低时，硫化物氧化速度很慢，以致反应产生的热大部分消耗于辐射损失，不足以加热全部物料到着火温度。各种硫化物具有自己的着火温度，着火温度决定于硫化物的物理性质和化学性质以及外界因素。

影响着火温度的物理性质有硫化物及其氧化物的热容量、热传导及致密度等；化学性质主要是化学结合力以及氧化时的热效应。外界因素包括气相成分、接触剂、硫化物的粒度以及加热速度等。几种硫化物着火温度与粒度的关系列于表2-2中。

表2-2 几种硫化物着火温度与粒度的关系

序号	粒度范围/mm	平均粒度/mm	着火温度/℃				
			黄铜矿	黄铁矿	磁黄铁矿	方铅矿	闪锌矿
1	+0.0~0.05	0.025	280	290	330	554	505
2	+0.05~0.075	0.0625	335	345	419	605	679
3	+0.075~0.10	0.0875	357	405	444	623	710
4	+0.10~0.15	0.125	364	422	460	637	720
5	+0.15~0.2	0.175	375	423	465	644	730
6	+0.2~0.30	0.250	380	424	471	646	730
7	+0.3~0.50	0.40	385	426	475	646	735
8	+0.50~1.00	0.75	385	426	480	646	740
9	+1.00~2.00	1.50	410	428	482	646	750

从表2-2可见，粒度越小，真实表面积越大，着火温度越低。在着火温度以上和以下，反应速度相差很远，控制环节也大不相同。各种硫化物的着火温度可以粗略地作为划分焙烧反应的速度和控制环节的标志。

2.4.2.2 焙烧反应的机理与速度

硫化锌焙烧反应的机理及模式（图 2-6）如下：

$$ZnS+\frac{1}{2}O_{2(气)}\longrightarrow ZnS\cdots[O]_{吸附}\longrightarrow ZnO+[S]_{吸附}$$

$$ZnO+[S]_{吸附}+O_2\longrightarrow ZnO+SO_{2解吸}$$

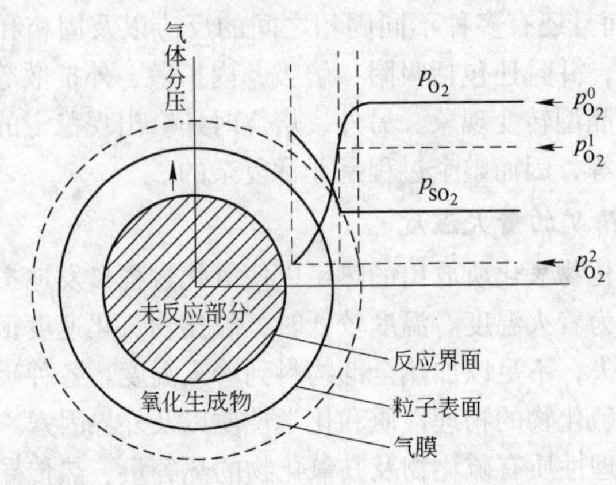

图 2-6 硫化矿焙烧反应模式

以上机理及模式具有如下特点：

(1) 这个反应是具有气相与固相反应物和生成物的多相反应，包括反应界面和反应界面的传热与传质过程，必须了解完成界面反应的各个阶段的反应速度，才能明确反应的总速度。

(2) 焙烧反应速度的快慢与硫化物的着火温度有关；在着火温度以下或低温阶段，焙烧反应速度很小，反应在动力学范围内受化学反应环节控制。这是由于硫化锌氧化所需的活化能很大，接近几十千焦/摩尔。当在着火温度以上或高温阶段时，焙烧反应的气体通过反应的气层扩散，化学反应速度很快，整个过程的控制环节从化学反应速度控制发展到扩散控制，此时，活化能降到几千焦/摩尔。

(3) 反应产物层中的 O_2 和 SO_2 不是等分子的逆流扩散，参与焙烧反应的 O_2 分子要比产物 SO_2 的分子数多，因此向反应界面的气流扩散是更为重要的。

(4) 不同的研究者测出的硫化锌蒸气压大体一致，大约要到 1473K 以上，氧化反应才有可能在气相中进行。

(5) 焙烧反应是一个强的放热过程，故在粒子内部的反应界面与粒子的表面有一定温度梯度，并有热传递发生。由于 ZnO 的热传导不好，如 ZnO 层的厚度不均匀时，其厚的部分向外的传热速度就降低，结果会助长 ZnO 层的不均匀性。

(6) 在低温焙烧时，可能生成硫酸锌和碱式硫酸锌，这是处理复杂硫化物进行硫酸化焙烧的重要问题。

2.4.2.3 影响焙烧反应速度的因素

A 温度对反应速度的影响

硫化锌精矿中闪锌矿结构致密，与其他硫化物（黄铁矿、黄铜矿等）比较，是不容易发生氧化反应的，但是只要掌握了焙烧反应的一般规律及闪锌矿焙烧的特点，同样可以得到高的反应速度。

由硫化锌焙烧反应机理模式中可知，在硫化锌精矿着火温度以下和以上，焙烧反应的活化能从几十千焦/摩尔降低到几千焦/摩尔，反应的控制环节从化学反应速度控制发展到扩散控制；也就是当温度在923～1073K之间波动时，硫化锌氧化过程由化学反应的限速阶段转变为受扩散所限制。

在生产实践中，锌精矿的沸腾焙烧温度大多数控制在1173～1223K，烧结焙烧的最高温度在1273K以上，都已超过转变温度，也就是说温度对反应速度的影响已不是决定性因素。但是继续升高温度仍然有利于提高反应速度，这是由于加速了气体分子的扩散，增加了硫化锌的蒸气压。硫化锌蒸发后以气态发生氧化反应的速度便会增加，如图2-7所示。温度的增加受冶炼设备、物料特性、操作条件等的限制。

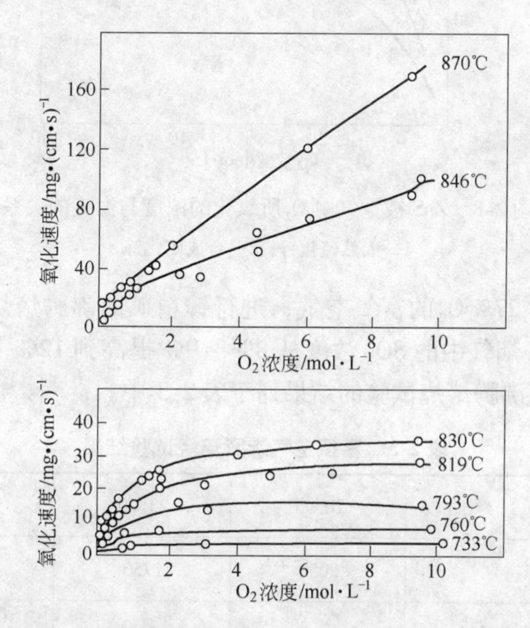

图2-7 ZnS的氧化速度与O_2的浓度与温度的关系

B 气流特性对反应速度的影响

锌精矿在高温（1173～1223K）焙烧条件下，反应在扩散区进行，气体的扩散成为整个反应的最慢阶段。因此炼锌厂的沸腾炉在1223K焙烧温度下，已将沸腾层的气流速度从0.4～0.5m/s，提高到0.7～0.8m/s。对于含铅较高易熔精矿，采用更大的气流速度，例如在1m/s以上，就有更大的意义，它是保证炉料不熔结的正常沸腾的先决条件。但应该指出，用增大风量来提高直线速度，必须增加与风量相当的料量，否则过剩空气系数增大，会降低烟气中的SO_2浓度，不利于制酸。另外，增大气流速度必然导致烟尘率增加，所以在增大气流速度的同时，必须很好地加强收尘措施。

炼锌厂一般应用空气进行焙烧，空气中O_2的含量按体积计仅占20%，随着氧化反应的进行，氧的含量会更低，那么O_2从空气中扩散到固体表面也就更少了。所以提高气流中氧的浓度，即所谓的富氧空气，有利于O_2向硫化锌颗粒表面扩散，加速氧化反应。氧化速度与气相中氧浓度的关系如图 2-8 所示。

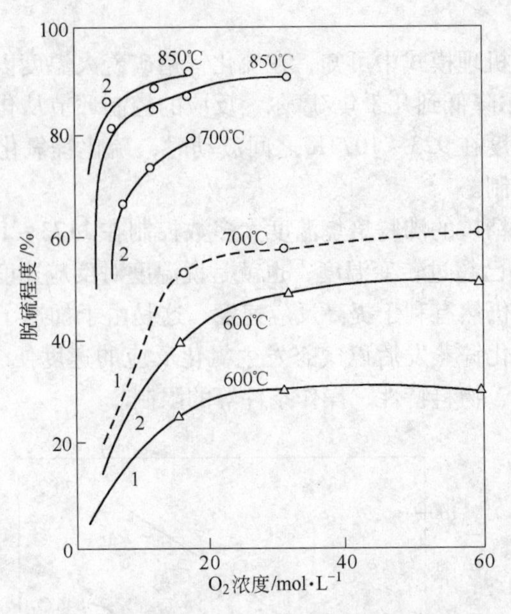

图 2-8 ZnS 被空气中 O_2 所氧化的浓度与温度的关系

1—天然硫化锌；2—合成硫化锌

国外某铅锌厂采用 27% O_2 的富氧空气，进行锌精矿的沸腾焙烧，炉子的单位面积生产率提高 40% ~50%，烟气中的 SO_2 浓度从 8% ~9% 提高到 12% ~13%。澳大利亚里斯敦由锌厂进行富氧空气沸腾焙烧试验的结果列于表 2-3 中。

表 2-3 富氧空气沸腾焙烧试验结果

送风中含氧量/%		20.95	23.00	23.9	24.5
吨精矿送风量/m³(标态)		2050	1750	1730	1670
生产率/t·(m²·d)⁻¹		6.6	7.8	8.0	8.25
产物中	S_S	0.18	0.17	0.20	0.27
	S_{SO_4}	1.45	1.1	0.7	1.25

C 精矿的物性对反应速度的影响

锌精矿在一般焙烧温度下是不会熔化的（熔化温度一般为 1372K 左右）。因此，由硫化锌焙烧模式可知，精矿在空气中的氧化开始是在颗粒表面进行。当焙烧粒度较小的精矿时，便有更多的气固接触面，单位时间内发生反应的硫化锌就会增加。随着硫化锌粒子表面氧化反应的进行，粒子表面形成一层坚硬的氧化锌壳，于是气流中的氧分子要穿过氧化锌层才能到达反应界面，增加了氧气的扩散阻力，从而减慢了硫化锌粒子中心部分的氧化速度，所以粒度较小的精矿有利于这种扩散过程，保证硫化锌氧化得更完全。

如果精矿品位较低，那就意味着有较多的硫化锌被其他物质（如石英、石灰石等）结合和隔开，这些杂质元素不仅减少了氧化硫化锌的接触面，也增加了氧的内扩散路程，所以不利于反应进行。尤其是那些低熔点的杂质，如硫化铅氧化后的氧化铅，其熔点为1156K，当它与SiO_2结合时，还会生成熔点更低（1023K）的硅酸铅（$PbO \cdot SiO_2$），它们不仅阻碍氧与硫化锌的接触，而且会把精矿颗粒黏结起来，严重时造成炉结。对于含铁的硫化物，当铁含量为5%时，对硫化锌的氧化速度没有影响；当铁含量增加到10%时，则降低反应速度。一般炼锌厂对进行沸腾焙烧的锌精矿规定了其中的铅、铁和二氧化硅含量。

从以上硫化锌氧化动力学分析可知，提高温度、增大气流速度与氧的浓度，提高精矿的磨细程度，都有利于硫化锌氧化反应的加速，可以提高设备的生产率。

2.4.3 伴生矿物在焙烧过程中的行为

在工业锌精矿中，伴生矿物种类很多，如硫化铁、硫化铅、二氧化硅等。它们在焙烧过程中不仅像硫化锌一样能单独发生不同程度的氧化反应，而且它们的生成物还能进一步形成各种盐类，如铁酸锌、硅酸铅等。铁酸锌由于其难溶于稀酸而造成锌直收率降低，硅酸锌在浸出过程中产生胶体从而增加液固分离困难；低熔点的硅酸铅对焙烧过程产生不良影响。因而，下面分别介绍伴生矿物在焙烧过程中的变化。

2.4.3.1 硫化铁在焙烧过程中的变化

硫化铁是有色金属硫化矿的主要共生矿物，在工业锌精矿中，以硫化物状态存在的铁通常为百分之几至百分之十几。下面讨论硫化铁在焙烧时的变化和铁酸锌的形成与防治。

A 硫化铁在焙烧时的变化

在自然界中，主要的硫化铁矿有黄铁矿（FeS_2）、磁黄铁矿（Fe_nS_{n+1}）和复杂硫化铁矿，如铁闪锌矿（nZnS · mFeS）、黄铜矿（$FeCuS_2$）、砷硫铁矿（FeAsS）等。与硫化锌的焙烧过程相比，硫化铁矿氧化过程具有以下特点：

（1）硫化铁矿具有较低的着火温度，一般介于573～673K，较硫化锌低200～300℃，因此当锌精矿内含有较多的硫化铁矿时，焙烧反应物以较大的速度进行。另外，硫化铁矿焙烧过程所放出的热量也较大，每千克硫铁矿氧化可放热6700～7100kJ，而每千克硫化锌的放热量仅为4800kJ。

（2）在低温下焙烧时，硫铁矿将转变为硫酸盐。初生硫酸盐温度较低，在673K以上反应就能迅速进行：

$$FeS_2+2O_3 \xlongequal{} FeSO_4+SO_2$$

（3）除生成低价铁盐外，还能形成高价铁盐。高价铁盐在强氧化气氛和673～773K以上的温度条件下生成，如果氧化气氛不强和温度较低，则只会生成硫酸亚铁。

$$2FeSO_4+SO_2+O_2 \xlongequal{} Fe_2(SO_4)_3$$

$$2FeO+\frac{1}{2}O_2 \xlongequal{} Fe_2O_3$$

$$SO_2+\frac{1}{2}O_2 \xlongequal{} SO_3$$

$$Fe_2O_3+3SO_3 \xlongequal{} Fe_2(SO_4)_3$$

（4）无论是硫酸亚铁还是硫酸铁，它们较硫酸锌易于离解，在773～873K时，以很大速度热解；在973K时，离解压达到101kPa。

（5）黄铁矿和磁黄铁矿在加热时会排出硫蒸气并进一步氧化成二氧化硫，这一反应将使精矿变得疏松，有利于内、外扩散的进行。

$$FeS_2 \xlongequal{} Fe+S_2(g)$$

$$Fe_nS_{n+1} \xlongequal{} nFeS+\frac{1}{2}S_2(g)$$

$$S_2(g)+2O_2 \xlongequal{} 2SO_2$$

B　铁酸锌的形成与防治

在高温下，Fe_2O_3是一个酸性氧化物，它能与各种碱性氧化物结合。而氧化锌是一个两性化合物，在高温下以碱性居优势，因而能和 Fe_2O_3 反应形成铁酸锌。铁酸锌的形成可能按以下途径进行：

$$ZnO+Fe_2O_3 \xlongequal{} ZnO \cdot Fe_2O_3 \tag{1}$$

$$Fe_2(SO_4)_3+ZnO \xlongequal{} ZnO \cdot Fe_2O_3+3SO_3 \tag{2}$$

$$ZnSO_4+Fe_2O_3 \xlongequal{} ZnO \cdot Fe_2O_3+SO_3 \tag{3}$$

$$2FeSO_4+ZnO+\frac{1}{2}O_2 \xlongequal{} ZnO \cdot Fe_2O_3+2SO_3 \tag{4}$$

在873K以上时，铁酸锌的形成可能按反应（1）进行，在773～973K时，铁酸锌的形成可能是按反应（2）进行，而反应（3）、（4）在低温下不发生自发反应，在高温下，相应的硫酸盐又已分解，可以推测，铁酸锌不是通过这两个反应生成的。

由于氧化锌、三氧化二铁这两种氧化物的熔点都很高，因此这两种化合物作用生成铁酸锌的反应是在两个固相之间进行，而氧化物的生成是通过硫酸盐分解，或硫酸盐与硫化物的相互反应产生的，所以析出的氧化物具有很大的活性和反应能力。在工业焙烧条件下，铁酸锌的形成反应将以较大速度进行。

铁酸锌的形成会导致浸出过程中锌浸出率降低，如何防止和破坏这个化合物的形成一直是湿法炼锌工业中的一项重要任务。下面介绍几种防止和破坏铁酸锌的方法：

（1）原料的选择。由于铁酸锌的形成在焙烧过程中极难防止，所以最好是从原料入手。首先对浮选过程加以控制，使两种矿物尽可能分离开。如果选矿对锌、铁分离无能为力，则可以在锌精矿的分配上加以调节，加强配料，使入炉精矿保持在一个合理品位。

（2）焙烧条件的控制。由于铁酸锌在873K左右已形成，在工业焙烧条件下要阻止这个化合物的产生是困难的。调节焙烧条件只能在一定程度上减少这种化合物的生成数量，而不能从根本上防止它的生成。

（3）铁酸锌的生成是一个固相反应，任何影响固相反应速度的因素都对这个化合物的形成发生作用。例如减少精矿相互碰撞机会可减少反应物的接触，从而在一定程度上能够降低铁酸锌的生成量。但这个措施仅对经破碎后锌、铁已经分开的精矿有效；如果矿石浸染致密，嵌布均匀，经细磨后锌、铁能共存于矿粉颗粒中，则不会有多大效果，对于复杂硫化矿如铁闪锌矿来说尤其如此。

（4）缩短反应时间也可以减少铁酸锌的生成量。这是由于固相内部质点的扩散相当缓慢而相界面上新相所起的隔离作用又进一步阻碍着扩散的进行。所以，各种快速焙烧方法都能在不同程度上减少铁酸锌的生成量。

（5）温度对硫化锌的焙烧速度和对铁酸锌生成速度的影响不大相同。对前者的影响要大得多。在1273K时，保持较短的时间和在1123K时保持较长的时间，对ZnS来说结果是相同的，但对铁酸锌的形成来说，效果就不一样了，后一条件所产生的铁酸锌数量可能大得多。所以，升高温度并迅速对焙砂加以冷却，能减少铁酸锌的生成量。

（6）铁酸锌的分解和破坏。铁酸锌的破坏有湿法与火法两种，湿法破坏铁酸锌将在其他章节中讨论，本书只研究铁酸锌的火法分解。铁酸锌由两种氧化物ZnO和Fe_2O_3组成，对Fe_2O_3还原在843K以上，随炉气中CO含量的提高，将按下列顺序转变：

$$Fe_2O_3 \longrightarrow Fe_3O_4 \longrightarrow FeO \longrightarrow Fe$$

在843K以下，则按下列顺序转变：

$$Fe_2O_3 \longrightarrow Fe_3O_4 \longrightarrow Fe$$

在1573K以下，ZnO比Fe_2O_3难还原，ZnO的还原要求很高的温度和CO浓度。而将铁酸锌还原成ZnO和FeO，特别是还原成ZnO和Fe_3O_4是很容易的，只需提供强度不大的还原性气氛就能完成这个转变。还原产物中的ZnO可以被稀酸所浸出。

（7）锌精矿焙烧需要氧化气氛，而铁酸锌的分解则需要提供还原性气氛。加拿大、巴西等国家炼锌工业采用所谓双室沸腾炉（图2-9），经氧化焙烧过程的焙砂，从氧化室转入还原室，用强度不大的还原性气体再处理一次，即可得到铁酸锌含量较低的产品。

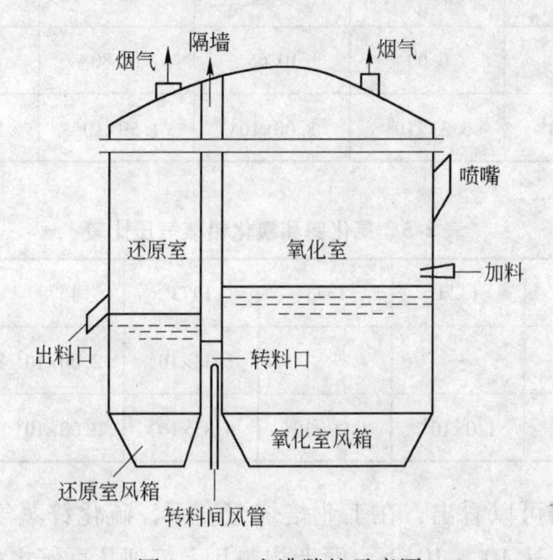

图2-9　双室沸腾炉示意图

2.4.3.2　硅酸盐的生成

硫化锌精矿中往往含有2%～8% SiO_2，多以石英矿物形态存在，游离的石英不溶于稀硫酸，但在焙烧过程中，金属氧化物与石英接触后，发生化学反应生成硅酸盐，形成可溶性的硅。实践证明，随着温度的升高、接触良好以及接触时间的延长，这种硅酸盐的生成便会增加。

铅的存在能促使硅酸盐生成，因为硅酸铅的易熔性，熔融状态的硅酸铅可以溶解其他金属氧化物或其硅酸盐，形成复杂的硅酸盐，所以，硅酸锌的生成在湿法炼锌过程中呈胶状，影响浸出和过滤。对入炉的精矿中铅、硅含量有严格控制。

硅酸盐的生成对火法炼锌来说，不会造成生产上的麻烦，无需特别予以注意。

2.4.3.3　硫化铅（PbS）在焙烧过程中的变化

PbS 是铅在锌精矿中存在的矿物，称为方铅矿。硫化铅在空气中被氧化时进行下列反应：

$$PbS+2O_2 = PbSO_4$$

$$3PbSO_4+PbS = 4PbO+4SO_2$$

$$2SO_2+O_2 = 2SO_3$$

$$PbO+SO_3 \longrightarrow PbSO_4$$

硫化铅被氧化时的行为与硫化锌相似，但是由于铅及其化合物在结构和物理化学性质上有其自己的特点，因而在焙烧过程中的变化与硫化锌有所不同，两者不同之处如下：

（1）铅及其化合物具有更大的蒸气压。

硫化铅和氧化铅在高温时具有更大的蒸气压，这对火法冶金过程有实际意义。其值列于表 2-4 与表 2-5。

表 2-4　硫化锌与硫化铅蒸气压比较　（Pa）

温度/K	1123	1190	1213	1248	1253	1268
ZnS	1.95	6.00	10.66	16.80	17.33	39.99
PbS	2.67×10^2	5.33×10^2	8.00×10^2	1.59×10^3	1.73×10^3	2.27×10^3

表 2-5　氧化锌和氧化铅蒸气压比较　（Pa）

温度/K	1123	1323	1373	1473	1579	1698	1745
ZnO	—	—	—	1.33×10^2	2.00×10^2	5.33×10^2	1.13×10^3
PbO	2.40×10^2	1.0×10^3	1.99×10^3	6.85×10^4	2.00×10^4	6.00×10^4	1.01×10^5

从表 2-4 所列数据可以看出，在工业焙烧温度下，硫化锌蒸气压不会超过 133.3Pa，而硫化铅的蒸气压则可达 $10^2\sim10^3$Pa，两者相差几十倍到几百倍之多。

从表 2-5 可以看出，两种氧化物的蒸气压差距更大。在 1373K 以下，ZnO 的蒸气压非常小，基本上可以忽略不计，而氧化铅则具有一定的数值。

从以上比较可见，对 Pb、Zn 而言，在相同温度下，其硫化物的蒸气压都大于氧化物。据此，可以采用高温焙烧来气化脱铅。提高焙烧温度可以降低焙砂或烧结块中的铅含量，因此无论是 PbS 还是 PbO，其平衡蒸气压和蒸发速度都将随着温度上升而急剧增大。通常温度每上升 10℃，蒸发速度大致可以增加 1.0～1.5 倍。蒸发速度急剧增大的原因是由于温度升高，凝聚相中高能量的分子数目也相应地增加了。

工业焙烧提高脱铅率的另一项措施是，设法使铅以硫化物而不是以氧化物挥发，为了达到这一目的，应尽可能选用较低的过剩空气系数，当然，过剩空气系数过低也是不允许的，因为焙砂中的硫含量也会因此增高。

（2）铅的各种化合物熔点较低。

工业锌精矿的焙烧温度为1123～1273K，铅的各种化合物在这种温度下都已达到或非常接近于它们的熔点。例如硅酸铅的熔点为937～1073K，氧化铅的熔点为1156K，铁酸铅的熔点为1173～1373K，各种铅冰铜的熔点为1073～1273K。在以上各种化合物中，熔点最低的是硅酸铅。已经查明，正硅酸铅（$2PbO \cdot SiO_2$）的熔点仅为1016K，远低于工业焙烧温度。由于这些化合物的易熔性，焙砂将发生黏结，如果采用沸腾炉进行焙烧，将影响作业的正常进行。工业锌精矿的铅含量必须加以控制，一般工厂将锌精矿中铅含量控制在1.5%以下；鼓风炉炼锌时，在铅锌混合精矿的烧结焙烧过程中，这些低熔点化合物是烧结料中的主要黏结剂。

另外，铅的硫酸盐与其硫化物之间的相互反应强烈：

$$3PbSO_4+PbS \longrightarrow 4PbO+4SO_2$$

这一反应在823K时实际上是不可逆的，二氧化硫的平衡分压超过1个大气压（1.01×10^5Pa）。

2.4.3.4　硫化铜在焙烧过程中的变化

硫化铜在锌精矿中存在的形式有辉铜矿（Cu_2S）、黄铜矿（$CuFeS_2$）、铜蓝（CuS）等。黄铜矿在中性气氛中加热到823K时按下式分解：

$$2CuFeS_2 \longrightarrow Cu_2S+2FeS+\frac{1}{2}S_2$$

铜蓝在中性气氛中加热时也会分解：

$$2CuS \longrightarrow Cu_2S+\frac{1}{2}S_2$$

在低温时硫化铜按下式氧化生成硫酸铜：

$$CuS+2O_2 \longrightarrow CuSO_4$$

$$Cu_2S+2O_2 \longrightarrow Cu_2SO_4$$

温度较高时硫酸铜分解，并形成中间化合物——碱式硫酸铜：

$$2CuSO_4 \rightleftharpoons CuO \cdot CuSO_4+SO_2+\frac{1}{2}O_2$$

碱式硫酸铜按下式分解：

$$CuO \cdot CuSO_4 \rightleftharpoons 2CuO+SO_2+\frac{1}{2}O_2$$

所形成的CuO还能分解为Cu_2O：

$$4CuO \rightleftharpoons 2Cu_2O+O_2$$

硫化铜在焙烧温度下还按下式被氧化：

$$Cu_2S+\frac{3}{2}O_2 \longrightarrow Cu_2O+SO_2$$

$$2CuS+\frac{5}{2}O_2 \longrightarrow Cu_2O+2SO_2$$

$$Cu_2S+2O_2 \longrightarrow 2CuO+SO_2$$

$$6CuFeS_2+\frac{35}{2}O_2 \longrightarrow 3Cu_2O+2Fe_3O_4+12SO_2$$

综上所述，可知在高温下焙烧精矿时得到自由状态的、结合状态的氧化亚铜，和自由状态或结合状态的氧化铜，两者量的多少视温度而定。

2.4.3.5　硫化镉在焙烧过程中的变化

镉在锌精矿中常以硫化镉的形式存在，在焙烧时，硫化镉被氧化生成氧化镉和硫酸镉：

$$CdS+\frac{3}{2}O_2 = CdO+SO_2$$

$$CdS+2O_2 = CdSO_4$$

$CdSO_4$是一种稳定的化合物，但在高温焙烧条件下，分解生成 CdO。氧化镉在 1273K 时开始挥发，其蒸气压为 1×133.3Pa，当温度为 1493K 时，氧化镉挥发强烈，其蒸气压是 3.07×10^3Pa。硫化镉在氮气流中于 1253K 挥发。

高温焙烧可以很好地使镉除去或富集在烟尘中。

2.4.3.6　砷、锑化合物在焙烧过程中的变化

在锌精矿中存在的砷、锑化合物有硫砷铁矿（即毒砂 FeAsS）、硫化砷（As_2S_3）、辉锑矿（Sb_2S_3）。硫砷铁矿在中性气氛中加热按下式分解：

$$FeAsS = FeS+As$$

元素砷很快地挥发，同时在氧化性气氛中按下列反应形成三氧化二砷：

$$2As+\frac{3}{2}O_2 = As_2O_3$$

砷、锑化合物在氧化气氛中按下列反应进行氧化反应：

$$As_2S_3+\frac{9}{2}O_2 = As_2O_3+3SO_2$$

$$2FeAsS+5O_2 = Fe_2O_3+As_2O_3+2SO_2$$

$$Sb_2S_3+\frac{9}{2}O_2 = Sb_2O_3+3SO_2$$

As_2O_3、Sb_2O_3是易挥发物，As_2O_3蒸气压在 773K 时就达 1.33×10^5Pa，Sb_2O_3蒸气压在 848K 时达 0.9×133.3Pa。

所形成的 As_2O_3、Sb_2O_3在适宜的条件下（高温和大量过剩空气）继续被氧化形成高温稳定的氧化物：

$$As_2O_3+O_2 = As_2O_5$$

$$Sb_2O_3+O_2 = Sb_2O_5$$

As_2O_5、Sb_2O_5能与一些金属氧化物如 PbO、FeO、ZnO 等形成砷酸盐和锑酸盐。砷酸盐和锑酸盐是稳定化合物，仅在很高的温度下才能分解。因此焙烧时砷、锑形成砷酸盐、锑酸盐后就很难除去。

在同样温度下 Sb_2O_3和 Sb_2S_3的蒸气压比 As_2O_3和 As_2S_3的小，因此，在焙烧时锑的除去或进入烟尘程度也较砷少得多。

2.4.3.7　硫化银在焙烧过程中的变化

银在锌精矿中以辉银矿（Ag_2S）的形式存在。0.1mm 的颗粒辉银矿在 605℃着火，按下列反应进行氧化反应：

$$Ag_2S+2O_2 = Ag_2SO_4$$
$$Ag_2S+O_2 = 2Ag+SO_2$$

硫化银被氧化时与其他金属硫化物不一样，不是生成氧化物，而是生成金属银。因为Ag_2O是不稳定化物，在低温时分解：

$$2Ag_2O = 4Ag+O_2$$

Ag_2O的分解压在298K时为0.6×10^1Pa，在473K时达到1.78×10^5Pa。在焙烧时Ag_2S与其他金属硫化物混合在一起，且炉气中有大量SO_3存在，所有这些促使Ag_2S焙烧时形成硫酸银：

$$2Ag+2SO_3 = Ag_2SO_4+SO_2$$
$$Ag_2S+4SO_3 = Ag_2SO_4+4SO_2$$

硫酸银又可按下式分解：

$$Ag_2SO_4 = 2Ag+SO_2+O_2$$

当焙烧含银的锌精矿时有大量的银挥发，这是因为银在精矿中与铅结合，而铅具有较大的挥发性，把银带至烟尘中。

由上述可知，银在焙烧矿中可能以金属银、硫酸银和硫化银形式存在。

2.4.4 硫化锌精矿的沸腾焙烧

沸腾焙烧是强化焙烧过程的一种新方法。锌精矿的沸腾焙烧是固体流态化技术在炼锌工业上的具体应用。沸腾焙烧炉内沸腾层高度在1～1.5m，粒层温度高达1123～1423K，炉内热容量大且均匀，反应速度快，强度高，传热传质效率高，温差小，料粒和空气接触时间长，使焙烧过程大大强化。因此它对促进炼锌工业的发展具有重要意义。

2.4.4.1 硫化锌精矿的焙烧设备

硫化锌精矿的焙烧可采用反射炉、多膛炉、复式炉（多膛炉与反射炉的结合）、飘悬焙烧炉和沸腾焙烧炉。

处理块状硫化锌矿的焙烧方式先是堆式焙烧，后改为竖炉，但随着选矿工业的发展，冶炼厂获得的精矿粒度不断减小，这就迫使并促进冶金工业采用符合细粒精矿焙烧特点的焙烧设备。首先使用于焙烧细粒精矿的是反射炉，相继改为多层（膛）反射炉和机械耙动多层（膛）反射炉。1913年开始出现现代化的机械耙动多层（膛）焙烧炉。

1950年，沸腾焙烧技术被引进炼锌工业。该方法同悬浮焙烧一样，是使精矿悬浮于炉气中进行焙烧，不同的是利用从物料下部鼓入的空气，使炉料颗粒悬浮于气流中，因此精矿在悬浮状态下焙烧时间可以延长数小时，因而对焙烧物的准备不像飘悬焙烧严格，烟尘率、产品质量与其他技术经济指标有显著改善。由于沸腾焙烧较其他焙烧炉具有一系列优点，从20世纪50年代起迅速在炼锌厂中获得推广和不断改进，并成为当前生产中的主要焙烧设备。

2.4.4.2 沸腾焙烧

沸腾焙烧的本质就是使空气自下而上地吹过固体炉料层，吹风速度要使固体炉料粒子被风吹动互相分离，并不停地做复杂运动。只要风速不超过一定限度，固体粒子就在一定高度范围内运动，运动的粒子处于悬浮状态，其状态如同水的沸腾。由此，称此种焙烧为沸腾焙烧。由于固体粒子可以较长时间处于悬浮状态，于是就构成氧化各种矿粒最有利的条件，既不像多层炉焙烧那样空气只与炉料表面层接触，也不像悬浮焙烧那样时间短促，故使焙烧过程大大强化。

沸腾焙烧的基础是固体流态化。1944 年，沸腾焙烧首先用于硫铁矿的焙烧，以后开始应用到有色金属矿的焙烧。在炼锌工业中于 1952 年才采用沸腾焙烧。由于沸腾焙烧不仅提高产量和改进产品质量，而且还具有设备简单、控制容易等一系列优点，所以各国都很重视此项技术。我国于 1957 年末在炼锌工业中建成第一座工业沸腾焙烧炉并投入生产，且后来新建的炼锌厂都采用沸腾焙烧。

沸腾焙烧发展初期仅应用于湿法炼锌工业，对于在火法蒸馏中的应用，还须将产出的焙烧矿进行二次焙烧，以进一步除去硫、铅及铜等杂质。我国经扩大试验及半工业性试验，终于在沸腾焙烧中实现了死焙烧的要求，并在随后工业炉上得到实践。这不仅缩短与简化了竖罐炼锌的生产流程，也使沸腾焙烧新技术的具体应用有了进一步的发展。

2.4.4.3 沸腾焙烧的工艺流程及设备

沸腾焙烧的工艺流程根据具体条件和要求决定，一般包括炉料准备、加料系统、炉本体系统、收尘及气体处理系统和排料系统等几个部分。炉料准备和加料系统的工作在于均匀而稳定地向炉内提供一定化学组成和数量的粉状炉料。但随着入厂精矿种类和供料方式的不同，其工艺过程也不同。加料方式有干法和湿法两种。

湿法加料需预先将精矿浆化成含水 25% 左右的矿浆，以便用泥浆泵喷入炉内。

干法加料的设备多为圆盘给料机，少数使用螺旋给料机或皮带给料机。

目前采用的沸腾焙烧可分为三种类型：

(1) 带前室的直形炉。我国的一些工厂采用。

(2) 道尔型湿法加料直型炉。日本多数厂家采用。

(3) 鲁奇扩大型炉。西欧、美国、加拿大等多数厂家采用。

比较上述三种炉型的技术经济指标，鲁奇扩大型沸腾炉具有生产率高，热能回收好及焙砂质量较高等优点。20 世纪 70 年代以来各厂均改建或新建鲁奇型炉。

道尔型沸腾炉原采用湿法加料，现开始改用干法加料（含水 7% ~8%）。其他两种炉型均采用干法加料，并用皮带加料机或带式抛料机加料。两种炉型的具体比较见表 2-6、表 2-7。

表 2-6 鲁奇型与道尔型沸腾炉的比较

项 目	鲁奇型炉	道尔型炉
吨精矿电力单耗/kW·h	74	102
吨精矿产出蒸气/t	0.95 ~ 0.98	0.88
维修费用（以道尔型为 100）	70	100
沸腾层温度/K	1323	1253
过剩空气系数	1.15 ~ 1.25	0.95 ~ 1.30

续表 2-6

项　目	鲁奇型炉			道尔型炉		
烟尘率/%	50~60			40~50		
风压/Pa	16671~19613			19613~29419		
连续运转天数/d	270			30~40		
产品成分/%	SO_4	S_S	S_T	SO_4	S_S	S_T
焙砂	0.34	0.20	0.54	0.32	0.18	0.50
锅炉尘	1.62	0.34	1.96	0.89	0.46	1.35
旋涡尘	3.59	0.41	4.00	1.66	0.91	2.57
电收尘	12.23	0.22	12.45	5.79	2.62	8.40
混合产物	1.02	0.22	1.24	0.88	0.69	1.57
锌浸出率/%	94.3			93.8		

表 2-7　日处理 400t 精矿的鲁奇型与道尔型炉比较

项　目	鲁奇型炉	道尔型炉
入炉精矿含水/%	8	25
干烟气产出量/$m^3 \cdot h^{-1}$	34000	34000
干烟气中 SO_2 含量/%	10.5	10.5
通过沸腾层冷却管排热/$kJ \cdot h^{-1}$	1.25×10^6	—
锅炉产出蒸汽总回收热/$kJ \cdot h^{-1}$	47.7×10^6	35.2×10^6
蒸汽产出（以鲁奇型为 100）	100	73.7
330℃下进收尘器的干烟气热焓/$kJ \cdot h^{-1}$	670	1060
经气体冷却器收集的水/$g \cdot m^{-3}$	12.5	133.5

沸腾炉最重要的部分为炉底空气分布板及风帽，它必须满足以下要求：

（1）必须使空气经过炉底的整个截面并均匀地送入沸腾层。

（2）不应使炉内焙烧矿漏入炉底的送风斗中。

（3）炉底应能够耐热，不至于在高温下发生变形或损坏。

空气能否均匀地送入沸腾层，主要取决于风帽的排列及风帽本身的结构。对于圆形炉子来说，以采用同心圆的排列较为合适，因为它可以保证靠边墙的一圈风帽也能得到均匀的排列。如采用棋盘形排列或等边三角形排列，则靠边墙部分有些空出的地方，不便于安排风帽。对于长方形炉子，则采用棋盘排列较为适当。

2.4.4.4 沸腾焙烧的技术经济指标

沸腾焙烧的产物是从溢流口排出焙砂和从炉气出口经过冷却器、旋风收尘器与电收尘器系统的烟气和烟尘。焙烧矿质量随操作的基本条件而变，现分别讨论蒸馏用焙烧和浸出用焙烧。

A 高温氧化焙烧

采用高温氧化焙烧是为了死焙烧以满足蒸馏需要。这除了把精矿含硫脱至最低限度外，还要把精矿中的大部分铅、镉等主要杂质脱除。在沸腾焙烧中硫、铅、镉的脱除主要决定于焙烧温度，过剩空气量对脱铅、镉也有影响，特别是对铅影响更为显著。

精矿中的硫化铅和硫化镉在沸腾层中迅速地转变氧化物，而氧化铅和氧化镉需要较高的温度方能大量挥发。这些杂质一经挥发就成为微细矿尘，很容易被上升炉气带至沸腾层外，并随炉气进入收尘系统中。试验与生产实践表明，在过剩空气量20%的条件下，沸腾层温度越高，则硫、铅与镉的脱除效果越好，如表2-8所示。但在相近的焙烧温度条件下（约1363K），减少过剩空气量可进一步提高镉与铅的脱除率，而与硫的脱除率无关，如表2-9所示。

表2-8 沸腾层温度对硫、铅、镉脱除的影响

沸腾层温度/K	1223	1273	1323	1343	1373	1423
焙烧矿铅含量/%	0.85	0.71	0.61	0.47	0.36	0.16
焙烧矿镉含量/%	0.25	0.22	0.08	0.04	0.02	0.006
焙烧矿硫含量/%	1.5	1.3	0.95	0.45	0.21	0.16

表2-9 沸腾焙烧煤气时过剩空气量对硫、铅、镉脱除的影响 (%)

过剩空气量	20	14	9	6	2
焙烧矿铅含量	0.42	0.22	0.12	0.077	0.052
焙烧矿镉含量	0.026	0.012	0.0089	0.0071	0.0065
焙烧矿硫含量	0.30	0.24	0.22	0.32	0.72

由上述特点可见，为得到较高的焙烧矿质量应该保持较高的温度及较小的过剩空气量，但必须注意下述情况：

(1) 焙烧温度的高低决定于精矿的性质。焙烧温度不应超过精矿在沸腾层内烧结的温度，但也不能采取接近烧结的温度进行焙烧，因为这样不仅在操作控制上极为紧张，且操作上一不小心就会导致沸腾层结块而被迫停炉。

(2) 过剩空气不能过少。因为这会使焙烧脱硫效率降低，使焙矿残硫增高，矿尘硫含量增高。

因此，在生产上应考虑到既能使操作安全可靠，又能够保证得到较高的焙烧矿质量，以满足蒸馏炼锌的要求。我国某厂所用精矿的烧结温度为1453～1473K，采用的沸腾焙烧温度为1343～1373K，过剩空气量为8%～12%。

在沸腾层内由于激烈的搅拌且传热良好，温度均匀，故层内各部位的焙烧矿质量是相似的，这可以从沸腾层内各部位取出的试样分析得以证明。如表2-10所示，靠加料前室出口部位的矿含硫较高，而脱铅效果好。沸腾层内各部位焙烧矿质量相似，说明层内化学反应是极其迅速的，层内焙烧矿粒度分布也是相当均匀的。

表2-10 沸腾层内各部位焙烧矿的化学分析与筛分析

取样部位	化学分析的成分/%				筛分析通过网目（累积百分数）/%							
	Zn	S	Pb	Cd	20	40	60	80	100	120	140	160
前室出口	62.39	1.4	0.063	微量	97.1	92.8	79.7	59.7	21.2	14.0	3.2	1.2
炉中心	63.32	0.22	0.073	微量	98.6	95.3	84.1	62.6	21.9	14.0	3.9	1.5
炉左侧	63.30	0.17	0.19	微量	98.7	94.7	84.2	62.3	23.4	15.7	3.4	1.2
炉右侧	62.62	0.2	0.071	微量	97.8	93.0	81.6	61.9	24.5	16.9	4.4	1.7
溢流口	62.82	0.24	0.071	微量	98.5	95.0	83.4	64.1	22.1	17.0	5.2	2.3

高温氧化焙烧的矿尘率较低，较低温焙烧少，这主要是由于高温焙烧下焙烧矿的颗粒变粗所致。表2-11为不同焙烧温度条件矿尘率的变化。

表2-11 不同焙烧温度条件下矿尘率的变化

沸腾层温度/K	1203	1323	1373
矿尘率/%	34.8	22.8	12.6
沸腾层直线速度/$m \cdot s^{-1}$	0.372	0.402	0.455

正常生产时整个沸腾焙烧过程的物料粒度大小列表2-12中。

表2-12 高温氧化沸腾焙烧各物料的筛分析

物料名称	通过网目（累积百分率）/%												
	4	6	10	20	40	60	80	100	120	140	160	200	270
精　矿	100	99.2	96	92.5	88.3	81.8	76.3	60.5	56.3	47.0	41.0	—	—
溢出焙烧矿	—	—	—	98.5	93.0	82.4	61.2	21.6	13.2	4.8	2.1	—	—
炉气冷却器矿尘	—	—	—	—	—	—	—	—	99.5	95.5	77.1	17.6	10.4
旋风收尘器矿尘	—	—	—	—	—	—	—	—	—	97.0	83.3	39.3	21.3

在一定温度下和过剩空气量的条件下，如果增大沸腾层的直线速度，亦即增大生产能力，则矿尘率也会相应增大，其关系如表2-13所示。由表可见，过高地提高生产能力必然会产生较大的矿尘率，这给返回处理带来很多麻烦，因此生产能力也就受到一定的限制。

表2-13　直线速度对矿尘率的影响（沸腾层温度1363K）

沸腾层直线速度/$m \cdot s^{-1}$	0.45	0.55	0.59	0.62
处理力能/$t \cdot (m^2 \cdot d)^{-1}$	4.5	5.7	6.2	6.5
矿尘率/%	12.7	16	19	21

此外应该指出，矿尘率的大小也与精矿的粒度有关。精矿粒度愈细，则相应的矿尘率就愈大。高温氧化焙烧所得矿尘的主要成分列于表2-14中。由表可知，电收尘矿尘含铅镉很高，因而可送综合回收部门提取其中镉及有价金属。

表2-14　矿尘的主要化学成分分析（焙烧温度为1363K，过剩空气量为10%）

矿尘来源	化学成分/%			
	Zn	Pb	S	Cd
冷却器矿尘	45~50	1.2~1.8	5~6	0.5~0.7
旋风收尘器矿尘	43~49	1.8~2.5	5.5~6.5	0.8~1.2
电收尘器矿尘	38~45	9.5~12	10~13	4.5~7

B　低温硫酸化焙烧

湿法炼锌过程中应采用低温硫酸化焙烧，要求在焙烧矿中留有少量可溶性硫，同时还应避免与减少铁酸锌和硅酸盐的形成。

与高温焙烧一样低温硫酸化焙烧的脱硫效率主要决定于温度，温度愈高脱硫率愈好。为保证脱除绝大部分硫，又要获得一定量的可溶硫，沸腾层温度就不能像高温氧化焙烧那样高。根据锌精矿组成不同，温度一般采用1123~1173K较为适宜。温度对焙烧质量的影响如表2-15所示。

表2-15　焙烧温度对硫酸盐焙烧质量的影响

沸腾层温度/K	1103	1143	1173	1223	1237
过剩空气量/%	18	17.6	18	17	17
焙烧矿成分（$Zn_{全}$）/%	55.14	53.0	56.7	53.6	54.5
焙烧矿成分（$Zn_{可溶}$）/%	49.65	49.3	53.2	50.4	51.3
焙烧矿成分（$Zn_{可溶率}$）/%	90.2	93.0	93.8	94.0	94.0
焙烧矿成分（$S_{全}$）/%	3.11	2.19	1.74	1.46	1.30
焙烧矿成分（S_{SO_4}）/%	1.66	1.35	1.21	1.06	0.94
焙烧矿成分（S_S）/%	1.45	0.74	0.53	0.40	0.36

低温硫酸化焙烧所得产物的化学分析与筛分结果列于表2-16和表2-17中。由表可见，除溢出焙烧外，产出的矿尘也可供浸出使用。矿尘较细，单独浸出会造成浸出过程的困难，特别是电收尘的矿尘，因此要求将矿尘与焙砂按一定比例混合后浸出。

表2-16 低温硫酸化焙烧产物的化学分析 (%)

物料名称	Zn	$Zn_{可溶}$	$Zn_{可溶率}$	$S_{全}$	S_{SO_4}	Pb	Cd	Fe	SiO_2	$SiO_{2可溶}$	$SiO_{2可溶率}$	As
溢出焙烧矿	54.05	50.5	93.5	1.71	0.98	0.97	0.23	8.51	5.59	3.96	69.6	0.028
炉气冷却器矿尘	55.14	51.4	93.4	4.06	3.41	0.55	0.19	7.82	2.92	1.25	42.7	0.025
旋风收尘器矿尘	55.06	51.74	94.0	4.56	3.88	0.58	0.22	7.64	2.53	1.10	42.5	0.03
电收尘器矿尘	53.35	50.1	93.9	7.14	6.64	1.23	0.35	6.74	2.10	0.75	35.0	0.10

表2-17 低温硫酸化焙烧产物的筛分析 (%)

物料名称	通过网目（累积百分率）											
	6	10	20	40	60	80	100	120	140	160	200	270
溢出焙烧矿	98.80	99.30	97.85	96.10	94.0	88.6	69.3	62.0	41.5	27.8	—	—
炉气冷却器矿尘	—	—	—	—	—	—	—	—	99.2	98.0	97.2	83.4
旋风收尘器矿尘	—	—	—	—	—	—	—	—	—	99.5	99.0	90.2
电收尘器矿尘	—	—	—	—	—	—	—	—	—	—	—	99.4

矿尘率的大小与高温沸腾焙烧一样，除与精矿粒度有关外，也与直线速度有关。直线速度大，矿尘率大。换言之，处理量增大，则矿尘率增加。为保证矿尘质量，在生产上炉子单位能力就不得不受到一定限制。低温焙烧的矿尘率一般为40%～50%，其中炉气冷却器矿尘占38%，旋风收尘器矿尘占54%，电收尘器矿尘占8%。

由于低温硫酸化焙烧的过剩空气量为20%～30%较为合适，比高温焙烧多，所以沸腾层搅动更强烈，层内物料均匀。由各部分取样分析得知，焙烧矿化学成分基本上是一致的（加料前室内含硫仍较高），粒度分布也是均匀的。

我国采用的带前室沸腾焙烧炉规格及主要技术经济指标列于表2-18。

表2-18 国内沸腾焙烧的技术经济指标

技术经济指标	株洲冶炼厂	葫芦岛锌厂	
沸腾床面积/m^2	42	18.66	26.5
沸腾炉直径/m	7.1	4.75	5.56

续表 2-18

技术经济指标	株洲冶炼厂	葫芦岛锌厂	
沸腾炉空间直径/m	7.39	4.98	8.39
反应空间高度/m	9.27 ~ 10.91	11	13
加料前室面积/m^2	2	0.96	0.96
加料前室高度/m	2		
鼓风量/$m^3 \cdot (h \cdot m^2)^{-1}$	350 ~ 450	387 ~ 516	430 ~ 500
过剩空气系数	1.2 ~ 1.3	1.1 ~ 1.2	1.05 ~ 1.1
床层鼓风压力/Pa	11500 ~ 12500		
前室鼓风压力/Pa	13500 ~ 16500		
沸腾层高度/m	1.1 ~ 1.15	1.0	1.0
沸腾温度/K	1123 ~ 1143	1143 ~ 1183	1353 ~ 1373
炉顶温度/K	1203 ~ 1273		1323
反应空间气流速度/$m \cdot s^{-1}$	0.42 ~ 0.55	0.4 ~ 0.6	0.6 ~ 0.7
溢流焙砂产率/%	50 ~ 60	40 ~ 45	65 ~ 68
矿尘产率/%	40 ~ 50	30 ~ 55	18 ~ 25
矿尘中 S_S 含量/%	<1.5		
矿尘中 S_{SO_4} 含量/%	<3		
焙砂中 S_S 含量/%	<1	1.46	
焙砂中 S_{SO_4} 含量/%	<3	2.45	
单位床层处理精矿量/$t \cdot (m^2 \cdot d)^{-1}$	4.5 ~ 5.5	5 ~ 6	6 ~ 8
脱硫率/%	91 ~ 93	94	95 ~ 98
烟气中 SO_2 浓度/%	7	8.5	10.5

日本几家工厂采用道尔型沸腾炉的尺寸及生产数据列于表 2-19 中。国外采用鲁奇型沸腾炉尺寸和生产数据列于表 2-20 中。

表 2-19 道尔型沸腾炉尺寸及其生产数据

项 目		彦岛	秋田	饭岛
沸腾床面积/m^2		66	88	113
沸腾炉直径/m	最大	9.38	10.59	12.23
	最小	9.15		12.00
	反应空间高度/m	10.40	7.5	13.5
鼓风机	风量/$m^3\cdot min^{-1}$	350	500	770
	风压/Pa	35000	35300	34700
	功率/kW	320	300	950
	风箱风压/Pa	30000	31000	22000
	沸腾层温度/K	1203	1243	1253
	炉顶温度/K	1173	1203	1153
余热锅炉	进→出温度/K	1163→613	1183→573	1153→583
	压力降/Pa	200	100	100
	传热面积/m^2	850	1168	1032
	产出蒸汽/$t\cdot h^{-1}$	8.7	14	17
	蒸汽压力/MPa	2.94	1.47	2.55
	处理精矿量/$t\cdot d^{-1}$	330	420	450
	单位面积生产率/$t\cdot(m^2\cdot d)^{-1}$	5.0	4.8	4.0
	烟气中SO_2体积浓度/%		9	

表 2-20 鲁奇型沸腾炉尺寸及其生产数据

项 目	苏格特	神罔	科科拉	里斯教
沸腾床面积/m^2	32	48	72	123
沸腾炉直径/m	6.3	7.84	9.6	12.55
上部扩大直径/m	9.5	11.84	12.8	16.55

续表 2-20

项　目		苏格特	神冈	科科拉	里斯教
反应空间高度/m		12.5	14.4	17	—
鼓风机	风量/$m^3 \cdot min^{-1}$	—	670①		13302②
	风压/Pa	—	24500		—
	功率/kW	—	580		850
鼓风机	风箱风压/Pa	—	19000		—
	沸腾层温度/K	1203~1243	1293	1223~1273	1193±20
	炉顶温度/K	1223	1203	1173~1373	
余热锅炉	进→出温度/K		1173→688	1273→623	1193→593
	压力降/Pa		150		
	传热面积/m^2		877		
	产出蒸汽/$t \cdot h^{-1}$	8.981	12		40
	蒸汽压力/MPa	379	275	590	
	处理精矿量/$t \cdot d^{-1}$	218	330	500	800
	单位面积生产率/$t \cdot (m^2 \cdot d)^{-1}$	6.81	8.3	6.95	6.5
	烟气中 SO_2 体积浓度/%	7.5~8.0	10	10	10~11

①实际鼓风量=163m^3空气+280m^3贫 SO_2（1.5%）铅烧结烟气；②实际鼓风量。

2.4.4.5　硫化锌精矿沸腾焙烧的热平衡与余热利用

锌精矿焙烧的主要放热反应为：

$$2ZnS+3O_2 = 2ZnO+2SO_2$$

$$\Delta H^{\ominus} = -464kJ/mol$$

其次是黄铁矿的氧化。焙烧 1kg 硫化锌精矿可放出 4200kJ 的热量，除了维持焙烧高温需要外，还有热量过剩，必须充分利用。锌精矿沸腾焙烧热平衡计算一例列于表 2-21中。

42m^2沸腾炉的热平衡测试结果列于表 2-22 中。日本秋田湿法炼锌和三池竖罐炼锌厂锌精矿沸腾焙烧炉的热平衡见图 2-10 和图 2-11。

沸腾炉的余热用余热锅炉回收，一般焙烧 1t 硫化锌精矿，可以产生 3030~6060kPa 的蒸汽 1t 左右，即生产 1t 锌约可生产 2t 蒸汽。湿法炼锌厂生产 1t 锌约消耗 1t 蒸汽，余下的 1t 蒸汽可用于发电，火法炼锌厂则可完全用于发电。

表 2-21 锌精矿沸腾焙烧热平衡计算一例（100kg 精矿）

热收入			热支出		
项 目	kJ	%	项 目	kJ	%
精矿带入热	1673	0.36	烟气带走热	252285	54.64
放热反应产生热			烟尘带走热	33971	7.36
空气带入热			焙砂带走热	33082	7.17
水分带入热			水分蒸发热	49940	10.82
			高价硫化物离解	3769	0.82
			碳酸盐分解	3891	0.84
共 计	461722	100.00	小计	376938	81.65
			炉体散热	23170	5.00
			剩余热	61614	13.335
			共计	461722	100.00

表 2-22 $42m^2$ 沸腾炉的热平衡（测定周期：6h）

热收入				热支出			
序号	项 目	GJ/h	%	序号	项 目	GJ/h	%
1	精矿化学反应热	67.524	100.00	1	精矿水分汽化潜热	2.692	3.99
				2	焙砂带走热	3.753	5.56
				3	汽化冷却尘带走的热	1.250	1.85
				4	出汽化冷却器烟尘带走的热	1.576	2.33
				5	烟气带走的热	20.928	30.88
				6	排污水带走的热	0.063	0.09
				7	蒸汽带走的热	24.729	36.62
				8	汽化冷却器砂封及过道冷却水带走的热	2.454	3.63
				9	炉体表面散热	1.910	2.83
				10	汽化冷却器及过道表面散热	2.073	3.07
				11	误差及其他	0.096	0.15
合计		67.524	100.00	合计		67.524	100.00

2.4.4.6 硫化锌精矿沸腾焙烧的发展

A 高温沸腾焙烧

锌精矿沸腾焙烧的温度已从 1123K 提高到 1223K 左右，大多数工厂为 1183 ~ 1253K。温度提高后，可提高炉子生产率与脱硫程度。焙烧产物中的硫总含量与温度的关系见图 2-12。

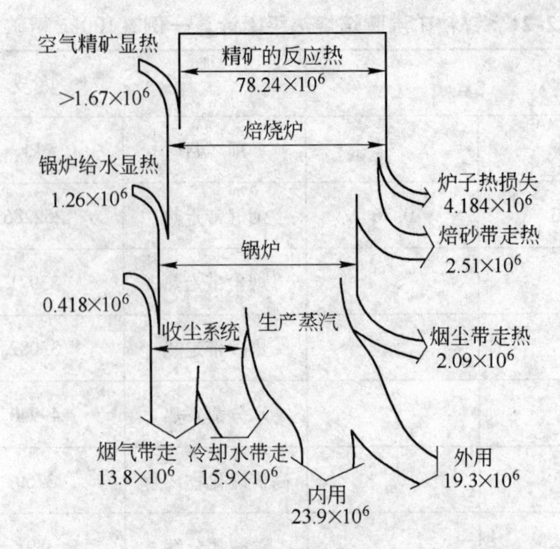

图 2-10　湿法炼锌厂锌精矿沸腾焙烧炉的热平衡（单位：kJ/h）

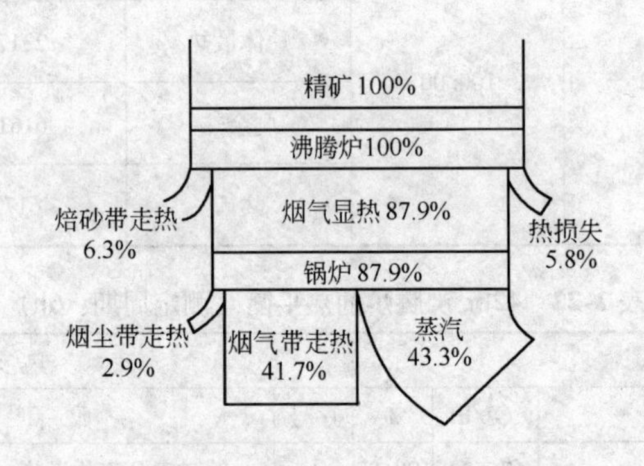

图 2-11　竖罐炼锌厂锌精矿沸腾焙烧炉的热平衡

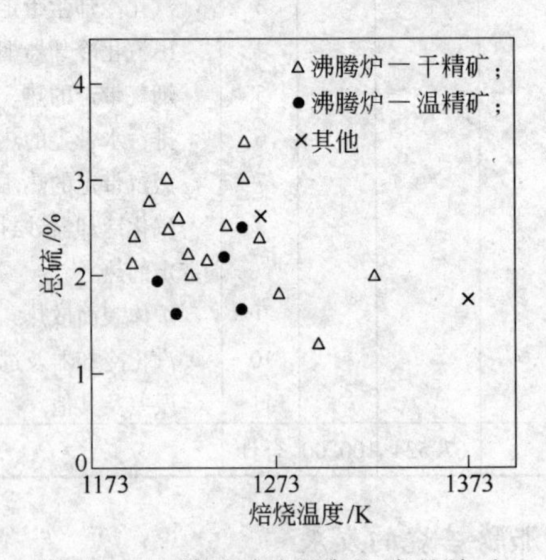

图 2-12　焙砂硫含量与温度的关系

我国火法炼锌厂采用的沸腾焙烧制度是高温（1373K）和低过剩空气系数（a=0.9～1.1），以获得更高的脱硫率、脱铅率和脱镉率。比利时 MHO 公司采用了一种新型结构的沸腾炉，可以在高温下焙烧易熔的制粒精矿，其新型结构如图 2-13 所示。

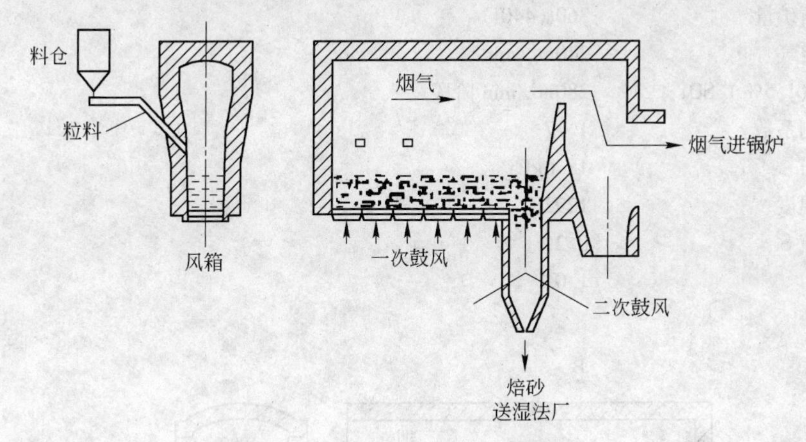

图 2-13 MHO 公司的矩形沸腾炉

这种焙烧炉的操作特点如下：

(1) 精矿与返回烟尘加入少量 H_2SO_4 及黏合剂制成 0.5 ~ 4mm 的粒料，经干燥后，直接从炉子前端侧面加入，烟尘率只占 20%。

(2) 在炉子前端鼓入 85% 的一次空气，风压为 0.11×10^5Pa，余下的 15%，从焙砂下料处鼓入二次空气，风压为 0.25×10^5Pa。两种鼓风压差，可维护炉内沸腾层高度稳定为 1m，炉温维持 1273K。

(3) 为保持粒料的正常沸腾状态，在炉子空间需要维持大于 2.5 m/s 的气流速度，这样不仅获得高的炉子生产率（高于 $1t/(m^2\cdot h)$），还可以处理含铅与含铜高的易熔精矿。这种焙烧炉曾处理含铜 6%、含铅 10% 及含铜为 3.5% 的两种精矿，长时间运转后，炉墙上未产生炉结。

(4) 由于高温（1273K）及成品下料仓鼓入的二次风，焙砂含 $S_{总}$ 只有 0.5% 左右，S_S 可降到 0.1% 以下，并有效地脱除了 Cl、HgS 和 F。

秘鲁一工厂采用另一种矩形高温沸腾炉（图 2-14）。精矿与旋风烟尘制成 5 ~ 11.5mm 的小粒加入 3 台 15.5m^2 的沸腾炉中焙烧。采用 20% 的过剩空气，温度维持 1423K，生产率达到 $17.3\sim19.2t/(m^2\cdot d)$。由于焙砂中铁酸锌含量减少了 14%，$S_S$ 也有所降低，锌的浸出率提高了 2% ~ 3%。

B 锌精矿富氧空气沸腾焙烧

富氧鼓风沸腾焙烧是强化措施之一。某工厂在沸腾炉采用 27% ~ 29% O_2 的富氧鼓风，使生产率提高了 60% ~ 70%，达到 $8.4\sim8.8t/(m^2\cdot d)$，并且使烟气量减少，SO_2 浓度提高到 13% ~ 15%，还降低了烟尘率，提高了产品质量。两种焙烧制度的主要指标对比列于表 2-23 中。澳大利亚某厂也进行了富氧空气沸腾焙烧试验，从试验结果来看，认为鼓入 23.9% 富氧空气进行精矿的沸腾焙烧是最合适的。

C 贫 SO_2 烧结烟气用于沸腾焙烧

日本在 1976 年将原道尔炉改为鲁奇炉，并将铅烧结的贫 SO_2（1.5% SO_2）烟气鼓入锌沸腾炉（见图 2-15），其生产数据如下：

鲁奇炉的炉床面积	54.00m²
日处理精矿量	360t(440t)
鼓入新空气	240m³/min
鼓入贫（1.5%）SO_2	280m³/min 阶段
空气过剩系数	1.17
风箱压力	18.6kPa
沸腾层温度	1292K
焙砂残硫 S_S	0.2%
S_{SO_4}	1.0%

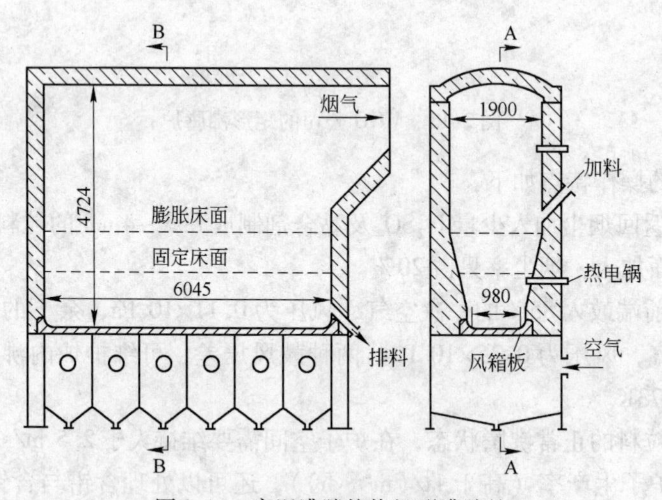

图 2-14　高温沸腾焙烧矩形沸腾炉

表 2-23　锌精矿沸腾焙烧指标比较

指　　标		空气沸腾焙烧	富氧沸腾焙烧
空气消耗/$m^3\cdot(m^2\cdot h)^{-1}$		300 ~ 400	300 ~ 400
吨精矿空气消耗/m^3		2000 ~ 1200	1450 ~ 1500
富氧程度		—	25 ~ 31
温度/K	沸腾层	1203 ~ 1243	1233 ~ 1263
	炉顶	1153 ~ 1193	1183 ~ 1213
烟气中 SO_2 浓度/%	炉子出口	9 ~ 10	13.5 ~ 15.0
	旋风收尘后	8 ~ 9	10 ~ 11
硫入气相回收率/%		94 ~ 95	94.5 ~ 95.3
单位生产率/$t\cdot(m^2\cdot d)^{-1}$		4.5 ~ 5.5	8.7 ~ 9.9

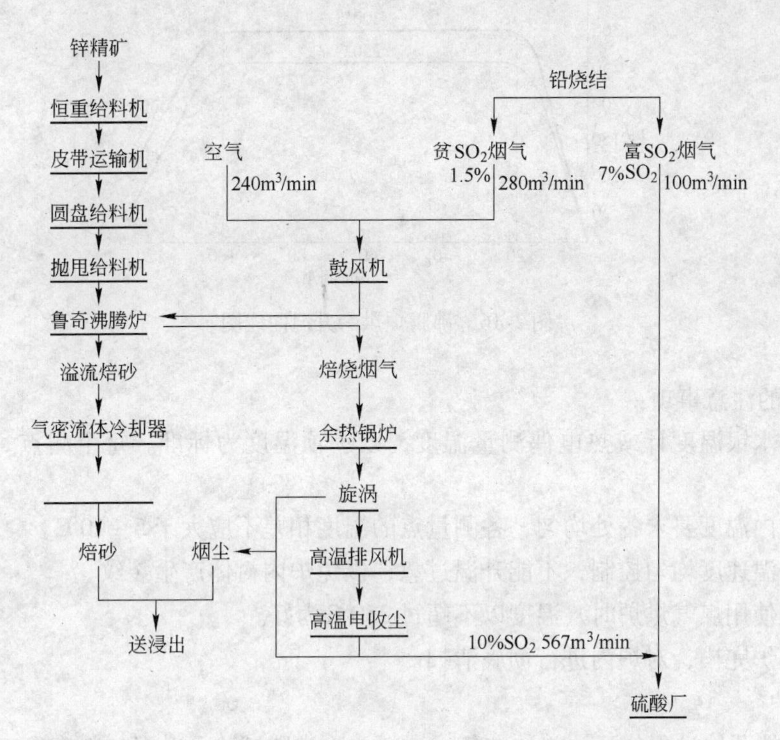

图 2-15　铅烧结与锌沸腾两过程烟气配合制酸的流程图

2.4.4.7　沸腾焙烧的操作实践

A　沸腾焙烧的烘炉、开炉与停炉

a　烘炉

新建炉或检修后的炉子，在开炉前必须进行烘炉，其目的是要在200～300℃的温度下加热炉墙及砌料，除去其中的水分，逐步烘干炉墙及砖缝，以稳定炉墙、炉顶及耐火混凝土的性能，达到不漏气并延长炉子寿命的目的。

通常采用的烘炉方法有以下几种：

（1）在炉底铺上铁板，在铁板上燃烧木柴。为使温度均匀，木柴分3～4 堆为好。

（2）在炉外砌加热炉，用木柴燃烧产生热气进入炉内，将炉子烘干。

（3）在炉底铺设铁板，并在铁板上燃烧焦炭。

（4）燃烧煤气或重油进行烘烤。

烘炉的操作步骤如下：

（1）作好烘炉准备。

（2）找好冷却器上盖、钟罩闸门及操作门等。

（3）点火后根据抽力及温度情况，适当密闭炉子操作门、冷却器上盖或钟罩闸门，以达到炉内温度均匀为原则。

（4）严格控制烘炉升温曲线。烘炉升温曲线如图2-16 所示。

点火后经过20h 左右，温度升到250～300℃（升温速度10～20℃/h）时保持80h，然后逐步降温，烘炉时间一般5～7d。

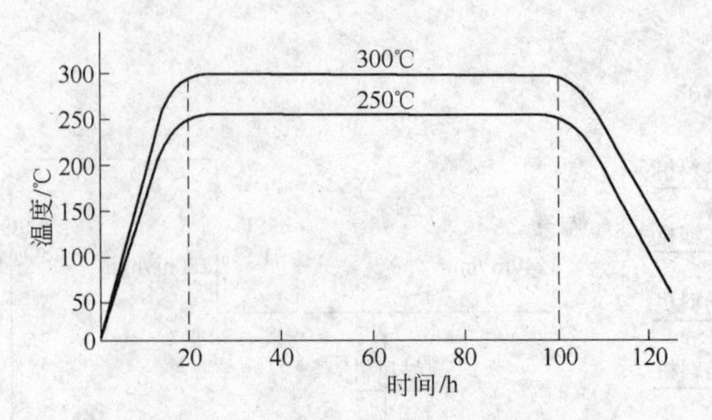

图 2-16 沸腾炉烘炉升温曲线图

烘炉中的注意事项：

(1) 用水银温度计或热电偶测量温度，以炉顶温度为标准。每个测点每小时测 1 ~ 2 次。

(2) 炉内温度要求各处均匀，各测量点的温度相差不应大于 5 ~ 10℃。

(3) 升温速度均匀控制，不能升温过急，以免炉内衬体产生裂纹。

(4) 在使用煤气烘炉时，温度以不超过 250℃ 为好。

(5) 烘炉完毕，对炉内进行彻底清扫。

b 开炉

沸腾炉的开炉过程分开炉前的准备、铺料、冷沸腾试验及升温加料四个工序。

(1) 开炉前的准备工作。

详细检查炉内是否有杂物，风帽是否安装平整，风眼是否堵塞，所有仪表及排料、加料系统是否正常，供水、供风系统是否良好，所有的问题要及时处理。准备好开炉所用的工具、燃料等。同时，对风帽进行阻力试验，试验的目的是使风压分布均匀，以便达到沸腾良好。如果风压分布不均匀，则要调整空气分布板及空气柱。一般在前室及排料口附近的阻力要求适当小一些，以便物料的沸腾移动和排出。测试阻力时所开风量为 100 ~ 160m^3/min，风压为 80 ~ 100Pa。

(2) 铺料的操作。

当风帽阻力测定以后即可进行铺料。铺料的原料可用焙烧矿，也有采用 80% ~ 85% 的焙烧矿和 10% ~ 20% 的锌精矿，用硫化物氧化时放出的热量，这样可以加速开炉的操作过程。但硫化锌精矿不宜过多，否则在炉内会引起燃烧黏结，使温度难以控制。铺料厚度一般为 600 ~ 800mm，稍厚一点对沸腾良好、升温储热等有利。

铺料的方法主要有以下三种。

①人工铺料法。用人工将准备好的焙烧矿或混合炉料送入炉内，一般是从前室操作门用麻袋或铁锹送入炉内。铺料时要注意从里到外，防止杂物进入。为了保护炉料的松散性，在踩脚处最好垫上草袋，以免风眼堵塞，前室要少铺或不铺。

②鼓风铺料法。往炉内铺入 100 ~ 200mm 厚的炉料后，鼓入所需要的风量，再由圆盘加料器或其他加料器加入炉料。但要注意沸腾层的流动情况，注意观察其压力降，以控制铺料的高度。

③机械铺料法。某厂近年来采用机械铺料方法，即用移动式胶带输送机将炉料送入炉

内。机械铺料后，再用人工加以平整。

(3) 冷沸腾试验。

铺料后必须进行冷鼓风沸腾试验，检查沸腾是否良好，特别是新开的炉子，冷试验是开好炉的关键。冷试验时的鼓风量可控制在 1600 ~ 18000m^3/h，风压为 $1.2\times10^4 \sim 1.6\times10^4$Pa。

冷沸腾试验的步骤如下：

①打开冷却器上盖或钟罩闸门以及操作门。

②开机鼓风，先开小斗（前室进风口），后开大斗（炉底进风口）。

③掌握风量，小斗全开，大斗风量由小到大。

④全沸腾后 10 ~ 20min 就可停风检查，仔细观察沸腾层表面是否平整，如有凸起部分，要用人工挖松，再进行鼓风冷试验；如发现某部位不沸腾，可用压缩空气帮助搅动，总之，要达到沸腾良好，没有死角才能点火。

(4) 升温加料。

沸腾炉开炉升温，可采用重油或煤气作燃料。若采用煤气升温可缩短开炉时间，升温速度及时间按图 2-17 进行。

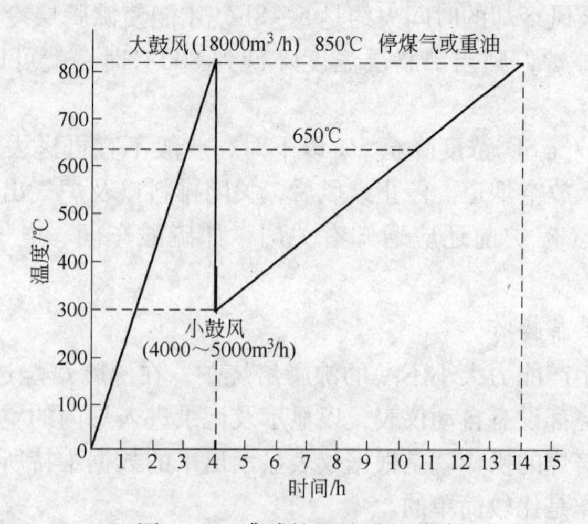

图 2-17 沸腾炉开炉升温曲线

升温加料步骤说明如下：

①如采用重油升温时，将 1 ~ 1.5t 的木柴堆放在炉子中心，堆放面积约为炉床面积的二分之一，还可在木柴上加少量柴油。当木柴点燃后即可少量喷油，当温度升到 40℃时，可用两支油枪喷油（使用煤气升温时不需要加木柴）。

②当沸腾层表面温度达到 850℃时，开始大鼓风翻动，大斗风量开到 18000m^3/h，大鼓风时间 3 ~ 4min 即可。大鼓风的目的是将炉料冷热混合，防止里面烧结。此时表面温度急剧下降而底部温度却上升。从点火到大鼓风这段作业时间一般为 4 ~ 6h，使用煤气时3 ~ 4h 即可。

③大鼓风后马上将风量缩减到 4000 ~ 5000 m^3/h，进行小鼓风，使沸腾层的炉料保持微微沸腾。

④小鼓风约4～6h，当沸腾层温度逐步升到650℃时，就可以加入少量精矿。加料后温度稳定在650℃时（或下降后又上升到650℃时），可以向炉内加入少量粉煤帮助精矿着火，同时鼓风量可以适当加大到7000m^3/h。

⑤加粉煤后温度达到850℃时，可逐步增加风量，大斗增到10000～12000 m^3/h，直至正常。小斗开到700～800 m^3/h，这时就要停止煤气或重油，并逐步将炉料增至正常。

⑥在连续鼓风温度升到650℃时，可开排风机，如烟气要送去制酸，则要先停煤气后才能送气。

在整个开炉过程中，如旧炉子开炉升温速度为100～150℃/h，整个点火升温时间约为10～14h。在升温之前要打开冷却器上盖或钟罩闸门，以保持炉内微负压为宜，加料立即将冷却器上盖及钟罩闸门关好，并堵塞好漏风的地方。使用重油时，油枪要上下左右摆动，并接近炉料表面。加粉煤时人要站在侧面并快速加入粉煤，粉煤用量约1～2t。

c　停炉

沸腾焙烧炉及其辅助设备需要进行检修或其他原因而停炉时，其操作是比较简单的。

正常停炉是停止加料后，继续鼓风使沸腾层降温冷却。有计划地停炉，一般是提前1～1.5h就停止加料，使温度降至550℃以下，就可以关闭鼓风机停止送风。若停风过早，容易引起炉料烧结。鼓风冷却的时间大约是5～8h，才能使沸腾层冷却下来。如要求检修炉外设备需要短时间停炉，则当沸腾层温度降低到800℃时，就可以停止鼓风进行设备处理。

停止加料理后，炉气SO_2浓度降至5%以下时，一般不宜再送去制酸，此时的炉气可引入泡沫收尘塔或引入放空烟道。停止鼓风后，关闭排料口及炉气出口闸门，关闭排风机并适当减少冷却水量。停炉前还应通知有关门，如硫酸车间、电气收尘岗位及维修车间等。

B　沸腾焙烧的正常操作

各种结构不同、生产能力大小不一的沸腾焙烧炉，在沸腾焙烧过程中都是很稳定的。现代工业上的沸腾焙烧都设有自动仪表，以显示及记录进入炉内的空气量、炉内各部分的温度、压力等。沸腾焙烧的操作就是根据仪表显示出来的数据维持所规定的技术条件，所以沸腾焙烧的正常操作是比较简单的。

掌握好沸腾焙烧的操作，关键在于做到三稳定，即稳定鼓风量、稳定料量、稳定温度。三者是互相联系而又互相影响的。

a　鼓风量

鼓风量的大小是根据炉子的生产能力来决定的，在一般的情况下，鼓风量稳定以后就不要经常变动。鼓风分为炉内（大斗）鼓风和前室（小斗）鼓风，而前室鼓风量一般要比炉内鼓风量大5%左右（按单位较大的鼓风计算），这是因为前室的下料量大，物料的水分也高，需要较大的鼓风以加速对炉料的翻动。

b　沸腾层温度与加料量

在固定鼓风量的条件下，沸腾层的温度主要由加料的均匀性决定。若下料不均匀，不仅会引起沸腾层的温度波动，而且还会引起炉气中SO_2浓度的变化，对焙砂的质量及硫酸制造过程极为不利。处于正常状态时，沸腾炉加料均匀稳定，炉内各部分的温度基本上均匀一致。若加料量过大，前室温度下降而排料口温度上升；若加料量过小，则前室的温度突然上升而排料口的温度下降，所以加料的均匀程度，是控制炉内温度的主要环节，要求操作人员密切注视前室及排料口部位的温度变化情况，以便及时调节加料的均匀性。要做到加料均匀，必须做到勤操作、勤调节。

另外，精矿硫含量及水含量的变化，也会引起沸腾层温度的波动。如精矿中硫含量增加1% ~2%时，温度就可升高20 ~30℃，这时除了调节加料量外，还可以向沸腾层喷入适当的水来调节炉内的温度。精矿中的水分有变化时，要求前一工序及时进行调整。

c 压力降

所谓压力降就是压力的变化，它随阻力的增大而加大。在正常情况下，前室压力降比炉内压力降大1000Pa左右，这是因为前室料层厚度大于沸腾层料层厚度。操作人员可以根据压力降的变化情况来判断炉内的沸腾情况，随着生产时间的延长，风帽会逐步出现堵塞现象，因此阻力增大，压力降增大。当压力降加大较严重时，炉内沸腾就不正常了。生产实践证明，炉内压力超过正常的2000 ~3000Pa而不降低时，就要停炉清理。

在前室部位的压力增大时，除因物料密度或粒度有变化以外，就是前室的风帽堵死。出现此种情况必须进行清理，但有时候也因排料口堵塞而引起压力上升。

因此掌握压力的变化，也是操作中不可缺少的条件。

d 炉顶温度及负压

在正常情况下，炉顶温度比沸腾层温度高50 ~100℃左右。炉顶温度过高，则说明精矿水分太低，粒度太细，会造成烟尘率增大，增加收尘设备的负担，所以必须将精矿的水分含量严格控制在8%左右。

关于炉顶负压，以维护炉内微负压为好。如正压操作则劳动条件恶劣；负压过大时，则吸入的冷空气量增多，使SO_2浓度降低。为了保持炉顶微负压，必须定期清理炉气系统，并保持系统的密封性。

3　锌物料的浸出过程

湿法炼锌是在低温（25～250℃）及水溶液中进行的一系列冶金作业，可概括为三个过程：(1) 浸出——用稀硫酸溶解锌矿物中的锌及其他有价元素，使之转入水溶液；(2) 净化——除去浸出液中的有害杂质；(3) 电解——从净化液中沉积纯金属锌。

3.1　浸出的实质与方法

湿法炼锌的浸出是用稀硫酸（即废电解液）作溶剂，控制适当的酸度、温度及压力等条件，将含锌物料（锌焙砂、锌烟尘、锌氧化矿、锌浸出渣及硫化锌精矿等）中的锌化合物溶解呈硫酸锌进入溶液，不溶固体物形成残渣的过程。浸出所得的混合矿浆再经浓缩、过滤将溶液和残渣分离。

浸出的目的在于使含锌物料中的锌化合物尽可能迅速而完全地溶解入溶液，而杂质金属尽可能少地溶解，并希望获得一个过滤性能良好的矿浆。浸出过程在整个湿法炼锌生产中起着关键性的作用。为了达到浸出的目的，浸出过程采用了不同的浸出方法，如表3-1所示。

表3-1　浸出方法分类

分　类	名　称	特　征
按过程酸度的不同	中性浸出	终点pH值，5.2～5.4，60～70℃
	酸性浸出（低酸浸出）	终酸1～5g/L（10～20g/L），75～80℃
	热酸浸出（高酸浸出）	终酸40～60g/L，90～95℃
	超酸浸出	终酸120～130g/L，90～95℃
	氧压浸出	终酸15～30g/L，135～150℃，氧分压350～1000kPa
	还原浸出	终酸20g/L，100～110℃，SO_2，压力150～200kPa
按过程段数不同	一段浸出	一段中性浸出；一段氧压浸出；一段还原浸出
	二段浸出	一段中浸、一段酸浸；两段中浸；两段酸浸；两段氧压酸浸
	三段浸出	一段中浸、一段低浸、一段热酸浸出
	四段浸出	一段中浸、一段酸浸、一段高浸、一段超酸浸出
按作业方式不同	间断浸出	浸出过程在同一槽内分批间断进行
	连续浸出	浸出过程在几个槽内循序进行

浸出工序使用的锌原料主要有：

（1）硫化锌精矿经过焙烧产出的焙烧矿，这是目前湿法炼锌浸出过程的主要原料。

（2）硫化锌精矿。

（3）氧化锌精矿

（4）冶金企业生产过程中产出的粗氧化锌粉（主要是铅锌冶金企业产出的氧化锌烟尘）。

此外，硫酸也是浸出使用的主要原料之一。

浸出所用的各种原料在组成、性质等方面有很大不同，故浸出方法也随之有较大的差异，由此便产生多种浸出工艺：

（1）焙烧矿常规浸出工艺。

（2）焙烧矿热酸浸出工艺。

（3）硫化锌精矿氧压浸出工艺。

（4）氧化锌精矿氧压浸出工艺。

（5）粗氧化锌粉酸浸出工艺。

3.2 锌焙烧矿的浸出

3.2.1 浸出反应的热力学

硫化锌精矿经沸腾焙烧，所产锌焙砂和锌烟尘混合后称为锌焙烧矿，基本上是金属氧化物、脉石等组成的细粒物料。锌焙烧矿中的锌主要呈氧化锌（ZnO）、硫酸锌（$ZnSO_4$）、铁酸锌（$ZnO \cdot Fe_2O_3$）、硅酸锌（$2ZnO \cdot SiO_2$）及硫化锌（ZnS）等形态存在，其他伴生金属铁、铅、铜、镉、砷、锑、镍、钴等也呈类似的形态。脉石成分则呈氧化物，如CaO、MgO、Al_2O_3及SiO_2等形态存在。

锌焙烧矿用稀硫酸溶剂进行浸出时，发生以下几类反应：

（1）$ZnSO_4$及其他金属硫酸盐，它们直接溶解于水形成硫酸盐水溶液。$ZnSO_4$在水中的溶解度受温度、酸度及其他金属硫酸盐浓度等因素影响，在一般的工业生产条件下，$ZnSO_4$在溶液中仍具有较高的溶解度，因而成为湿法冶炼的基本条件之一。

（2）ZnO及其他金属氧化物，在稀硫酸的作用下，它们按下式溶解。

$$Me_nO+mH_2SO_4 = Me_n(SO_4)_m+mH_2O$$

用离子反应式表示：

$$Me_nO_{n/2}+nH^+ = Me^{n+}+\frac{n}{2}H_2O$$

$$K=a_{Me^{n+}}/a_H^{n+}$$

各种金属离子在水溶液中的稳定性与溶液中金属离子的电位、pH值、离子活度、温度和压力等有关，故现代湿法冶金广泛使用E-pH图来分析浸出过程的热力学条件。E-pH图是将水溶液中基本反应的电位与pH值、离子活度的函数关系，在指定的温度、压力下将电位E和pH值的变化关系表示在图上。

从E-pH图上不仅可以看出各种反应的平衡条件和各组分的稳定范围，还可判断条件变化时平衡移动的方向和限度。下面简要说明常温（25℃）下，浸出时固液相间多相反应的吉布斯自由能变化和平衡式以及 E-pH 图的绘制与应用。

浸出过程的有关化学反应可用下列通式表示。

$$aA + nH^+ + ze = bB + cH_2O$$

根据反应的特点，可将反应分为三类：第（Ⅰ）类反应中仅有电子迁移，H^+或 OH^- 没有变化，即电位 E 与 pH 值无关的氧化还原反应。在第（Ⅰ）类反应中又有简单电极反应和离子间电极反应两种情况。对简单电极反应有：

$$Me^{n+} + ne = Me$$

其电位可用下式表示（因 $a_{Me}=1$）：

$$E = E^{\ominus} + \frac{0.0591}{n}\lg a_{Me^{e+}}$$

对离子间的电极反应：

$$Me^{x+} + ne = Me^{(x-n)+}$$

其电极电位可用下式表示：

$$E_{Me^{x+}/Me^{(x-n)+}} = E^{\ominus} + 0.0591\lg\frac{a_{Me^{n+}}}{a_{Me^{(x-n)+}}}$$

第（Ⅱ）类反应，无电子迁移但反应过程中消耗或产生了 H^+或 OH^-，其化学反应可用下式表示：

$$aA + nH^+ = bB + cH_2O$$

第（Ⅱ）类反应的平衡条件是：

$$pH = pH^{\ominus} - \frac{1}{n}\lg\frac{a_B^b}{a_A^a}$$

例如：

$$Zn(OH)_2 + 2H^+ = Zn^{2+} + 2H_2O$$

$$pH = 5.5 - \frac{1}{2}\lg a_{Zn^{2+}}$$

第（Ⅲ）类反应，反应过程中既有电子迁移又消耗（或产生）了 H^+或 OH^-，即电位与 pH 值有关的氧化还原反应，其反应的电极电位为：

$$E = E^{\ominus} - \frac{n}{z}\frac{2.303RT}{F}pH + \frac{2.303RT}{zF}\lg\frac{a_A^a}{a_B^b}$$

25℃时，

$$E = E^{\ominus} - \frac{n0.059pH}{z} + \frac{0.0591}{z}\lg\frac{a_A^a}{a_B^b}$$

这一类常见的反应有：

$$Zn(OH)_2 + 2H^+ + 2e \rightleftharpoons Zn + 2H_2O$$

$$Fe(OH)_3 + 3H^+ + e \rightleftharpoons Fe^{2+} + 3H_2O$$

众所周知，水仅仅在一定电位和 pH 值条件下才稳定。水稳定的上限是析出氧，其稳定程度由下式确定：

$$O_2 + 4H^+ + 4e = 2H_2O$$

$$E_{O_2/H_2O} = 1.229-0.0591pH \quad (p_{O_2} = 101kPa 时)$$

水稳定的下限是析出氢，其稳定程度由下式确定：

$$2H^+ + 2e \rightleftharpoons H_2$$

$$E_{H^+/H_2} = 0.0591pH \quad (p_{H_2} = 101kPa 时)$$

由表 3-2 所列有关反应的 $E_3^{\ominus}$、$E_1^{\ominus}$、$pH_2^{\ominus}$ 值，并假定金属离子活度等于 1，温度等于 298K，根据（Ⅰ）、（Ⅱ）、（Ⅲ）类反应的化学方程式便可作出 Me-H_2O 系的 E-pH 图。按上述理论分析所作的 Zn-H_2O 系的 E-pH 图，见图 3-1。

表 3-2　有关 Me-H_2O 系 $E_3^{\ominus}$、$E_1^{\ominus}$、$pH_2^{\ominus}$ 数值

$Me^{n+}-Me$	$Me(OH)_n$	$E_3^{\ominus}$ /V	$E_1^{\ominus}$ /V	$pH_2^{\ominus}$
$Zn^{2+}-Zn$	$Zn(OH)_n$	-0.417	-0.763	5.85
Ag^+-Ag	Ag_2O	1.173	0.7991	6.32
$Cu^{2+}-Cu$	$Cu(OH)_2$	0.609	0.337	4.60
BiO^+-Bi	Bi_2O_3	0.370	0.320	2.57
AsO^+-As	As_2O_3	0.234	0.254	-1.02
SbO^+-Sb	Sb_2O_3	0.152	0.212	-3.05
Tl^+-Tl	$Tl(OH)$	0.483	-0.336	13.90
$Pb^{2+}-Pb$	$Pb(OH)_2$	0.242	-0.126	6.23
$Ni^{2+}-Ni$	$Ni(OH)_2$	0.110	-0.241	6.09
$Co^{2+}-Co$	$Co(OH)_2$	0.095	-0.277	6.30
$Cd^{2+}-Cd$	$Cd(OH)_2$	0.022	-0.41	7.20
$Fe^{2+}-Fe$	$Fe(OH)_2$	-0.047	-0.44	6.64
$Sn^{2+}-Sn$	$Sn(OH)_2$	-0.091	-0.136	0.74
$In^{3+}-In$	$In(OH)_3$	-0.173	-0.342	3.00
$Cr^{2+}-Cr$	$Cr(OH)_2$	-0.588	-0.913	5.5
$Mn^{2+}-Mn$	$Mn(OH)_2$	-0.727	-1.80	7.65

从图 3-1 可以看出，整个 Zn-H_2O 系列分为 Zn^{2+} 和 $Zn(OH)_2$ 及 Zn 三个区域，这三个区域也就构成了湿法炼锌的浸出、水解、净化和电积过程所要求的稳定区域。

浸出过程就是要创造条件使原料中的锌及其他有价金属越过Ⅰ线而进入 Zn^{2+} 区。水解、净化即是创造条件使 Zn^{2+} 停留在 Zn^{2+} 区域，同时使杂质再超过Ⅱ线进入 $Me(OH)_x$ 区。电积即是创造条件在阴极上施加电位，使 Zn^{2+} 进入 Zn 区。湿法炼锌的浸出过程，就是利用各种金属离子在浸出液中的稳定性，使锌、镉等有价金属溶解进入溶液与原料中的脉石分开。在中性浸出终了调整 pH 值破坏铁、铝、锡等杂质的稳定性，使铁等杂质转为固相进入沉淀而与锌溶液分离。

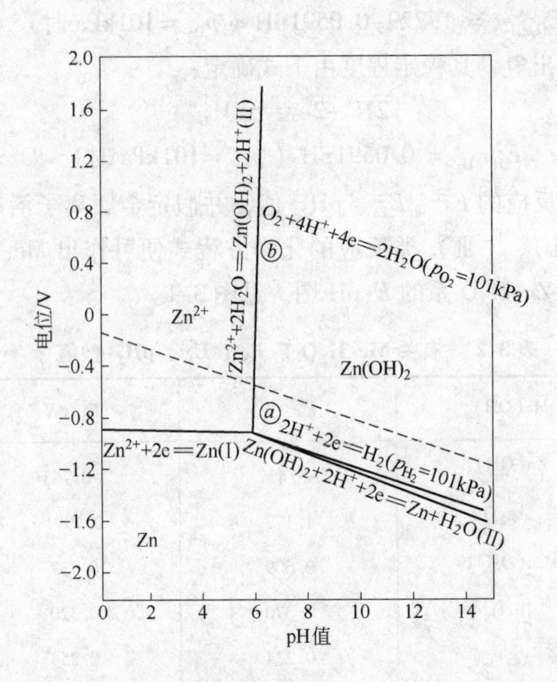

图 3-1 Zn-H_2O 系 E-pH 图

锌原料中 ZnO 的稀硫酸浸出反应为

$$ZnO+2H^+ \rightleftharpoons Zn^{2+}+H_2O$$

标准吉布斯自由能变化为:

$$\Delta G^{\ominus}=-66.208\text{kJ/mol}$$

即

$$\lg K_a=\frac{-66.208\times 1000}{-RT}=11.6$$

$$K_a=\frac{a_{Zn^{2+}}}{a_{H^+}}=10^{11.6}$$

这说明系统在达到平衡状态后，H^+和 Zn^{2+}两种离子浓度可相差很远，在 H^+浓度很小的情况下，可以允许很高的锌离子浓度，即在中性浸出终了及时将溶液酸度降到很低，为除去铁、砷等杂质创造了条件。

由上式可知，锌离子的水解 pH 值大致为：当 25℃ 锌离子活度按 1mol/L 计时，则 $a_{H^+}^2=10^{-11.6}$，即 pH=5.8。

根据表 3-2 所列的 $E_3^{\ominus}$、$E_1^{\ominus}$、$pH_2^{\ominus}$ 数值和前述的原理可绘制出有关金属的 Me-H_2O 系 E-pH 图，见图 3-2。

由图 3-2 可以看出，在锌中性浸出终了时，控制浸出终点 pH=5.2，一些金属可以呈氢氧化物沉淀被除去。

3.2.2 金属氧化物、铁酸盐、砷酸盐、硅酸盐在酸浸过程中的稳定性

在炼锌的主要原料锌焙砂中，一般均存在金属的氧化物、铁酸盐、砷酸盐和硅酸盐等锌的多种化合物，它们在酸浸出过程中溶解的难易程度，或在酸性溶液中的稳定性，可用

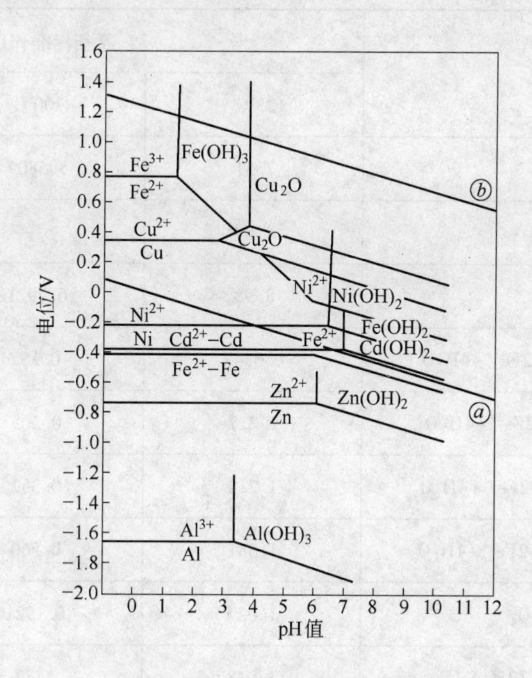

图3-2 Me-H_2O 系 E-pH 图［298K($a_{Me^{n+}}=1$)］

$pH^{\ominus}$来衡量，$pH^{\ominus}$ 小的较难浸出，$pH^{\ominus}$ 大的较易浸出。上述有关化合物的溶解反应，及25℃、100℃、200℃下的 $pH^{\ominus}$ 见表3-3。

表3-3 金属氧化物、铁酸盐、砷酸盐和硅酸盐酸溶平衡 $pH^{\ominus}$

酸溶反应	平衡标准 $pH^{\ominus}$		
	25℃	100℃	200℃
$SnO_2+4H^+ = Sn^{4+}+2H_2O$	-2.102	-2.895	-3.55
$Cu_2O+2H^+ = 2Cu^++H_2O$	-0.8395	-1.921	
$Fe_2O_3+6H^+ = 2Fe^{3+}+3H_2O$	-0.24	-0.9998	-1.579
$Ga_2O_3+6H^+ = 2Ga^{3+}+3H_2O$	0.743		-1.412
$Fe_3O_4+8H^+ = 2Fe^{3+}+Fe^{2+}+4H_2O$	0.891	0.043	
$In_2O_3+6H^+ = 2In^{3+}+3H_2O$	2.522	0.969	-0.453
$CuO+2H^+ = Cu^{2+}+H_2O$	3.945	3.594	1.78
$ZnO+2H^+ = Zn^{2+}+H_2O$	5.801	4.347	2.88
$NiO+2H^+ = Ni^{2+}+H_2O$	6.06	3.162	2.58

续表 3-3

酸溶反应	平衡标准 $pH^{\ominus}$		
	25℃	100℃	200℃
$CoO+2H^+ = Co^{2+}+H_2O$	7.51	5.5809	3.89
$CdO+2H^+ = Cd^{2+}+H_2O$	8.69		
$MnO+2H^+ = Mn^{2+}+H_2O$	8.98	6.7921	
$ZnO \cdot Fe_2O_3+8H^+ = Zn^{2+}+2Fe^{3+}+4H_2O$	0.6747	−0.1524	
$NiO \cdot Fe_2O_3+8H^+ = Ni^{2+}+2Fe^{3+}+4H_2O$	1.227	0.205	
$CoO \cdot Fe_2O_3+8H^+ = Cu^{2+}+2Fe^{3+}+4H_2O$	1.213	0.352	
$CuO \cdot Fe_2O_3+8H^+ = Cu^{2+}+2Fe^{3+}+4H_2O$	1.581	0.560	
$FeAsO_4+3H^+ = Fe^{3+}+H_3AsO_4$	1.027	0.1921	−0.511
$Cu_3(AsO_4)_2+6H^+ = 3Cu^{2+}+2H_3AsO_4$	1.918	1.32	
$Zn_3(AsO_4)_2+6H^+ = 3Zn^{2+}+2H_3AsO_4$	3.294	2.441	
$Co_3(AsO_4)_2+6H^+ = 3Co^{2+}+2H_3AsO_4$	3.162	2.382	
$PbSiO_2+2H^+ \longrightarrow Pb^{2+}+H_2SiO_3$	2.86		
$FeO \cdot SiO_2+2H^+ = Fe^{2+}+H_2SiO_3$	2.63		
$ZnO \cdot SiO_2+2H^+ = Zn^{2+}+H_2SiO_3$	1.791		

由表 3-3 中的 $pH^{\ominus}$ 可以看出：

（1）金属氧化物在酸性溶液中的稳定性的次序是：$SnO_2>Cu_2O>Fe_2O_3>Ga_2O_3>Fe_3O_4>In_2O_3>CuO>ZnO>NiO>CaO>CdO>MnO$。由于铁的氧化物较难溶解，故在常压下，温度为 25～100℃，pH 值为 1～1.5 时的浸出条件下可以实现 Mn、Cd、Co、Ni、Zn、Cu 与铁的分离。

（2）金属的铁酸盐在酸性溶液中的稳定性的次序为：$ZnO \cdot Fe_2O_3>NiO \cdot Fe_2O_3>CoO \cdot Fe_2O_3>CuO \cdot Fe_2O_3$。

（3）金属的砷酸盐在酸性溶液中的稳定性的次序为：$FeAsO_4>Cu_3(AsO_4)_2>Co_3(AsO_4)_2>Zn_3(AsO_4)_2$。

（4）金属硅酸盐在酸性溶液中的稳定性的次序为：$PbSiO_3>FeSiO_3>ZnSiO_3$。

（5）锌、铜、钴等金属化合物的稳定次序是：铁酸盐>硅酸盐>砷酸盐>氧化物。

（6）所有氧化物、铁酸盐、砷酸盐的 $pH^{\ominus}$ 均随温度升高而下降，即要求在更高的酸度下进行浸出。

3.2.3 锌原料中各组分在浸出过程中的行为

3.2.3.1 $ZnO \cdot Fe_2O_3$及其他金属铁酸盐

在稀硫酸溶液中，它们溶解得极少。表3-4为不同酸度及温度下铁酸锌中锌的溶解度数据。在40℃及100g/L的条件下经4h浸出溶液中的锌少于4%。因此，可以认为，在一般的酸浸条件下铁酸锌几乎不溶解而入渣。

表3-4 铁酸锌中锌的溶解度（原始量的%）

$H_2SO_4/g \cdot L^{-1}$	温度/℃			
	20	40	60	80
300	1.03	5.04	25.64	65.66
200	0.96	4.70	22.54	63.92
100	0.80	3.87	16.74	53.22
50	0.53	2.60	11.08	42.40

铁酸锌等能溶解于近沸的硫酸中，按下式反应：

$$MeO \cdot Fe_2O_3 + 4H_2SO_4 = MeSO_4 + Fe_2(SO_4)_3 + 4H_2O$$

3.2.3.2 $ZnO \cdot SiO_2$及其他金属硅酸盐

$ZnO \cdot SiO_2$及其他金属硅酸盐均易溶于稀硫酸中，按下式反应：

$$MeO \cdot SiO_2 + H_2SO_4 \longrightarrow MeSO_4 + H_4SiO_4$$

硅酸锌在浸出过程中较易被溶解，当60℃浸出时，溶液$pH<3.8$，$ZnO \cdot SiO_2$即可溶解；硅酸锌甚至在$pH<5.5$以前就开始溶解。酸度降低（即pH值升高至5.2~5.4时），硅酸将凝聚起来，并随氢氧化铁一起沉淀而入渣。

3.2.3.3 ZnS及其他金属硫化物

在常规的浸出条件下，ZnS及其他金属硫化物不溶而入渣，但溶于热浓硫酸中，其反应为：

$$MeS + H_2SO_4 = MeSO_4 + H_2S$$

当浸出液中存在氧化剂，如$Fe_2(SO_4)_3$时，也部分溶解入液，反应为：

$$Fe_2(SO_4)_3 + MeS \longrightarrow 2FeSO_4 + MeSO_4 + S$$

ZnS被溶解的程度随硫酸浓度、高铁浓度及溶液温度不同而改变。表3-5所列为不同条件下ZnS浸出4h后被溶解的程度。

3.2.3.4 铁

铁在焙砂中主要呈高价氧化物（Fe_2O_3）存在，仅部分以四氧化三铁（Fe_3O_4）和极少量的氧化亚铁（FeO）、硫酸亚铁（$FeSO_4$）以及硫酸高铁[$Fe_2(SO_4)_3$]的形态存在。

表 3-5 $Fe_2(SO_4)_3$ 使 ZnS 硫酸盐化而溶解的情况（锌原始量的%）

温度/℃	高铁的浓度/$g \cdot L^{-1}$			
	10	20	40	60
40	42.5	47.7	60.5	63.6
60	80.0	82.1	82.5	83.3
80	86.8	91.7	99.4	100
沸腾溶液	97.0	98.0	100	100

氧化铁（Fe_2O_3）在很稀的硫酸溶液中浸出（中性浸出）时，不会溶解，但是在酸性溶液浸出时，能部分地溶解进入溶液中。其反应式如下：

$$Fe_2O_3+3H_2SO_4 = Fe_2(SO_4)_3+3H_2O$$

生成的硫酸铁[$Fe_2(SO_4)_3$]又会与焙砂中硫化锌（ZnS）作用生成硫酸亚铁，反应式如下：

$$Fe_2(SO_4)_3+ZnS = 2FeSO_4+ZnSO_4+S$$

刚从焙烧炉排出的红热焙砂中的氧化亚铁（FeO）与很稀的硫酸溶液，也能按下式溶解生成硫酸亚铁：

$$FeO+H_2SO_4 = FeSO_4+H_2O$$

铁的硅酸盐（$FeO \cdot SiO_2$）与硫酸作用时，特别是在酸性浸出时易于分解，同时，以低价硫酸盐形式进入溶液。其反应如下：

$$FeO \cdot SiO_2+H_2SO_4 = FeSO_4+H_2SiO_3$$

反应过程中产出的硅酸呈胶体状，给下一步矿浆液固分离操作带来困难。

综上所述，在浸出过程中进入溶液中的铁，主要以低价铁形态存在。实际上，锌焙砂中的铁约有 10% ~20% 进入溶液中。

3.2.3.5 铝

铝在焙砂中呈氧化铝（Al_2O_3）或与其他金属氧化物结合的铝酸盐形态存在。在浸出过程中大部分氧化铝不会溶解而留在残渣中，仅有少量的氧化铝按下式反应溶解进入溶液中：

$$Al_2O_3+3H_2SO_4 = Al_2(SO_4)_3+3H_2O$$

3.2.3.6 铜

铜在焙砂中以自由状态氧化铜（CuO）、结合状态的铁酸铜（$CuO \cdot Fe_2O_3$）和硅酸铜（$CuO \cdot SiO_2$）的形态存在。

铜在低酸浸出时几乎不溶解，但在酸浓度较高的酸性浸出过程中，则按下式反应溶解：

$$CuO+H_2SO_4 = CuSO_4+H_2O$$

$$CuO \cdot Fe_2O_3+H_2SO_4 = CuSO_4+Fe_2O_3+H_2O$$

$$CuO \cdot SiO_2+H_2SO_4 = CuSO_4+H_2SiO_3$$

焙砂中的铜实际上约有50%转入溶液，而另一半则遗留在浸出残渣中。当硅酸铜溶解时，将带入一定量的硅酸进入溶液中。

3.2.3.7 镉

锌焙砂中的镉是呈氧化镉（CdO）形成存在。在浸出时几乎全部进入溶液，其反应式如下：

$$CdO+H_2SO_4 = CdSO_4+H_2O$$

3.2.3.8 镍、钴

当锌精矿中含有镍和钴时，在焙烧过程中将生成氧化镍和氧化钴（NiO 和 CoO）。它们在浸出过程中以硫酸盐形态进入溶液，其反应如下：

$$NiO+H_2SO_4 = NiSO_4+H_2O$$

$$CoO+H_2SO_4 = CoSO_4+H_2O$$

3.2.3.9 铅

铅在焙烧过程中呈氧化铅（PbO）或硅酸铅（$PbO \cdot SiO_2$）和硫化铅（PbS）形态存在。浸出时则以硫酸铅（$PbSO_4$）和铅的其他化合物如硫化铅（PbS）进入浸出残渣中。当氧化铅与硫酸溶液作用时，则反应按下式进行：

$$PbO+H_2SO_4 = PbSO_4+H_2O$$

硅酸铅形态存在的铅也与硫酸溶液作用，其反应如下：

$$PbO \cdot SiO_2+H_2SO_4 = PbSO_4+H_2SiO_3$$

由此可见，焙砂中的铅在浸出时，将消耗硫酸。同时，硅酸铅在浸出时使溶液中硅酸含量增高，不利于下一步矿浆液固分离。

3.2.3.10 锗

在锌精矿中锗含量很少。锗在焙烧中，主要以二氧化锗和锗酸盐形态存在，还有少量以硫化锗形态存在。在浸出时，硫化锗和锗酸盐不溶解而进入浸出渣内。二氧化锗在酸性浸出时进入溶液中。在中性浸出阶段所控制的 pH 值下，锗（Ge^{4+}）水解析出氢氧化锗。硫酸锌溶液中存在的锗是电解最有害的杂质。溶液中含锗在0.1mg/L以上，就会使电流效率下降。为了从溶液中完全除去锗，必须要有足够数量的铁，使锗（Ge^{4+}）与氢氧化铁一起形成类似于共晶而共沉淀进入渣中。

3.2.3.11 铊

在焙砂中铊含量很少，浸出时溶入溶液中；在加锌粉净化除铜、镉时将与铜、镉一起进入铜镉渣中而被除去。

3.2.3.12 镓、铟

在酸性浸出时，镓、铟能部分地溶解，但在中性浸出过程中几乎全部从溶液中沉淀出来而进入浸出的残渣中。

3.2.3.13 金、银

金在浸出过程中不溶解，全部留在浸出残渣中。银以硫化物和硫酸盐形态存在于焙砂中。浸出时硫化银（Ag_2S）不会溶解，直接进入浸出残渣中；硫酸银（Ag_2SO_4）则能溶解进入溶液，当溶液中存在氯离子时，将生成氯化银沉淀。在实践中，当溶液中含有氯离子时，可采用添加硫酸银的方法以净化除氯。

3.2.3.14 钙、钡

在焙砂中，钙和钡以氧化物、碳酸盐、硫酸盐形态存在。前两种物相在浸出时，按下列反应溶解生成硫酸盐而进入残渣中：

$$CaO+H_2SO_4 = CaSO_4+H_2O$$

$$CaCO_3+H_2SO_4 = CaSO_4+H_2O+CO_2$$

$$BaCO_3+H_2SO_4 = BaSO_4+H_2O+CO_2$$

由上列反应得知，这些氧化物的溶解将使硫酸消耗量增加。

3.2.3.15 钾、钠、镁

钾、钠、镁在焙砂中常以氧化物或氯化物形态存在，在浸出过程中，则以硫酸盐（K_2SO_4、Na_2SO_4、$MgSO_4$）或氯化物（KCl、NaCl、$MgCl_2$）形态进入溶液。

3.2.3.16 氯

氯在焙砂中常以氯化物形态存在，在浸出时极易溶解进入溶液。此外，氯通常是在向溶液中添加水时带入的。

3.2.3.17 二氧化硅

在焙砂中二氧化硅一般呈游离状态（SiO_2）和结合状态（$MeO \cdot SiO_2$）硅酸盐形态存在。在浸出过程中游离的二氧化硅不会溶解，而硅酸盐则在稀硫酸溶液中部分溶解，如硅酸锌可按下列反应溶解进入溶液中：

$$2ZnO \cdot SiO_2+2H_2SO_4 = 2ZnSO_4+SiO_2+2H_2O$$

生成的二氧化硅不能立即沉淀而呈胶体状态存在于溶液中。

胶体的二氧化硅常以两种形态存在：一是可溶性的硅酸微粒；二是不溶性的硅酸颗粒，称为硅酸胶。

浸出时溶液中硅酸含量与焙砂中硅酸盐含量和浸出溶液酸度等有关，当焙砂中硅酸盐含量愈高，溶液的酸度愈大时，则进入溶液中的硅酸量愈多。在实际生产中，随着溶液酸度降低（即 pH 值升高，达 5.2~5.4 时），硅酸将凝聚起来，并随同某些金属的氢氧化物（氢氧化铁）一起沉淀而被除去。

3.2.3.18 砷

砷的许多物理化学性质与金属不同，它的氧化物是两性化合物，但酸性比碱性强得多，尤其是高价氧化物酸性较强。低价的 As_2O_3 易挥发，故焙烧烟尘中的砷是以易挥发的 As_2O_3 为主。高价的 As_2O_5 不易挥发，且有较强的酸性，易与碱性金属氧化物如 ZnO、PbO 等形成砷酸盐留于焙砂中。

砷的氧化物为两性物质。As_2O_3 易溶于水，生成亚砷酸。

$$As_2O_3+3H_2O \rightleftharpoons 2H_3AsO_3$$

As_2O_3 在酸性较强的溶液中溶解时可生成 As^{3+} 阳离子。

$$As_2O_3+6H^+ \rightleftharpoons 2As^{3+}+3H_2O$$

由表 3-3 中有关物质的酸溶 $pH^{\ominus}$ 可以看出，砷酸盐较氧化锌等氧化物稳定得多，在酸度较低的溶液中较难溶，但在酸度较高的溶液中可按下式分解。

$$MeAsO_4+3H^+ \longrightarrow Me^{3+}+H_3AsO_4$$

$$Me_3(AsO_4)_2+6H^+ \longrightarrow 3Me^{2+}+2H_3AsO_4$$

由此可见，浸出液中低价、高价砷离子同时存在，但由于在工业生产浸出过程中为了将低铁氧化成高铁，向溶液中加入氧化剂软锰矿，因砷的两种配位离子的氧化还原电位 $E^{\ominus}_{AsO_4^{3-}/AsO_2^{2-}}$(0.56V) 较 $E^{\ominus}_{Fe^{3+}/Fe^{2+}}$(0.76V) 还低，显然在低铁氧化时，亚砷酸或 As^{3+} 也被氧化成高价状态，成为正砷酸 H_3AsO_4 或 As^{5+}。

正砷酸 H_3AsO_4 还可能按下式电离成正砷酸根阴离子。

$$H_3AsO_4 \rightleftharpoons H^+ + H_2AsO_4^-$$

$$K_1 = 6\times10^{-3}$$

$$H_2AsO_4^- \rightleftharpoons H^+ + HAsO_4^{2-}$$

$$K_2 = 2\times10^{-7}$$

$$H_2AsO_4^{2-} \rightleftharpoons H^+ + AsO_4^{3-}$$

$$K_3 = 3\times10^{-12}$$

由于正砷酸的酸性较亚砷酸的酸性强，在溶液中主要按酸式离解，因此在工业浸出液中砷将主要以高价的配位阴离子存在，很少有简单的砷阳离子。

3.2.3.19 锑

锑的物理化学性质与砷相似。烟尘和焙砂中锑以三价和五价两种化合物存在，在高温下，Sb_2O_3、Sb_2O_5 都能和各种金属氧化物形成亚锑酸盐和正锑酸盐。

锑和砷的区别是锑的两种氧化物在稀酸中均较难溶解，但在高温高酸溶出时也能以 Sb^{3+} 和 Sb^{5+} 进入溶液。两种锑酸盐在浸出时易被硫酸分解，生成亚锑酸和正锑酸。由于三价锑和五价锑的氧化还原电位较 $E^{\ominus}_{Fe^{3+}/Fe^{2+}}$ 还低，故在 MnO_2 的氧化下，锑被氧化成高价状态。

由于锑酸在稀酸中溶解度很小，在溶液中主要以锑酸和亚锑酸的胶体存在，故一般来说工业浸出液中，锑呈阳离子或配阴离子的形式均很少。

由以上所述的锌焙砂中各成分的行为可以看出，用稀硫酸溶液浸出锌焙砂时，在锌溶解的同时，还有一定量的铁、砷、锑、铜、镍、镉、钴、锗、硅酸等杂质也溶入溶液中。所有这些杂质的存在，对下一个生产工序（浓缩、过滤、净化、电解）都有一定的影响。

因此，锌焙砂浸出时，所获得的硫酸锌溶液，必须最大限度地将有害杂质从溶液中除去，以获得纯净的硫酸锌溶液，从而达到使电解沉积过程顺利进行的目的。

3.2.4 浸出过程动力学

锌物料的浸出过程是属于固-液相之间的多相反应，浸出速度主要取决于表面化学反应速度和扩散速度。生产实践证明，在水溶液中进行的湿法冶金反应，往往进行得非常快，而反应物质的扩散则很慢，成为浸出速度的限制步骤。要提高浸出速度，必须提高扩散速度。氧化锌的酸溶过程如图 3-3 所示。

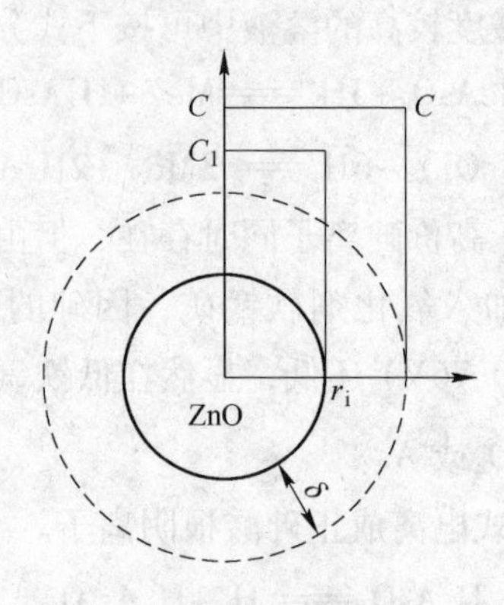

图 3-3　氧化锌的酸溶过程

扩散速度用下式表示：

$$\frac{dM}{dt} = DS\frac{C - C_s}{\delta}$$

式中　$\frac{dM}{dt}$——扩散速度，即单位时间物质扩散的摩尔数；

C，C_s——分别为溶液本体及反应表面处酸的浓度；

S——反应表面积，对球形颗粒 $S = 4\pi r_i^2$；

δ——扩散层厚度，取决于搅拌强度，在静止状态下为 0.5mm，充分搅拌时为 0.01mm；

D——扩散系数，由下式决定：

$$D = \frac{RT}{N} \times \frac{1}{2\pi\mu d}$$

R——气体常数；

T——绝对温度；

N——阿伏加德罗常数；

μ——矿浆黏度；

d——颗粒直径。

浸出速度与温度、溶剂浓度、搅拌强度、矿物粒度、矿浆黏度及锌焙烧矿的物理化学特性有关。一般而言，为了加快浸出速度，要充分磨细矿物（增大 S），提高温度（增大 D），提高溶剂浓度（增大 $C - C_s$），加强搅拌（使 δ 减小）等。在选择这些浸出动力学条件时，必须依据过程的技术要求、经济及环保等因素而确定。

化学反应速度和扩散速度都受温度影响，但扩散速度的温度系数小（扩散活化能值也小），温度每升高 1℃扩散速度约增加 1%～3%，而化学反应速度约增加 10%，化学反应活化能值也较大。当表观活化能小于 20kJ/mol 时，认为是扩散控制步骤；若大于 40kJ/mol 时，是化学反应控制步骤。氧化锌的溶解速度可能随温度、溶剂浓度及搅拌程度等因素而由扩散控制步骤转化为化学反应控制步骤。

多相反应都在界面处进行，因此，界面的几何形状对过程的速度有重要作用。对于球状颗粒，反应表面积 S 随反应时间的增加而减小，这时浸出速度即为矿粒质量减小的速度。经数学推导，浸出速度与反应时间关系可用收缩核模型动力学方程表示：

$$1-(1-a)^{\frac{1}{3}}=\frac{KC}{\rho r_0}t$$

式中 a——反应率，即矿粒质量减小的比率；

K——反应速度常数；

ρ——颗粒摩尔密度；

r_0——粒子原始半径；

t——反应时间。

式中，$1-(1-a)^{\frac{1}{3}}$ 与 t 呈直线关系，也可求得浸出率与时间的关系。例如铁酸锌在硫酸溶液中的溶解情况遵从以上通式，如图 3-4 所示。

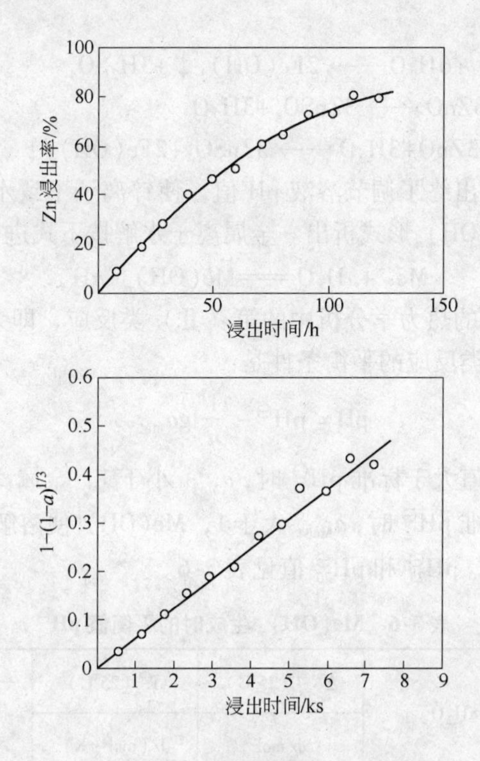

图 3-4 铁酸锌在硫酸溶液中的溶解速度

浸出的效果以浸出率表示，它是指溶液中的锌量与浸出物料中总锌量之比的百分数，是浸出过程的重要技术经济指标之一。

浸出率与浸出速度的关系，可以认为是当浸出速度愈大，意味着在一定时间内浸出率愈高；或当浸出的时间一定，浸出率随浸出的增大而增大。

3.2.5 中性浸出及水解除杂质

3.2.5.1 中性浸出过程实质及基本反应

pH 值是溶液酸度或碱度的最确切的表示。pH 值和溶液酸碱性之间的关系如下：

pH>7 为碱性溶液。pH 值越大，碱性越强。

pH=7 为中性溶液。

pH<7 为酸性溶液。pH 值越小，酸性越强。

在湿法炼锌生产中，测定溶液的 pH 值有重要的意义，例如，在浸出过程中，利用测 pH 值了解过程反应进行的情况，以达到正确控制浸出终点的目的。

中性浸出过程实际上包括两个过程，即焙烧矿中 ZnO 的溶解和浸出液中 Fe^{3+} 的水解。对 ZnO 而言溶解属浸出过程；对 Fe^{3+} 而言是中和水解除铁，属净化过程，因而水解沉淀过程是在中性浸出阶段完成的。

中和水解是一种除杂质的方法，称为中和水解法。它是利用不同金属盐类在水溶液中水解生成氢氧化物的 pH 值不同，在保证水溶液中主体金属离子不发生水解的条件下，用降低溶液酸度的方法，使某些伴生金属离子水解生成氢氧化物沉淀而与溶液分离的方法。通过加入某些中和剂，如锌焙砂、锌烟尘、石灰乳等来降低溶液的酸度。

中性浸出主要反应为：

水解反应：$Fe_2(SO_4)_3+6H_2O \longrightarrow 2Fe(OH)_3\downarrow+3H_2SO_4$

中和反应：$2H_2SO_4+3ZnO \longrightarrow 3ZnSO_4+3H_2O$

总反应：$Fe_2(SO_4)_3+3ZnO+3H_2O \longrightarrow 3ZnSO_4+2Fe(OH)_3\downarrow$

水解除杂质就是在浸出终了调节溶液 pH 值，使锌离子不致水解，而杂质金属离子全部或部分以氢氧化物 $Me(OH)_n$形式析出。金属离子水解按下式进行：

$$Me^{n+}+nH_2O = Me(OH)_n+nH^+$$

该反应属于本章浸出过程的热力学分析中的第（Ⅱ）类反应，即无电子迁移，离子活度只与 pH 值有关的反应。此类反应的平衡条件是：

$$pH = pH^{\ominus} - \frac{1}{n}\lg a_{Me^{n+}}$$

当水溶液介质的 pH 值大于标准 $pH^{\ominus}$ 时，$a_{Me^{n+}}$ 小于 1，金属离子水解沉淀。反之，水溶液介质的 pH 值小于标准 $pH^{\ominus}$ 时，$a_{Me^{n+}}$ 大于 1，$Me(OH)_n$便溶解。所以 $pH^{\ominus}$ 是金属离子 Me^{n+}水解程度的重要数值。$pH^{\ominus}_{25}$ 和 $pH^{\ominus}_{70}$ 值见表 3-6。

表 3-6　$Me(OH)_n$ 生成时的平衡值 $pH^{\ominus}$

$Me(OH)_n+nH^+ = Me^{n+}+nH_2O$	$\Delta G^{\ominus}$（25℃）	$S^{\ominus}$（25℃）	$pH^{\ominus}_{25}$	$pH^{\ominus}_{70}$
	J/mol	J/(mol·K)		
$Tl(OH)_3+3H^+ = Tl^{3+}+3H_2O$	+51431	−285.0	−0.716	−0.775
$Co(OH)_3+3H^+ = Co^{3+}+3H_2O$	+25081		−0.35	
$FeOOH+3H^+ = Fe^{3+}+2H_2O$	+22591	−957.4	−0.3154	0.807
$Cr(OH)_3+3H^+ = Cr^{3+}+3H_2O$	−106501	−752.1	1.533	0.923
$Fe(OH)_3+3H^+ = Fe^{3+}+3H_2O$	−115547	−752.1	1.617	0.990
$Ga(OH)_3+3H^+ = Ga^{3+}+3H_2O$	−134010	−930.8	1.870	1.120
$In(OH)_3+3H^+ = In^{3+}+3H_2O$	−206595	−645.3	2.883	2.160
$Al(OH)_3+3H^+ = Al^{3+}+3H_2O$	−230744	−731.1	3.22	2.4

续表 3-6

$Me(OH)_n+nH^+ = Me^{n+}+nH_2O$	$\Delta G^\ominus$（25℃）	$S^\ominus$（25℃）	$pH_{25}^\ominus$	$pH_{70}^\ominus$
	J/mol	J/(mol·K)		
$Bi(OH)_3+3H^+ = Bi^{3+}+3H_2O$	-267410		3.732	
$Sn(OH)_3+3H^+ = Sn^{2+}+3H_2O$	-35830	77.6	0.75	0.717
$TlOH+H^+ = Tl^++H_2O$	-327532	522.2	13.90	12.95
$Cu(OH)_2+2H^+ = Cu^{2+}+2H_2O$	-219987	-160.6	4.604	3.87
$Zn(OH)_2+2H^+ = Zn^{2+}+2H_2O$	-279564	-208.7	5.85	4.91
$Cr(OH)_2+2H^+ = Cr^{2+}+2H_2O$	-262507	—	5.49	—
$Ni(OH)_2+2H^+ = Ni^{2+}+2H_2O$	-290938	-414.5	6.09	4.96
$Pb(OH)_2+2H^+ = Pb^{2+}+2H_2O$	-325813	-307.0	6.82	6.18（5.678）
$Fe(OH)_2+2H^+ = Fe^{2+}+2H_2O$	-317145	-221.9	6.65	5.60
$Cd(OH)_2+2H^+ = Cd^{2+}+2H_2O$	-329873	-57.0	7.20	6.20
$Mn(OH)_2+2H^+ = Mn^{2+}+2H_2O$	-365703	-134.3	7.655	6.55
$Co(OH)_2+2H^+ = Co^{2+}+2H_2O$	-300971	-230.6	6.30	5.29

注：本表为 t=25℃，70℃，a = 1 时的数据。

按 $pH = pH^\ominus - \frac{1}{n}\lg a_{Me^{n+}}$ 作图，见图 3-5。由图 3-5 可以看出，金属离子在溶液中的稳定性随 pH 值变化而变化的情况。

随着浸出过程的进行，溶液中酸度逐渐降低，由图 3-5 可知，某些杂质随着 pH 值升高，稳定性发生变化，能发生水解被净化除去。控制浸出终点的 pH 值愈高，杂质的水解除去则愈彻底。但硫酸锌一定的 pH 值下也发生水解沉淀，锌的水解 pH 值与其浓度有关，如生产实践浸出液中锌的浓度控制在 130～140g/L，则浸出终了所能允许的最大 pH 值不得超过5.5～5.6，故工业生产中为了确保规定的锌浓度，浸出终点 pH 值取5.2～5.4。综上所述，当浸出终点 pH 值控制在 5.2～5.4 时，根据表 3-6 和图 3-5 各种杂质水解除去的可能性，以及浸出后续工序的需要，在生产实践中浸出后期水解除杂主要是针对铁、砷、锑、硅几个元素进行，由于铁与砷、锑，铁和硅之间在水解沉淀过程中有着密切的关系，这些元素水解析出的好坏不仅关系它们本身净化的程度，而且还成为浸出矿浆能否很好澄清、过滤的关键。

3.2.5.2 三价铁水解及净化作用

根据图 3-5 讨论各金属在中性浸出时的行为：

（1）Zn^{2+}。当溶液中 $a_{Zn^{2+}} = 10^{-1}$，水解 pH=6，这是控制中和水解的极限 pH 值。

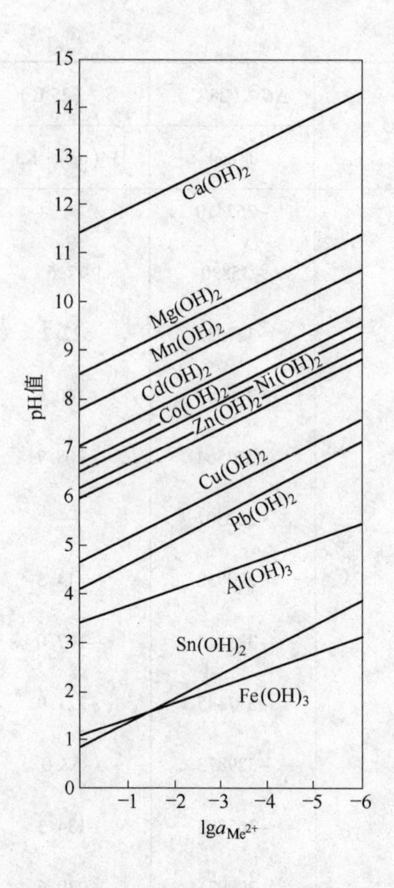

图3-5　几种金属氢氧化物在水溶液中的稳定区（25℃）

（2）Cu^{2+}、Cd^{2+}、Co^{2+}、Fe^{2+}。当溶液中 $a_{Cu^{2+}}=10^{-2}$、$a_{Cd^{2+}}=10^{-3}$、$a_{Co^{2+}}=10^{-4}$ 及 $a_{Fe^{2+}}=10^{0}\sim10^{-6}$时，它们的水解 pH 值分别为6.1、8.7、8.3及6.65~9.65，说明在中性浸出时它们不能水解沉淀。当 Cu^{2+}浓度大于800mg/L时，可能水解除去一部分。

（3）Fe^{3+}。当溶液中 $a_{Fe^{3+}}=10^{0}\sim10^{-6}$时，其水解 pH 值为1.57~3.57，说明在中性浸出时，Fe^{3+}的浓度可降至10^{-6}以下，一般为10^{-4}，即在中性浸出过程中，当溶液pH值达2时，Fe^{3+}已开始水解；当pH值达3.57时，水解基本完全。

可见，中性浸出的关键在于使下列反应进行：

$$Fe^{2+}-e=Fe^{3+}$$

$$E_{Fe^{3+}}=0.77+0.061\lg\frac{a_{Fe^{3+}}}{a_{Fe^{2+}}}$$

当 $a_{Fe^{3+}}/a_{Fe^{2+}}=1$ 时，$E^{\ominus}=0.77V$，即 $a_{Fe^{3+}}=a_{Fe^{2+}}$，若提高溶液的电位，$a_{Fe^{3+}}$ 亦增大；当电位为0.95V时，Fe^{3+}浓度达99.9%。由此，如果加入某些氧化剂以提高溶液的氧化还原电位，即可以达到上述目的。H_2O_2、MnO_4^-、ClO_3^{3-}、O_2、空气（$p_{O_2}=0.021MPa$（0.21atm））及 MnO_2均可作为氧化剂。选取用氧化剂时，必须从经济、反应快速、不污染溶液等原则考虑。生产实践中，多采用 MnO_2软锰矿作氧化剂，其氧化作用如下式：

$$MnO_2+4H^++4e\longrightarrow Mn^{2+}+2H_2O$$

$$E_{Mn^{2+}/MnO_2} = 1.23 - 0.12pH - 0.031\lg a_{Mn^{2+}}$$

$$Fe^{3+} + e \longleftrightarrow Fe^{3+}$$

$$E_{Fe^{3+}/Fe^{2+}} = 0.771 + 0.059\lg \frac{a_{Fe^{3+}}}{a_{Fe^{2+}}}$$

氧化总反应为：

$$2Fe^{2+} + MnO_2 + 4H^+ \longleftrightarrow 2Fe^{3+} + Mn^{2+} + 2H_2O$$

该反应是由以上两式联合，反应的推动力是在电位图上由两线的间隔距离表示：

$$\Delta E = E_{Mn^{2+}/MnO_2} - E_{Fe^{3+}/Fe^{2+}} = 0.46 - 0.12pH - 0.031\lg \frac{a_{Fe^{3+}}^2 \cdot a_{Mn^{2+}}}{a_{Fe^{2+}}^2}$$

由上式可看出，当提高溶液酸度（降低 pH 值），差值 ΔE 愈正，则愈有利氧化反应的进行，所以该氧化反应必须在酸性溶液中进行。生产实践证明，当溶液酸浓度为 10～20g/L 时，氧化效果最好，此时溶液中硫酸的活度在 40℃时为 $a_H^+ = 0.08 \sim 0.12$。如果取$a_H^+ = 0.1$，则 pH=1，代入上式，便得到该反应平衡时（$\Delta E = 0$）的平衡常数：

$$\frac{a_{Fe^{3+}}^2 \cdot a_{Mn^{2+}}}{a_{Fe^{2+}}^2} = 10^{11.4}$$

中性浸出前液中锰的含量为 3～5g/L，其 $a_{Mn^{2+}} = 1.82 \times 10^{-2}$，则反应达平衡时：

$$\frac{a_{Fe^{3+}}}{a_{Fe^{2+}}} = \sqrt{\frac{10^{11.4}}{1.82 \times 10^{-2}}} = 3.72 \times 10^6$$

由此可见，Fe^{2+}被 MnO_2氧化的氧化程度是很高的，故 pH 值为 5.2 时，溶液中的铁沉得相当完全。

高锰酸钾也可作为氧化剂，将二价铁离子氧化成三价铁离子，高锰酸根半电位反应如下：

$$MnO_4^- + 8H^+ + 5e \longleftrightarrow Mn^{2+} + 4H_2O \text{（在酸性介质中）}$$

$$E = 1.52 - 0.0944pH + 0.0118\lg a_{MnO_4^-} - 0.0118\lg a_{Mn^{2+}}$$

$$MnO_4^- + 2H_2O + 3e \longleftrightarrow MnO_2 \downarrow + 4OH^- \text{（在碱性介质中）}$$

$$E = 1.695 - 0.0787pH + 0.0197\lg a_{MnO_4^-}$$

从以上两个反应式可见，利用高锰酸钾作氧化剂，可以顺利地将二价铁离子氧化成三价铁离子，而且由于以上两个半电位，还原电位较高，因而在同样条件下可以使低铁氧化达到较大的浓度，并且不受浸出液 pH 值的限制，在微酸性、中性甚至碱性溶液中都有很强的氧化作用。

空气中的氧也能使 Fe^{2+} 氧化成 Fe^{3+}，但空气氧化是缓慢过程，其水解产物是针铁矿（α-FeOOH）。

中性浸出过程用二氧化锰作氧化剂，使溶液中的 Fe^{2+} 氧化成 Fe^{3+}，而后中和水解生成氢氧化铁沉淀。

三价铁的水解具有如下特点：

（1）三价铁水解伴随着极大的过饱和度。

从溶液中析出新相一般包括晶核或胶核的产生以及核的生长两个不同的阶段。如果晶核（或胶核）产生速度小于生长速度，常可得到粗晶粒，但是，如果晶核产生速度大于晶核生长速度，则只能得到微晶，甚至形成胶体。晶核或胶核只能在过饱和状态下生成，晶核形成速度和系统过饱和度之间形成S状曲线，在一定条件下，某一过饱和体系中可以析出新相物质的数量是一定的（热力学规定）。显然，晶核或胶核生成的数量越多，或生成速度越大，分配到每一个核上析出物数量就越少，这就使晶核缺乏成长的良好条件，因而，只能得到微晶或胶体。对于三价铁来说，工业控制pH=5.2~5.4，远远大于三价铁水解pH=1.57~3.57，使溶液过饱和度急剧增大，晶核或胶核形成十分迅速，这样，三价铁水解时就只能得到胶体或微晶，而不能得到结晶状水解溶物。

（2）三价铁离子的脱水需要很大的活化能。

由于三价铁离子电荷大，半径小，外层电子层的电子数介于8~16之间，因此，三价铁离子具有很强的水化能力，在酸性溶液中，三价铁离子与水或其他阴离子形成配离子存在。三价铁离子的水化离子的配位数是6，即以$Fe^{3+}\cdot 6H_2O$存在于溶液中，随pH值的增大，三价铁离子中和水解开始，则发生$Fe^{3+}\cdot 6H_2O$向$Fe(OH)_3\cdot 3H_2O$转化：

$$Fe^{3+}\cdot 6H_2O+OH^- = Fe(OH)^{2+}\cdot 5H_2O+H_2O$$

$$Fe(OH)^{2+}\cdot 5H_2O+OH^- = Fe(OH)_2^+\cdot 4H_2O+H_2O$$

$$Fe(OH)_2^+\cdot 4H_2O+OH^- = Fe(OH)_3\cdot 3H_2O+H_2O$$

完成水解反应后，水化氢氧化铁分子开始进行缩合脱水，形成晶核并长大：

$$n[Fe(OH)_3\cdot 3H_2O] \longrightarrow Fe(OH)_n+4nH_2O$$

这个过程在溶液中是极难进行的，这样在pH值较大的状态下（即过程过饱和度极大的情况下）水化物$Fe(OH)_3\cdot 3H_2O$不会发生缩合脱水，因而，选择无序堆砌方式，形成无定形的“胶核”，很快发展成胶团。

（3）氢氧化铁胶体的凝聚和净化作用。

从胶体化学观点出发，这些新生成的胶团是荷电的，只有溶液的pH值达到这种胶体的等电位点时，溶液中形成的大量细小胶团才能互相凝聚，从溶液中絮凝沉降下来。中和水解析出氢氧化锌胶体，其等电位点为pH=5.2~5.4。因而，在pH值小于5时，析出的胶体或胶粒在相互碰撞过程中不会合并、聚积而沉降，这是由于胶粒荷电的缘故，因为所有的胶粒都带有电性相同的电荷，同电性电荷相斥。

胶体粒子带电是由于它们吸附某种特定离子的结果，pH值较小的情况下，$Fe(OH)_3$将从溶液中吸附三价铁离子作为它的定（电）位离子，并因此带正电：

$$xFe_2O_3\cdot yH_2O\cdot zFe^{3+} \text{或} xFe(OH)_3\cdot yH_2O\cdot zFe^{3+}$$

定位离子Fe^{3+}的吸附与胶体本身的结构组成有关，这种吸附在很大程度上属于化学吸附的范畴。

扩散离子没有选择性，仅由电荷电性和相应的离子浓度决定。由于胶核荷正电，所以各种负离子都可以形成反离子并为胶体所吸引。

在工业浸出中，反离子种类很多，如SO_4^{2-}、OH^-、AsO_4^{3-}、SbO_4^{3-}、SbO_3^{2-}、GeO_3^{2-}等，这些负离子可能被胶体吸引，但它们进入吸附层中的相对数量则取决于它们的相对浓度和电荷，离子浓度越高，电荷越大，就越容易进入吸附层。

按照以上原理，进入氢氧化铁胶粒附面层中的负离子主要是AsO_4^{3-}、SbO_4^{3-}、SO_4^{2-}，还有少量SbO_3^{2-}、OH^-、GeO_3^{2-}等负离子。

尽管SbO_4^{3-}、AsO_4^{3-}浓度没有SO_4^{2-}大，但在电荷上占优势，因而可以被胶核吸附进入附面层中，吸附 As、Sb 后胶粒结构如下：

$$\left[x\mathrm{Fe_2O_3} \cdot y\mathrm{H_2O} \cdot z\mathrm{Fe^{3+}} \cdot \begin{matrix} \mathrm{USO_4^{2-}} \\ \mathrm{VA_SO_4^{3-}} \\ \mathrm{WSbO_4^{3-}} \end{matrix} \right]^{n+} \cdot \begin{bmatrix} \mathrm{SO_4^{2-}} \\ \mathrm{AsO_4^{3-}} \\ \mathrm{SbO_4^{3-}} \end{bmatrix}$$

n^+是整个胶粒的电动电位，即 S^-电位，胶体体系的稳定性与电位的大小保持线性函数，即 S^-电位越大，进入吸附层的 AsO_4^{3-}、SbO_4^{3-}、SO_4^{2-} 的数值很小，胶体的稳定性就越高；反之，当胶体的 S^-电位减小的时候，进入附面层中 As、Sb、SO_4^{2-} 较多时，系统的稳定性就会降低。

从 3-7 表可以看出：

(1) 进入胶粒附面层中的 As、Sb 与溶液中的 As、Sb 浓度成正比，As，Sb 浓度大，被吸附的数量也越多。

(2) 反离子的种类很多，并仅由电荷的电性来决定，这是由于过程具有物理吸附的性质，从 Fe/As、Fe/Sb 比值很大可以说明还同时存在着固定层。

表 3-7 铁与锑、砷在溶液和沉淀中的平衡关系

溶液 Sb 含量/mg · L^{-1}	沉淀中 w(Fe)：w(Sb)	溶液 As 含量/mg · L^{-1}	沉淀中 w(Fe)：w(Sb)
10	3.9	10	3.7
5	5.7	5	4.2
2	8.5	2	5.1
1	13.0	1	5.8
0.5	21.4	0.5	6.7
0.1	42.2	0.1	9.2

进入胶粒吸附层中的砷、锑与溶液中的砷、锑浓度成正比，砷、锑的数量也和氢氧化铁的数量成正比，氢氧化铁的数量愈多，吸附的砷、锑量亦愈多，因而残留在溶液中的砷、锑量愈少。生产实践中为了能从溶液中彻底除去砷和锑，一般要求溶液中的铁含量为砷含量的 10 ~ 15 倍，为锑含量的 4 ~ 20 倍。为此当溶液中铁量不足时，还需向溶液中加铁，但加入的铁量也不宜太多，否则将产生大量氢氧化铁沉淀，对澄清过滤以及浸出渣数量等均不利。

3.2.5.3 水解除硅

众所周知，硅在浸出矿浆中基本上是以胶体而不是以离子状态存在的。硅胶过多将使矿浆澄清、沉降性能恶化。胶体溶液胶粒是带电的，硅酸的等电位点在 $pH = 2$ 附近，$pH > 2$ 时，硅胶微粒带负电；$pH < 2$ 时硅胶微粒带正电。当浸出终点控制在 $pH = 5.2$ 时，氢氧化铁和硅酸胶体带有相反的电荷，两种胶体在静电引力作用下，将会聚结在一起，使二者从溶液中共同析出。锌焙烧矿中性浸出时，硅胶在 pH 值为 4.8 ~ 5.0 时大量聚结析出，而不是在其等电位点处大量析出。实践证明，两种胶体凝结作用是相辅相成的，不应看成是主动和被动的作用。

显然共同凝结作用除与过程的技术条件有关外，还与两种胶体的数量有关。如果一种胶体多、另一种胶体少，或胶粒子电荷相差较大，则可能产生部分凝结沉降。为了使浸出矿浆易于沉降或过滤，凝结析出的胶团应当是体积较大，且有牢固的结构，方能有较大的沉降速度。如析出的颗粒很细，结构又疏松，将给澄清浓缩造成困难。为此工业生产通常向溶液中加入聚丙烯酰胺（三号凝聚剂）来改善和加速沉降过程。

聚丙烯酰胺是一种高分子化合物，属亲水性胶体，通常不带电荷，胶体的稳定性不是靠同性电荷的相互排斥力，而是靠溶剂来实现。加入聚丙烯酰胺，在浸出矿浆中疏水性的氢氧化铁和亲水性的聚丙烯酰胺胶体共同存在，两种胶体在相遇碰撞后，聚丙烯酰胺的烃基将被吸附在氢氧化铁胶体表面。由于聚丙烯酰胺分子链很长，在其数量很少的情况下，每个高分子便可能粘住多个氢氧化铁胶粒，使它们结合在一起促使其凝聚。从聚丙烯酰胺在矿浆沉降中所起的作用看，它不能加入过多，否则会产生相反的现象，如浓度过大则氢氧化铁的胶粒表面将全部被其包围形成一层膜，有碍各胶粒的互相凝聚。

3.2.6 中性浸出过程的技术控制和实践

3.2.6.1 浸出过程对原料的要求

焙烧矿的化学成分、物相组成等对浸出过程的质量及金属回收率均有很大关系。焙烧矿的全锌量，可溶锌量，水溶锌量，可溶二氧化硅量，砷、锑、氟含量，可溶铁量，不溶硫量等是衡量其质量好坏的标志。焙烧矿含锌的多少与浸出渣的数量有直接关系，锌含量愈高则浸出渣量愈少，金属回收率愈高；可溶锌表明原料中可浸出锌的数量，它直接影响锌的浸出率和回收率，对常规浸出法而言，可溶锌率是一个重要指标。尽管原料中含锌较高，但可溶锌较低，锌的浸出率仍很低。水溶锌量对过程的影响则需根据精矿组成、操作制度及工艺流程具体情况而定。一般来说，水溶锌可起到补充浸出系统硫酸量的作用，水溶锌含量少，消耗的硫酸多；水溶锌过多，打破了系统的酸平衡，也不利于生产操作。对热酸浸出工艺来说，水溶锌多，危害更大，由于系统内酸量过多，外补硫酸较少，不利于高酸浸出作业。

原料中杂质如硅、砷、锑、氟、氯等的含量如前所述的愈少愈好。浸出过程通常对原料有如下要求：

（1）焙烧矿全锌含量。

在其他条件相同的情况下，原料含锌愈高，浸出渣量愈少，浸出率愈高。为了求得好的经济效益，一般要求焙烧矿锌含量应在50%以上。

（2）可溶锌率。

焙烧矿中可溶锌率愈高，浸出速率愈大，浸出率也愈高；反之难溶的铁酸锌、锌酸盐愈高，则浸出速率愈小，浸出率愈低。在常规浸出法中一般要求可溶锌率大于90%。热酸浸出尽管铁酸锌是可以溶解的，但可溶锌率高，对加速浸出过程也是有利的。

（3）铁含量。

焙烧矿中的铁含量在常规浸出法中对浸出率和渣量均有重要的影响，通常焙烧矿中铁含量增加1%，不溶锌量增加0.6%。在热酸浸出法中，除影响作业进程外，也影响铁渣量的多少。

（4）二氧化硅含量。

焙烧矿中的硅酸盐（$MeO \cdot SiO_2$）能溶解于稀硫酸溶液中，在浸出过程中呈胶体状态，严重影响矿浆澄清和过滤。焙烧矿中可溶硅含量应愈低愈好。在高温焙烧中二氧化硅几乎全部转变为可溶性盐，为使浸出过程顺利进行，一般要求精矿 SiO_2 含量最高不超过5%。

（5）砷、锑含量。

原料中砷、锑含量高时，为了顺利除去砷、锑，浸出液中铁含量必须相应提高，从而增加了浸出终了时氢氧化铁胶体的数量，这样对矿浆的澄清、沉降不利。一般要求锌精矿中砷加锑的含量不应超过0.3%～0.5%，焙烧矿中砷、锑量之和应小于0.4%。

（6）氟、氯及残硫量。

氟、氯会影响电积过程的正常进行，而去除氟、氯的方法也比较麻烦，故一般要求焙烧矿含氟、氯不大于0.02%。残硫量也是影响浸出率的关键，应愈低愈好。

3.2.6.2 中性浸出对技术条件的控制

A 浸出终点的控制

在生产过程中，中性浸出时利用控制终点 pH = 5.2 ～ 5.4，使 $Fe_2(SO_4)_3$ 水解呈 $Fe(OH)_3$ 沉淀并吸附砷、锑、锗共同沉淀的原理，达到除去铁、砷、锑、锗等有害杂质的目的。

在实际操作中，随着焙烧（包括烟尘）中的锌不断被浸出，矿浆中的酸量不断减少，接近终点时，通常是利用精密 pH 试纸、甲基橙指示剂和观察矿浆颗粒的运动情况来控制和判断浸出终点 pH 值。

a 精密 pH 试纸测定

一般使用 pH = 0.5 ～5.0 和 pH = 3.8 ～5.4 两种精密 pH 试纸来进行测定。从精密 pH 试纸上取下一条试纸浸入预制矿浆溶液中，试纸立即显色，取出后与标准色版比较就很清楚地知道矿浆溶液的 pH 值。在连续浸出操作中，通常用精密 pH 试纸来控制浸出槽进口、出口的 pH 值。这种方法虽然简单，但必须迅速而仔细地观察试纸颜色，并与标准色版比较，才能准确地判断浸出矿浆溶液的 pH 值。

b 甲基橙指示剂滴定

首先用烧杯取矿浆试样，然后滴入预先配制好的甲基橙指示剂，根据矿浆表面显色情况，可以判断矿浆 pH 值的高低。当甲基橙指示剂滴下后，矿浆表面显黄色，泡沫也不带红色，而且迅速扩散，说明浸出终点 pH 值已达到5.2～5.4。如果甲基橙指示滴下后，在矿浆中扩散不快，而扩散的圆圈略带红色，说明矿浆中还含酸，且 pH 值小于5.2。

c 观察矿浆颗粒的运动情况

用玻璃烧杯取矿浆试样，从杯外观察矿浆颗粒的运动情况。当粒子由微细迅速变大，上、下激烈运动，似“沸腾”状态，液固分离也快，分离后的上清液较清，即为控制好的终点，pH 值为5.2～5.4。如果颗粒细，颗粒移动不活泼，即上下移动较慢，这时的颗粒称为“酸性粒子”。沉淀后的上清液不清，带红色浑浊，即上下移动较慢，有菌状胶体悬浮物，即 pH 值低，矿浆液中还含有酸。当颗粒细，沉淀慢，沉淀上清液浮白色，表面有时形成一层很厚的毛绒状，这样的情况是 pH 值控制太高，即 pH 值已超过5.6。

终点 pH 值必须根据所用原料及具体情况进行控制，在间断浸出操作中，显得更为明显。处理焙砂时，当发现微粒出现，且在烧杯内上、下翻动较快时，立即停风，终点 pH 值在 5.0 左右。

B 一次中性浸出液质量的控制

中性浸出液的质量控制要求铁、砷、锑等杂质的含量在极限以下，即铁含量小于 20mg/L，砷含量小于 0.24mg/L，锑含量小于 0.2mg/L，同时要求浸出液中的悬浮物小于 1.5g/L。

a 铁、砷、锑的控制

为了除去溶液中的砷、锑，溶液中必须含有足够的铁量。若溶液中的铁量不足以完全除去砷、锑时，必须另外增加溶液中的铁量。在实际操作中，一般加入预先制备好的含铁溶液（硫酸亚铁溶液或铁矾），加入的铁量为锌焙砂中砷、锑含量的 15 ~ 20 倍。在 pH 值为 5.2 ~ 5.4 时，不仅把一次浸出液（上清液）中的铁、砷、锑等有害杂质除到必要的限度以下，且能得到清亮、含悬浮物少的浸出液，故连续浸出时，一般要求成分一致、质量较好的原料和连续均匀供料，以保证浸出液的质量。某厂采用连续浸出，由于精矿数量大，供应点多，成分波动大，难以进行准确和稳定的配料；同时沸腾焙烧炉排料也不均匀（间断排烟尘）。因此，浸出无法按照焙砂的砷、锑含量来加入铁量。虽然如此，只要浸出人员精心操作，认真负责，仍能得到质量合格的一次中性浸出液。

在生产过程中，根据溶液中铁、砷、锑的化验分析来检查其含量，当发现不合格时，就根据具体情况进行处理，采用压缩空气将浸出液在搅拌槽内进行搅拌，用加入二氧化锰并加石灰乳的方法进行处理。

b 固体悬浮物的控制

稳定一次浸出的操作和控制好技术条件，就能保证一次浸出液（上清液）含固体悬浮物少。

如前所述，锌精矿中含铅、铁、二氧化硅高时，由于在焙烧过程中生成易溶于稀硫酸溶液的硅酸盐，显著地恶化矿浆的澄清。工厂实践中指出，当焙砂中含可溶二氧化硅 2% ~5%，浸出酸浓度为 125g/L 时，可溶二氧化硅浸出率为 84% ~86%；而浸出酸浓度为 0.05g/L 时，可溶二氧化硅浸出率只有 25% ~26%。由此可见，焙砂中硅酸盐的含量愈多，浸出的酸浓度愈大，则进入溶液的二氧化硅愈多，这样给中性浸出矿浆的澄清造成困难。所以，有的工厂一般采用低酸浸出。某厂利用间断浸出法在处理含硅高的矿时，曾发生浓缩上清液恶化。采用低酸浸出（如酸浓度为 40 ~ 50g/L），加强过滤，减少浓缩槽浓泥体积，严格控制终点 pH 值为 5.2 ~ 5.4 等措施后，才得到解决。

为了尽可能减少上清液中的悬浮物，还应当控制溶液的合理锌含量。若浸出液含锌超过 160g/L，溶液的密度和黏度增大，悬浮物的澄清困难。某厂实践证明，浸出液含锌不宜超过 150g/L。此外，浸出温度和浸出时间及矿浆液固比都对上清液中悬浮物含量有一定影响。控制较高的浸出温度，准确及时地掌握浸出终点停风搅拌时间以及控制矿浆液固比在 (10 ~ 12) : 1 之间，均可起到减少上清液中悬浮物含量的作用。

C 二次浸出的技术控制

锌焙砂经过一次中性浸出后，经中性浓缩澄清分离所得的浓泥渣，通常含有 10% ~ 20% 酸溶锌（即能溶解于酸的氧化锌），有时甚至更高。对这种含锌浓泥进行二次浸出的目的就是最大限度地从浓泥中回收锌，提高锌的回收率，从而产出锌含量最少的残渣。

二次浸出，可采用中性浸出或酸性浸出。为了尽可能完全地使锌溶于溶液，并保证二次浸出矿浆有良好的澄清和过滤性能，二次浸出的技术控制很重要。现将二次浸出的技术条件控制简要分析如下：

（1）浸出矿浆的温度。温度高，不仅锌的浸出率高，同时也能保证矿浆有良好的澄清和过滤速度。通常用蒸气加热，其加热方法有直接通入蒸气加热或者采用蛇形蒸气管间接加热，使浸出矿浆温度保持在65℃以上，有时甚至高达70～80℃。

（2）保证浸出时间和充分的搅拌强度。充分地进行搅拌，有利于稀硫酸溶液与浓泥中的固体物料进行接触，加快浓泥中锌的溶解。一般在保证溶液含酸的条件下，搅拌时间不少于2h。

（3）矿浆的液固比愈大，澄清效果就愈好，锌的浸出率也相应提高。一般酸性浸出矿浆液固比在（6～8）∶1左右。

（4）浸出终点的控制。不同的浸出方法，其终点控制也不同。如某厂二次浸出采用中性浸出，浸出矿浆直接送去过滤，终点pH值控制为5.2～5.4；而另一厂，采用酸性浸出，终点pH值控制在2.5～3.5，经酸性浓缩槽浓缩的底流浓泥送去进行过滤，pH值可达4.8～5.4，也能保证良好的过滤。

D　浸出过程溶液的体积平衡

湿法炼锌系统中的溶液体积，溶液中锌含量和浓泥体积维持一定，对浸出过程稳定操作和技术的控制具有非常重要的意义：

（1）溶液体积维持一定，通常称为体积平衡。

在整个湿法炼锌生产系统中，进行闭路循环的溶液，每天由于洗渣、洗滤布、洗地面或其他设备带进若干数量的水。这些水将增加车间设备中的溶液体积。有时使得溶液体积增大，溶液无法周转或从设备中满溢出来；而有时使得溶液体积缩小，无法满足冲矿液的流量，使浸出矿浆液固比减小。为了避免出现这种现象，必须使每天加入的水量和溶液蒸发的水量，随渣带走的水量以及各种漏失的水量相抵消，也就是使进入和排出的溶液体积相等。在实践中，夏天因蒸发量大，易使溶液体积减小，而冬天因蒸发量少，易使溶液体积增大。因此，为了保持溶液的正常平衡，除了规定各处的加水量外，还应当有备用的贮槽，即使在发生事故时，能很快放出废电解液和溶液，并有可能在必要的情况下向过程中加入硫酸、废电解液、蒸气或水。由于在浸出时，溶液和矿浆的少量漏液都会引起设备过早损坏，为了保护浸出过程在设备完好的条件下操作以及提高锌的回率，必须防止跑液和漏液，并及时检查、维护、修理各种设备。

（2）溶液中锌含量一定，通常称为金属平衡。

溶液中锌含量太高，将使浸出矿浆的密度和黏度增大，澄清困难；同时锌含量太高，使电解酸量增加而影响电解作业。溶液中锌含量低，溶液周转量大，设备负荷增重，动力消耗也大。为了保持溶液中金属平衡，必须使进入浸出液内的锌量与电解析出的锌量平衡。

（3）浓泥的体积维持一定，通常称为渣子平衡。

浓缩槽底流浓泥体积增大，就会使浓缩矿浆澄清困难，既得不到含悬物少的上清液，也无法稳定浸出的正常操作。如中性浓缩底流浓泥量增大或减少，或者球磨机大粒渣矿浆量的波动，都会引起酸性浸出条件的波动。如酸性浓缩底流浓泥增大时，也会造成上清液浑浊。某厂因酸性浓缩浓泥未及时排出，浓泥相对密度达 2.0～2.10，使矿浆澄清恶化，含大量悬浮固体颗粒的上清液返回一次中性浸出，造成恶性循环，设备负荷增大，损坏浓缩机。为此，必须使进入浸出的含锌物料量与排出的渣量维持平衡。实践证明，1t 焙砂产出 1t 湿渣，就能保证浸出正常生产。

E　物料特征与浸出过程的质量、操作以及金属回收率的关系

现代湿法炼锌厂所处理的原料主要是硫化锌精矿。在物料的特性中，以化学组成、物相组成以及粒度与生产的关系尤为密切。

a　焙砂的化学组成和物相组成

焙砂的含锌量、酸溶锌、水溶锌量以及二氧化硅、铁、砷、锑的含量与浸出过程有密切关系，因此，焙砂的化学组成取决于这些组成成分的含量。在其他条件相同的情况下含锌量直接与浸出渣量有关，含锌愈高，则渣量就愈少，随渣损失的金属也少。根据某厂生产实践，焙砂中含锌量为 63.8% 时，渣率为 32%，而焙砂中含锌量为 49%～50% 时，渣率达 54%～60%，使锌的直接回收率降低。酸溶锌直接说明能够浸出锌的多少，因而直接影响浸出率及直接回收率，所以酸溶锌愈多愈好。水溶锌量要根据具体精矿组成与操作条件而定，一般来说，水溶锌不够，则湿法炼锌系统中硫酸不足，需额外补充，增加硫酸的消耗。如水溶锌过高，则会增加液体锌含量，不利于生产，故各个工厂的焙砂应具有适当的水溶锌量，以保证湿法炼锌系统中的硫酸收支平衡。可溶锌量与湿法炼锌的直接回收率、冶炼回收率关系密切，如可溶锌率降低 1%，则直接回收率降低 1%，冶炼总回收率降低 0.1%～0.2%。因此，要保证可溶锌率，一般要求可溶锌率在 90% 以上。如前所述，铁、砷、锑量的多少，对浸出操作的影响很大。但精矿中含铁很高时，在焙烧过程中，易生成铁酸锌（$ZnO \cdot Fe_2O_3$），锌的浸出率随锌焙砂中结合成 $ZnO \cdot Fe_2O_3$ 量的增大而大大地降低，特别是在浸出含锌低的焙砂时浸出率降低得更加厉害。

b　焙砂的粒度组成

焙砂的粒度组成，依精矿粒度、精矿湿度及焙烧备料方法的不同，各厂很不一致。粒度的大小对锌的回收率有很大的关系。粒度愈小，则锌的浸出率愈高，这是因为溶剂与焙砂的接触愈好。同时，不同粒度的焙砂，含硫化物形态的硫量与硫酸盐形态的锌量也不相同。粒度愈细，则含硫化物形态的硫愈少，而含硫酸盐形态的锌愈多。焙砂的粒度除与化学组成有关外，还与浸出速度有关系，一般认为 0.15～0.2mm 的粒度较为适宜。当焙砂粒度超过 0.2mm 以上时，要达到很好的浸出，就需要根据粒度组成分级处理和选择不同的技术流程，以利于浸出的进行。因此必须重视浸出物料的粒度。

3.2.6.3　浸出过程的实践

常规的焙烧-浸出-电积流程中，浸出过程有的工厂只采用一段中性浸出的单浸出流程，而大多数工厂采用一段中性浸出和一段酸性浸出或两段中性浸出的复浸出流程。中性浸出的目的在于控制铁、砷、锑含量达到合格，仅有少部分 ZnO 未溶解，锌浸出率为 75%～80%；中浸底流的酸性浸出在于进一步提高锌的浸出率而又使其他杂质金属尽可能少溶解。经两段浸出后，锌的浸出率为 84%～90%，浸出渣率为 40%～50%，渣中锌含量大于 20%。图 3-6 为我国某厂锌焙烧矿两段浸出过程。

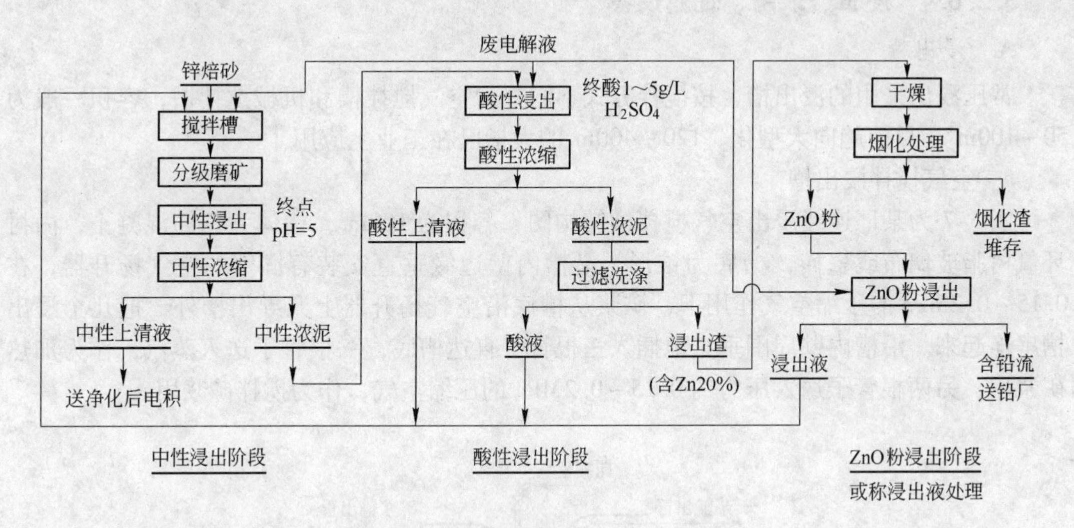

图 3-6 锌焙砂浸出的一般工艺流程

某厂两段浸出技术条件如表 3-8 所示。

表 3-8 某厂两段浸出技术条件

技术条件	一次中性浸出	二次酸性浸出
浸出方式	连续（三槽串连）	连续（四槽串连）
浸出槽	空气搅槽（100m^3）	空气搅拌槽（100m^3）
终点 pH 值	5.2 ~ 5.4	2 ~ 3
浸出温度/℃	60 ~ 75	65 ~ 85
浸出时间/min	30 ~ 60	90 ~ 150
液固比	（10 ~ 15）：1	（7 ~ 9）：1
搅拌风压/MPa	0.15 ~ 0.18	0.15 ~ 0.18

表 3-9 为一些工厂中性上清液成分。

表 3-9 一些工厂中性上清液成分 (mg/L)

厂 名	Zn	Cu	Cd	Co	Ni	As	Sb	Fe	F	Cl	Mn
国内某厂	（130 ~ 170）×10^3	150 ~ 400	600 ~ 1200	8 ~ 25	8 ~ 12	≤0.3	0.5	≤20	≤50	≤100	(2.5 ~ 5)×10^3
巴伦（比）	160×10^3	500	35	10	1.5	0.15	0.35	200	—	400	—
神岗（日）	160×10^3	413	690	45	0.6	—	—	7	4	12	—
达特恩（德）	160×10^3	327	275	9 ~ 15	2 ~ 3	—	—	16	—	50 ~ 100	2.4×10^3
马格拉港(意)	145×10^3	90	550	11	2	0.4	0.4	1	25	75	3.5×10^3

3.2.6.4 浸出、浓缩、过滤设备

A 浸出槽

常压浸出采用的浸出槽，按搅拌方式不同分为空气搅拌槽和机械搅拌槽，容积一般为50～100m^3。目前趋向大型化，120～400m^3的大槽已在工业上应用。

a 空气搅拌浸出槽

图3-7为某厂连续浸出空气搅拌槽结构图，容积为100m^3，槽体为钢筋混凝土，内衬环氧树脂玻璃布或瓷砖，槽底为锥形。沿槽内壁边缘垂直安装有固定的空气扬升器，在0.15～0.2MPa的压缩空气作用下，矿浆从槽底沿空气扬升器上升导出槽外，把几个浸出槽串连起来。沿槽内壁周围垂直地插入三根管子直达槽底，一根管子送入蒸汽，作为加热矿浆用，另两根管子送入压力约0.15～0.2MPa的压缩空气，作为搅拌矿浆用。

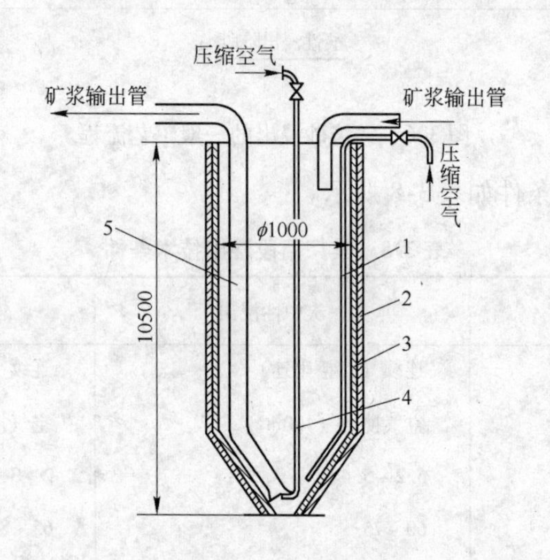

图3-7 空气搅拌浸出槽

1—搅拌用风管；2—混凝土槽体；3—防腐衬里；4—扬升器用风管；5—扬升器

该槽结构简单，容易防腐，使用寿命长，无转动，机械维修方便，但需昂贵的不锈钢管作扬升器，动力消耗大，现场环境差等。

b 机械搅拌浸出槽

槽体可用钢筋混凝土捣制或钢板焊制，内衬瓷砖。矿浆的搅拌是靠电动机带动的螺旋搅拌器。搅拌桨叶用耐酸耐磨材料制成。矿浆搅拌时以垂直方向循环。与空气搅拌相比，搅拌更为激烈。浸出效果好，动力消耗小，操作环境改善，但搅拌桨磨损快。

B 浓缩槽（浓密机）

重力浓缩是悬浮液中固体颗粒依靠重力作用发生沉降，而使悬浮固体与液体得到初步分离。在浓缩过程中不仅较粗粒级容易沉降，而且微细粒级亦可通过凝聚达到良好的沉降效果。重力浓缩通常采用浓缩槽。矿浆在浓缩槽中的沉降浓缩过程如图3-8所示。

浓缩槽的作业空间一般可分成澄清区（A区）、自由沉降区（B区）、过渡区（C区）、压缩区（D区）和浓缩物区（E区）。锌浸出的悬浮液首先进入B区，固体颗粒沉降后进入过渡区（C区），在过渡区中，部分颗粒靠自身沉降，而另一部分颗粒因受到密

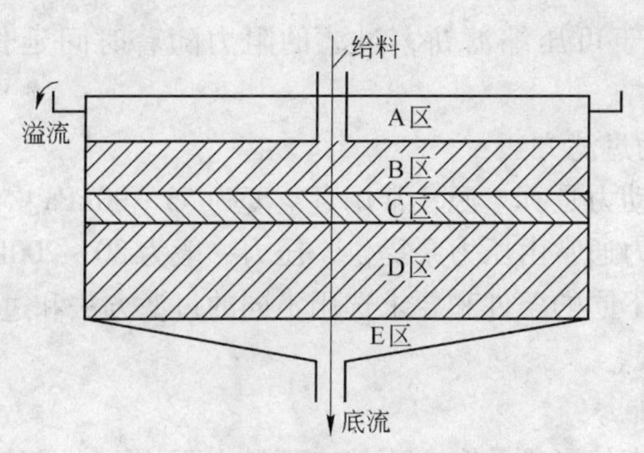

图 3-8　浓缩槽中的浓缩过程

集颗粒的阻碍难以沉降，然后进入压缩区（D 区）。

影响浓缩过程的因素有：矿浆的 pH 值、溶液中胶质二氧化硅和氢氧化铁的含量、矿浆中固体颗粒的粒度、溶液与固体颗粒的密度、浓缩槽负荷、浸出时间、矿浆温度等。

（1）矿浆 pH 值。

如前所述，中性浸出终点 pH 值对矿浆悬浮物的凝聚、絮凝长大影响很大，一般 pH 值控制在 5.2 ~ 5.4，悬浮物絮凝的效果最好，故澄清的效果比较好。

（2）溶液中硅酸和氢氧化铁的含量。

矿浆的澄清性能随硅酸和氢氧化铁胶体物质的增加而逐渐变坏。胶质二氧化硅和氢氧化铁过多时，矿浆澄清性能显著恶化，必须严格控制。

（3）矿浆中固体颗粒的粒度。

矿浆粒度与焙砂成分以及焙烧过程的技术条件和浸出条件有关。粒度大，容易沉降；粒度细，澄清速度较慢；粒度愈细，沉降速度愈小。

（4）溶液与固体颗粒的密度。

固体颗粒与溶液的密度差愈大，沉降速度愈快，澄清浓缩的情况愈好。一般溶液中含锌 140g/L 以上时，溶液的密度和黏度均增大，对澄清浓缩不利。

（5）浸出时间。

浸出时间较短时，焙砂溶解不完全，固体颗粒较大，澄清较易；相反浸出时间过长，搅拌强度愈大，固体颗粒愈细，澄清浓缩性能愈差。

（6）浓缩槽的负荷。

浓缩槽的负荷愈大，沉降澄清时间愈短，则效果愈差，反之则沉降时间长，效果较好。此外浓缩槽内浓泥的数量对澄清也有很大影响。浓缩槽内浓泥未及时排出，数量过多，则相对缩小了澄清区，影响沉降过程。

（7）过滤。

过滤是实现液固分离的重要途径之一，是浸出工序的后处理过程。其基本原理是以介质两侧压差为推动力，使矿浆中的液体通过（可渗性介质），而固体为介质所截留。其显著的特点是，矿浆中的固体颗粒连续不断地沉积在介质孔隙内部和表面上，因而过滤过程中，过滤阻力是不断增加的。在过滤的过程中，首先是大于或接近过滤介质孔隙的颗粒以架桥方式在介质表面形成一层较介质孔隙更小的初始层，此后，固体颗粒便在初始层上沉积，逐渐形成一定厚度的滤饼，此滤饼的过滤阻力远远超过过滤介质的阻力。

湿法炼锌的滤饼属于可压缩滤饼，过滤的阻力随着时间延长和滤饼厚度的增加而增加。

1）湿法炼锌常用的过滤方法：

①真空过滤。其推动力是真空源，常用真空度为53～90kPa。

②加压过滤。推动力通常由压力泵提供，压力一般为80～200kPa。

工业生产中可根据不同的条件和要求选用不同的过滤方法和过滤设备。

2）影响过滤的因素。

①固体颗粒度。

物料粒度对过滤速度的影响是多方面的，而最主要的影响是滤饼的孔隙率。滤饼的孔隙大小与矿浆中固体颗粒大小和组成有密切关系，粒度愈大，单位体积内颗粒的数量愈小，则粒间孔隙率愈大；反之，粒度愈小，则粒间的孔隙愈小，粒层的渗透性就愈低，故滤布过滤阻力愈大。粒度过细，有时还可堵死滤布毛细孔道，使阻力大大增加。

②料浆的黏度。

液体黏度愈高，流动性愈差，过滤速度愈小，过滤速度与矿浆黏度成反比。矿浆中固体颗粒愈细，浓度愈大，黏度亦随之增大。此外当浓泥中含有胶状物质，如$Fe(OH)_3$、硅酸以及粒状氧化锌ZnO，$PbSO_4$等时，将使浓泥的黏度增加，再加上细小颗粒阻塞通道，从而使过滤阻力大大增加。此外，如溶液中钙镁含量高，将产生$CaSO_4$、$MgSO_4$饱和结晶，这也是影响过滤的重要因素。

③滤饼的温度。

温度对过滤速度的影响主要有如下几方面：

（ⅰ）温度与矿浆的黏度有关，随着温度的升高，矿浆的黏度减小，矿浆的流动性提高，可加快过滤速度；

（ⅱ）提高温度对排除毛细孔道中的气泡有利，从而可提高过滤速度；

（ⅲ）提高矿浆温度有利于矿浆中的细颗凝聚成大颗粒，可消除细粒堵塞孔隙通道，从而加快过滤速度。实践中过渡温度一般控制在70～80℃。

3）湿法炼锌中常用及新型过滤机。

过滤机种类繁多，工业分类方法也十分多。为了统一一般工业过滤机的命名及型号编制，国家有关部门颁布了《过滤机型号编制方法》（GB 7780—87）国家标准。从过滤机的型号即可了解该种过滤机的类别、过滤方式、结构特征和特性、主要参数及与分离物料相接触部分的材料名称，这给过滤机命名、使用、选型都提供了方便。

①板框压滤机。

板框压滤机属于间歇式加压过滤机，它具有占地少，对物料的适应性强，过滤面积的选择范围宽，滤饼含湿率低，固相回收率高，结构简单，操作维修方便，故障少，寿命长等特点，是湿法炼锌中所有加压过滤机中结构最简单、应用最广泛的一种机型。

②自动厢式压滤机。

自动厢式压滤机是20世纪60年代以后发展起来的。其特点是过滤压力高，最高压力已达2.0MPa；单机过滤面积大，国外已有$1727m^2$的产品问世。国内的最大过滤面积已达成$1050m^2$；滤饼液体含量低，经压榨后的滤饼液体含量可再降低5%～15%；抗腐蚀性好，滤板可采用多种增强型塑料，质量轻，弹性好，耐腐蚀，适应性广；运转费用低，可实现多台连续作业、联机控制，因此现代压滤机多以厢式的为主。

自动厢式压滤机按滤板安装方向分为卧式和立式；按滤布安装方式分为滤布固定式、滤布单行走式和滤布全行走式；按有无挤压装置分为隔膜挤压型和无隔膜挤压型；按滤液排出方式分为明流式和暗流式；按操作方式分为全自动操作和半自动操作。其压紧方式一般均为液压压紧。

3.3 锌硫化矿湿法处理新工艺

3.3.1 硫化锌精矿的直接浸出

目前以硫化锌精矿为原料的湿法炼锌一般都伴随有硫化锌精矿火法焙烧，如果再加上浸出渣的高温还原挥发，则常说的湿法炼锌实质上是湿法和火法的联合过程，只有硫化锌精矿直接酸浸工艺，才真正算得上全湿法炼锌工艺。

加压湿法冶金在重有色金属方面的应用研究于20世纪40年代取得了突破性进展。舍利特·高尔登矿业公司的锌精矿加压浸出流程非常简单，锌精矿在废电解液或酸性溶液中与氧作用生成金属硫酸盐和元素硫。锌精矿加压浸出的效率高，适应性好，与其他方法相比，在环保和经济方面都具有很强的竞争能力。对于那些硫酸供应充足且价格低廉的地区，其优点尤为突出。

硫化锌精矿直接酸浸方法可分为常压酸浸法和加压酸浸法两种。从物理化学观点看，常压浸出与加压浸出没有本质区别。一般的常压浸出过程大多是在室温下，最多也只能在溶液沸点以下进行，浸出速率一般较小。而加压浸出是在密闭的反应容器内进行，可使反应温度提高到溶液的沸点以上，使某些气体（如氧气）在浸出过程中具有较高的分压，让反应能在更有效的条件下进行，使浸出过程得到强化。

3.3.1.1 硫化锌精矿浸出的热力学

要研究硫化锌（ZnS）及其他金属硫化物在水溶液中的反应，在一定 pH 值和一定电位下形成什么物质，可用 MeS-H_2O 系的 E-pH 图来研究 MeS 在水溶液中反应的热力学规律。

ZnS-H_2O 系中反应平衡式、E-pH 关系式见表 3-10。

表 3-10 ZnS-H_2O 系中反应平衡式及 E-pH 关系式

序号	反应平衡	E-pH 关系式
1	$O_2+4H^++4e = 2H_2O$	$E=1.229-0.0591pH+0.0149lgp_{O_2}$
2	$2H^++2e = H_2$	$E=0-0.0591pH-0.0295lg\,p_{H_2}$
3	$Zn^{2+}+S+2e = ZnS$	$E=0.264+0.0295lg\,[Zn^{2+}]$
4	$ZnS+2H^+ = Zn^{2+}+H_2S\,(g)$	$pH=-1.586-0.5lg\,[Zn^{2+}]\,-0.51lgp_{H_2S}$
5	$S+2H^++2e = H_2S\,(g)$	$E=0.717-0.059lpH-0.02951lgp_{H_2S}$

续表 3-10

序号	反应平衡	E-pH 关系式
6	$HSO_4^- + 7H^+ + 6e = S + 4H_2O$	$E = 0.338 - 0.069pH + 0.098lg[HSO_4^-]$
7	$SO_4^2 + H^+ = HSO_4^-$	$pH = 1.91 + lg[SO_4^{2-}] - 0.5lg[SO_4^{2-}]$
8	$SO_4^2 + 8H^+ + 6e = S + 4H_2O$	$E = 0.357 - 0.07881pH + 0.0098lg[SO_4^{2-}]$
9	$HSO_4^- + Zn^{2+} + 7H^+ + 8e = ZnS + 4H_2O$	$E = 0.319 - 0.05171pH + 0.0074lg[Zn^{2+}][HSO_4^-]$
10	$SO_4^{2-} + Zn^{2+} + 8H^+ + 8e = ZnS + 4H_2O$	$E = 0.333 - 0.05171pH + 0.0074lg[Zn^{2+}][SO_4^{2-}]$
11	$2Zn^{2+} + SO_4^2 + 2H_2O = ZnSO_4 + Zn(OH)_2 + 2H^+$	$pH = 3.77 - 0.5lg[SO_4^{2-}] - lg[Zn^{2+}]$
12	$ZnSO_4 \cdot Zn(OH)_2 + SO_4^{2-} + 18H^+ + 16e = 2ZnS + 10H_2O$	$E = 0.362 - 0.0665pH + 0.0037lg[SO_4^{2-}]$
13	$ZnSO_4 \cdot Zn(OH)_2 + 2H_2O = 2Zn(OH)_2 + 2H^+ + SO_4^{2-}$	$pH = 8.44 + 0.5lg[SO_4^{2-}]$
14	$Zn(OH)_2 + 10H^+ SO_4^{2-} + 8e = ZnS + 6H_2O$	$E = 0.424 - 0.0738pH + 0.0074lg[SO_4^{2-}]$
15	$ZnO_2^{2-} + 2H^+ = Zn(OH)_2$	$pH = 14.24 + 0.5lg[ZnO_2^{2-}]$
16	$ZnO_2^{2-} + SO_4^{2-} + 12H^+ + 8e = ZnS + 6H_2O$	$E = 0.634 - 0.0887pH + 0.0074lg[ZnO_2^{2-}][SO_4^{2-}]$
17	$Zn^{2+} + 2e = Zn$	$E = -0.763 + 0.0295lg[Zn^{2+}]$
18	$ZnS + 2H^+ + 2e = Zn + H_2S(g)$	$E = -0.857 - 0.0591pH - 0.0295lgp_{H_2S}$
19	$HS^- + H^+ = H_2S(g)$	$pH = 8.00 + lg[HS^-] - lgp_{H_2S}$
20	$ZnS + H^+ + 2e = Zn + HS^-$	$E = -1.093 - 0.0295pH - 0.0295lg[HS^-]$
21	$S^- + H^+ = HS^-$	$pH = 12.9 + lg[S^{2-}] - lg[HS^-]$
22	$ZnS + H^+ + 2e = Zn + HS^-$	$E = -1.474 - 0.0295lg[S^{2-}]$
23	$ZnO_2^{2-} + SO_4^{2-} + 12H^+ + 8e = Zn^{2+} + S^{2-} + 6H_2O$	$E = 0.213 - 0.0709pH - 0.0059lg[S^{2-}] + 0.0059lg[SO_4^{2-}][ZnO_2^{2-}]$
24	$Zn^{2+} + 2H_2O = Zn(OH)_2 + 2H^+$	$pH = 6.11 - 0.5lg[Zn^{2+}]$
25	$Zn^{2+} + 2H_2O = ZnO_2^{2-} + 4H^+$	$pH = 10.08 - 0.25lg[Zn^{2+}] + 0.25lg[ZnO_2^{2-}]$
26	$S + H^+ + 2e = HS^-$	$E = -0.06527 - 0.0295pH - 0.0295lg[HS^-]$
27	$SO_4^{2-} + 9H^+ + 8e = HS^- + 4H_2O$	$E = 0.252 - 0.0661pH - 0.00739lg[SO_4^{2-}]/[HS^-]$
28	$SO_4^{2-} + 8H^+ + 8e = S^{2-} + 4H_2O$	$E = 0.0148 - 0.05911pH - 0.00739lg[SO_4^{2-}]/[S^{2-}]$

由表内平衡式可绘制出 $ZnS-H_2O$ 系的 E-pH 图，见图3-21。

由图3-9可以看出，图中有一个元素硫的稳定区。当电位下降时，pH 值在 1.9 ~8 范围内，SO_4^{2-} 还原成元素硫；当电位再低和 pH<7 时，进一步还原成 H_2S；当 pH>8 时，更进一步还原成 HS^-。

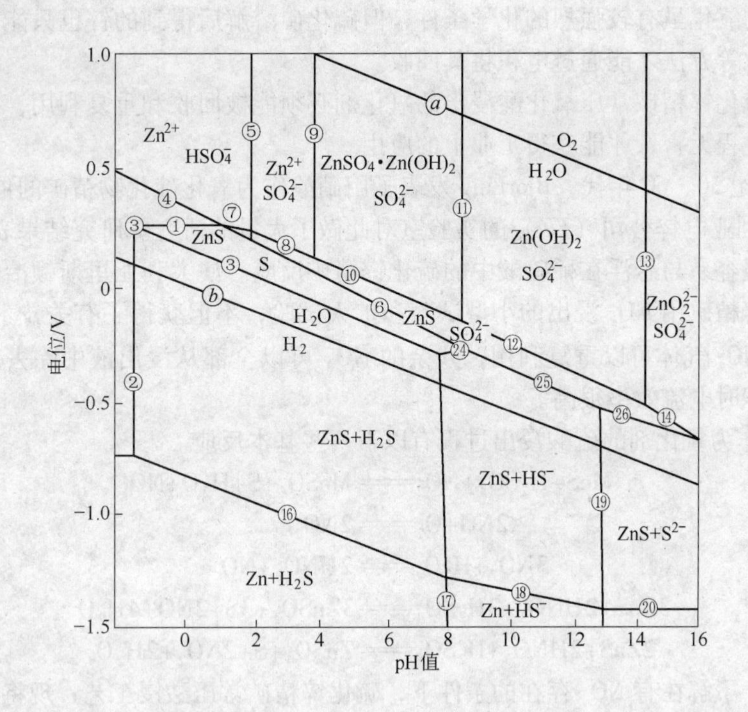

图3-9 $ZnS-H_2O$ 系的 E-pH 图（25℃，$\alpha=1$）

当电位升高时，在 pH<8 的情况下，H_2S 和 HS^- 均氧化成元素硫，然后再氧化成 SO_4^{2-}；在 pH>8 的情况下，HS^- 可直接氧化成 SO_4^{2-}。

3.3.1.2 硫化锌精矿常压酸浸

A 不添加氧化剂的常压酸浸

ZnS 在常压下的稀酸浸出是比较难的，但在高温下采用浓硫酸浸出情况就不同了。由于高浓度硫酸与稀硫酸或中等浓度硫酸不同，它具有氧化性，能按下式反应将析出的 H_2S 进一步氧化成 S，从而可得到满意的浸出结果。

$$H_2SO_{4(浓)}+H_2S \rightleftharpoons H_2SO_3+H_2O+S$$

将 H_2S 氧化成 S 的反应不仅避免了有毒 H_2S 气体的产生，又可回收元素硫。

实践表明，浓硫酸浸出硫化锌精矿采用的条件是：温度 150 ~155℃，硫酸浓度 60% ~65%。锌回收率可达 95% ~96%。

尽管 ZnS 可以用浓硫酸浸出，但上述条件因温度太高，已达到硫酸沸点温度。另外酸浸过程不能实现废电积液稀酸闭路循环，电积过程的酸无法平衡，故不能应用在工业上。

B 有氧化剂存在的常压酸浸

硫化锌及其他硫化物常压下在有氧化剂存在时可按下式进行硫酸浸出反应。

$$MeS+2H^++\frac{1}{2}O_2 = Me^{2+}+S+H_2O$$

或 $$MeS-2e^{-}=Me^{2+}+S$$

要使金属硫化物氧化成硫酸盐，继而溶解在硫酸浸出液中就要有氧存在，在常压酸浸条件下，氧还需通过某些中间物质（如 Fe^{3+}/Fe^{2+}）才能起作用。Fe^{3+}/Fe^{2+} 的优点是不损害冶金过程，但在硫酸溶液中亚铁的氧化速率较小，只有在高温高压条件下才能达到工业要求。氯化物氧化虽有较强烈的化学条件，但硫化矿溶解后得到的锌也只能通过沉淀或借助于溶剂萃取等方法才能通过电积将其回收。

总之，硫化锌精矿常压氧化酸浸出的氧化剂必须能被回收和重复利用，并从工艺中完全除去，对过程无害，才能获得工业上的应用。

在 20 世纪 50、60 年代，BjorLing 发表了用硝酸作为氧化硫化物精矿的催化剂的文章，1978 年澳大利亚电锌公司（EZ）的实验室对此做了大量的研究。研究结果表明，氧化氮、氧气混合物很容易与悬浮在稀硫酸中的硫化锌精矿反应。澳大利亚里斯顿冶炼厂已成功地完成了硫化锌精矿用 NO_x 浸出的小型试验和扩大试验，不但获得了有关技术的基本参数，并且证明了 NO_x 气体可以重复利用，残余的 NO_3^- 可以全部从浸出液中除去，浸出液经过净化进行电积时电流效率很高。

以 NO_x 作为氧化剂的硫酸浸出过程有以下一些基本反应。

$$MeS+H_2SO_4+NO_2 = MeSO_4+S+H_2O+NO$$

$$2NO+O_2 = 2NO_2$$

$$3NO_2+H_2O = 2HNO_3+NO$$

$$3ZnS+2HNO_3+3H_2SO_4 \rightleftharpoons 3ZnSO_4+3S+2NO+4H_2O$$

$$2ZnS+2HNO_3+H_2SO_4 \rightleftharpoons ZnSO_4+S+2NO_2+2H_2O$$

为了便于了解在有 NO_x 存在的条件下，硫化锌精矿常压酸浸工艺，现将澳大利亚电锌公司里斯顿冶炼厂的试验情况叙述如下。

试验采用两段逆流浸出过程，在第二段加入过量的硫化锌精矿以除去溶液中的硝酸根，然后再将这种经过部分浸出的固体料送到第一段，在第一段加入过量的酸和氧化剂 NO_x 进行浸出，两段均喷入氧气。硫化锌精矿常压氧化浸出实验原则工艺流程见图 3-10。

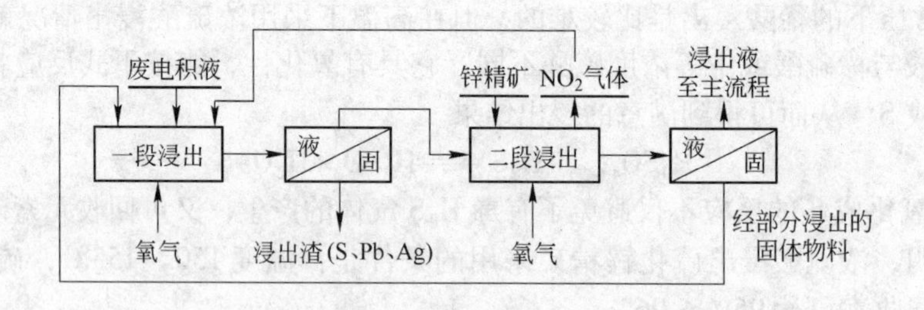

图 3-10 硫化锌精矿常压氧化浸出实验原则工艺流程

小型试验为间断操作，两段分开进行。试验中 NO 气体的再生，使用空腔喷淋塔，用纯氧作为氧化剂，用冷废电积液作为吸收剂，形成一个 NO_x 气体循环系统。排气中的 NO 与过量氧（过量 5%左右）反应足够的时间后可以被完全氧化吸收，生成一种硫酸、硝酸的混合稀溶液。试验得到的有关数据见表 3-11。

表 3-11 浸出渣成分

名 称	烧损	总硫	硫化物矿	元素硫	Pb	Zn	Fe
含量/%	76.5	77	3.3	75.4	10.1	6.5	0.7

常压酸浸试验过程显现出的主要问题是，硫精矿在有铁存在的情况下能生成高度稳定的亚铁硝酸酰配合物[Fe(NO)]SO_4，使反应停顿，即当有高铁离子存在时有如下反应：

$$ZnS+Fe_2(SO_4)_3 \rightleftharpoons ZnSO_4+S+2FeSO_4$$

生成的亚铁离子又可与 HNO_3反应生成 NO，并和硫化锌氧化生成的 NO 一起再同硫酸亚铁反应，生成稳定的亚铁亚硝酸酰配合物。

$$2FeSO_4+2HNO_3+H_2SO_4 \longrightarrow 3Fe_2(SO_4)_3+2NO+4H_2O$$

$$FeSO_4+NO = [Fe(NO)]SO_4$$

这个过程是自我维持型的，由于硝酸根被约束，使高铁离子氧化的精矿比例增加，产生了更多的亚铁离子，进而生成亚铁亚硝酸酰配合物。

系统中的亚硝酸是一种反应性很强的中间物质，如有亚铁离子存在，亚硝酸会被破坏，反应如下：

$$Fe^{2+}+HONO = Fe^{3+}+NO+OH^-$$

仅几分钟溶液电位即从 700mV 降到 300mV，使浸出中止。

过程的难点是，为确保浸出过程的有效进行，要求浸出液中有足够的 NO_3^-，但从冶金学和经济的角度考虑，最终浸出液中的 NO_3^- 不能太高，[NO_3^-] 为 1g/L 已是超出电积液所能允许量的几个数量级了（将增加电积液还原净化的费用）。这是一个矛盾，应当说明间断作业这个矛盾还小一些；连续作业必须按理论量加入精矿，并严格控制添加速度；对于工业化而言难度就更大了。试验存在的另一个问题是硝酸消耗高水 NO_x 循环过程中需补充较多的硝酸根。

3.3.1.3 硫化锌精矿加压酸浸

硫化锌常压酸浸工业化难点很多，而加压酸浸的情况就不同了，其浸出条件要优越得多。一是可以利用氧作为氧化剂，反应如下：

$$ZnS+2H^++\frac{1}{2}O_2 \rightleftharpoons Zn^{2+}+S+H_2O$$

反应中酸的作用实质上是中和 OH^-，保持 Zn^{2+}不水解；二是可以用浓度较小的稀硫酸溶液或废电积液浸出，实现湿法炼锌过程酸溶液循环；三是在加压条件下反应温度允许升高，对反应热力学和动力学都有利。

加压酸浸出可以在有氧化剂存在的情况下进行，浸出反应有以下几种情况：

$$ZnS+2H^+ \rightleftharpoons Zn^{2+}+H_2S \tag{1}$$

$$ZnS+2H^++\frac{1}{2}O_2 \rightleftharpoons Zn^{2+}+S+H_2O \tag{2}$$

$$ZnS+H^++2O_2 \rightleftharpoons Zn^{2+}+HSO_4^- \tag{3}$$

$$ZnS-2e \rightleftharpoons Zn^{2+}+S \tag{4}$$

反应式（1）无电子转移，只与 H^+有关。反应式（2）和反应式（3）既有电子转移

又与 H^+有关。反应式（4）只有电子转移无 H^+变化。作 $ZnS-H_2O$ 系 φ-pH 图，见图3-11。

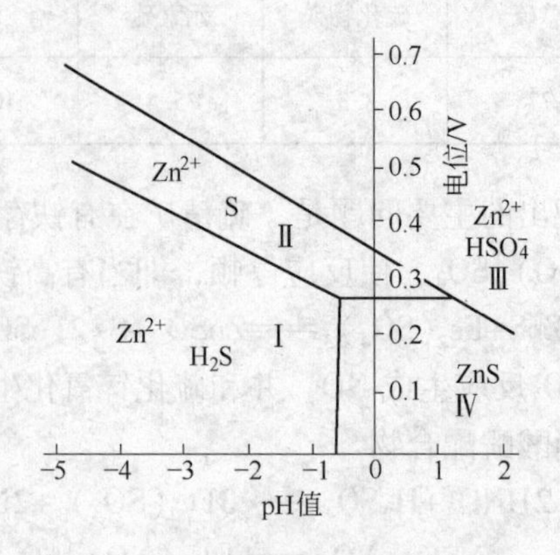

图3-11　$ZnS-H_2O$ 系 φ-pH 图

（$a_{Zn^{2+}}=1$，$a_{HSO_4^-}=1$，$[H_2S]=10^{-3}$ mol/L）

图3-11有三个液相区（Ⅰ、Ⅱ、Ⅲ）和一个固相区（Ⅳ），在不同条件下，ZnS 分别与不同组分的液相保持平衡。从区间Ⅰ转移到区间Ⅱ时，反应（2）硫化氢将被氧化成元素硫，这一反应伴随着电子迁移且与 H^+浓度有关，Ⅰ/Ⅱ区间的平衡线是倾斜的。Ⅱ/Ⅳ区间的平衡关系是液固相间的平衡，S^{2-}产生是由于 ZnS 的离解，在有氧化剂存在的条件下，按反应（4）进行，即有电子迁移，与 H^+浓度无关，平衡线与横坐标平行。Ⅱ/Ⅲ区间平衡关系为反应（3），ZnS 酸浸产生 HSO_4^-，反应有电子迁移，又与 H^+浓度有关，平衡线为斜线。

由图3-11可以看出，加压酸浸时随着溶液酸度减小（pH 值增大），平衡将由Ⅰ区向Ⅱ、Ⅲ区移动，提高氧分压使电位增大，可取得同样效果。

为了比较各种硫化物在水溶液中的性质，可以在同一图上绘制多金属的 $MeS-H_2O$ 系 E-pH 图，见图3-12。

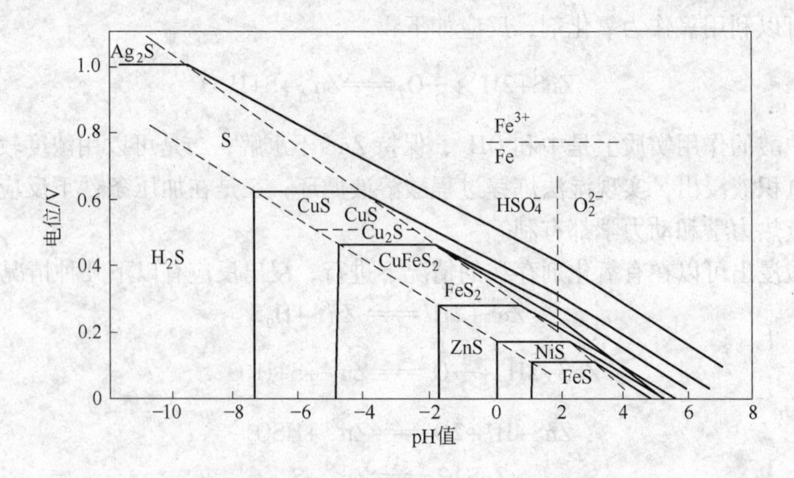

图3-12　$MeS-H_2O$ 系 E-pH 图

由图3-12可以看出，各种硫化物进行反应的 E 和pH数值，及各种硫化物相对稳定的程度。各种硫化物易溶的顺序为：

$$FeS>NiS>ZnS>CuFeS_2=FeS_2>Cu_2S>CuS>Ag_2S$$

锌精矿加压酸浸中有关硫化物的行为如下：

硫化锌加压浸出的基本反应是

$$ZnS+H_2SO_4+\frac{1}{2}O_2 \longrightarrow ZnSO_4+H_2O+S$$

当系统内缺乏传递氧的物质时，上述反应进行得很慢，但锌精矿中铁溶解后，铁离子即是一种很好的传递氧的物质。通过铁离子的还原、氧化来加速ZnS的浸出过程。

$$ZnS+Fe_2(SO_4)_3 = ZnSO_4+2FeSO_4+S$$

$$2FeSO_4+H_2SO_4+\frac{1}{2}O_2 = Fe_2(SO_4)_3+H_2O$$

在正常情况下，精矿中含有足够的酸溶铁，完全可以满足浸出过程的需要。

磁黄铁矿（FeS）或者铁闪锌矿（ZnFeS）中铁的氧化反应与硫化锌氧化反应类似。

$$FeS+H_2SO_4+\frac{1}{2}O_2 = FeSO_4+H_2O+S$$

黄铁矿是惰性的，较难浸出，它的氧化与浸出参数有关，在高温和强氧化条件下，黄铁矿将被氧化成硫酸铁。

$$2FeS_2+\frac{15}{2}O_2+H_2O = Fe_2(SO_4)_3+H_2SO_4$$

浸出矿浆如果供氧不足，温度较低，含酸较高，黄铁矿的氧化可生成元素硫。

$$FeS_2+\frac{1}{2}O_2+H_2SO_4 = FeSO_4+H_2O+2S$$

锌精矿中铜通常以黄铜矿的形式存在，可大部分被浸出。

$$CuFeS_2+O_2+2H_2SO_4 = CuSO_4+FeSO_4+2S+2H_2O$$

方铅矿比较容易浸出生成硫酸铅。

$$PbS+H_2SO_4+\frac{1}{2}O_2 = PbSO_4+S+H_2O$$

在加压浸出时精矿中非黄铁矿的硫化物一般情况下仅有5%被氧化成硫酸盐。

$$MeS+2O_2 = MeSO_4$$

式中MeS为Zn、Pb、Fe等金属硫化物。高温、低酸溶液中的铁可以发生以下反应：

$$3Fe_2(SO_4)_3+PbSO_4+12H_2O = PbFe_6(SO_4)_4(OH)_2+6H_2SO_4$$

$$3Fe_2(SO_4)_3+14H_2O = (H_3O)_2Fe_6(SO_4)_4(OH)_2+5H_2SO_4$$

$$Fe_2(SO_4)_3+(3+x)H_2O = Fe_2O_3 \cdot xH_2O+3H_2SO_4$$

即生成铅铁矾、草铁矾等矾类物质，以及水合氧化铁，由溶液中析出，并使部分硫获得再生。

由此可见，浸出的结果是锌精矿中的锌转入溶液，铅、元素硫、铁的水解产物留在渣中。硫在浸出时的行为比较复杂，其转化产物主要形式是元素硫、硫酸和 HSO_4^-。元素硫的转化率与操作条件有关，酸度高时易生成元素硫，降低酸度使反应向生成硫和 HSO_4^- 方向进行，通常pH<2时，容易得到元素硫，当pH>2时易生成 HSO_4^{2-} 和 SO_4^{2-}。

3.3.1.4 国外工业实践

锌精矿加压酸浸的浸出温度一般为423K，氧分压为700kPa，浸出时间约1h。锌的浸出率可达98%以上，硫的回收率约88%，经浮选或热过滤可得含硫99.9%以上的元素硫产品。

锌精矿加压浸出的第一个工业化生产厂是加拿大科明科公司的特累尔厂，随后的两个工厂是位于安大略省的加拿大蒂明斯厂和德国的鲁尔锌厂，第四个工厂是1993年投入运行的加拿大哈德逊湾矿业公司。

特累尔厂建于1981年，日处理188t锌精矿。该厂锌浸出由三个部分组成，焙烧浸出系统占锌进料量的70%，加压浸出系统占20%，剩下10%来自氧化矿浸出系统。1981~1988年，经改进完善，该厂加压浸出系统处理能力达11700t/月。1994年最高精矿处理量达11300t。

蒂明斯厂于1983年投产，压力釜日处理100t精矿，为低酸作业，铁以黄钾铁矾、碱式硫酸盐和水合氧化铁沉淀。该厂对压力釜的内衬、管线、阀门、高压空气和氧气的供给等进行了许多改进，使该厂的作业率和压力釜的可靠性有了很大的提高，产量增加很快。1995年锌精矿处理能力达40000t。

1991年3月，第三个锌精矿加压浸出工厂在德国鲁尔锌厂投产。鲁尔锌厂改变了原有的赤铁矿法，使锌精矿加压浸出运行良好。在处理锌精矿品位为45%~50%时，锌回收率达98%，压力釜运转率为95%。

哈德逊湾矿业公司从1930年一直经营着一个包括锌和铜精炼的冶炼厂，位于加拿大马里托巴省的弗林-弗隆。该厂原来的锌厂采用焙烧-浸出-电解沉积工艺一直生产到1993年7月。该公司为了满足环保要求，采用加压浸出工艺，于1993年7月2日，建成世界上第一个独立运行的两段加压浸出全湿法锌冶炼厂，改变了过去加压浸出总是在焙烧-酸浸-电积工艺炼锌厂中与原有流程配套以扩大锌的生产能力和避免硫酸产量过度膨胀的现状。该厂从投产以来，操作运行良好，很快超过了设计能力。该厂两台压力釜规格都是3.9m×21.5m。1995年加压浸出能力达到22.2t/h（设计能力为21.6t/h）。两段加压浸出的浸出率为99%。

锌的加压浸出自80年代工业化以来已经经历了几十年的工业应用，由于工艺适应性强，压力釜作业率较高，锌回收率高，硫以元素硫形态回收对环境的污染危害小，与传统流程相比单位投资较少，是一种具有发展潜力的工艺。

3.3.1.5 国内工业应用

我国第一个采用高压酸浸工艺生产电锌的生产线于2005年在云南永昌铅锌股份有限公司投产，该生产线采用一段加压浸出-电积工艺处理低铁锌精矿，年产电锌10000t，锌浸出率达到98.05%，铁浸出率为29.22%，浸出指标优于传统湿法炼锌工艺，且没有废气、烟尘的排放，充分满足了当前“绿色化工”的要求。

硫化锌精矿矿氧压浸出工艺对原料的适应性强，锌回收率高，不用流态化焙烧，而直接采用锌精矿氧压浸出，浸出液经净化、电积生产电锌，因而基建费用大幅度降低，其中硫以元素硫形态回收，便于运输和贮存，摆脱了锌冶炼对烟气制酸的依赖；不产生SO_2废气及湿法废渣，可更好地解决环保问题；对Pb、Cd及贵金属的综合利用，也较常规方法有利，但对材料、设备、仪表等要求较高。随着科技技术的进步，各种新材料的出现，该工艺在今后的锌生产上将越来越多地被采用。

3.3.2 低品位硫化锌精矿的细菌浸出

3.3.2.1 概述

早在几十年前，人们就开始了硫化锌矿的细菌浸出研究，然而至今，硫化锌矿的细菌浸出还没有完全实现工业化，这是因为长期以来就锌的价格以及技术发展水平而言，用细菌浸出锌硫化矿还不具备商业竞争力。但是，随着高品质硫化锌矿的日益枯竭以及硫化锌矿细菌浸出技术的不断进步，该技术正日益凸显出潜在的经济效益和技术优势。

3.3.2.2 硫化锌矿细菌浸出机理

自从细菌的浸矿作用被发现以来，人们就围绕金属硫化矿的细菌浸出机理开展了大量的研究工作，其中直接作用和间接作用机理占据了主导地位。

A 直接作用机理

直接作用机理是指浸矿细菌吸附在矿物表面，直接以硫化矿为能源物质，通过自身的酶将硫化矿分解成硫酸盐，硫化锌矿中的硫直接被氧化成硫酸而没有形成中间产物。硫化锌矿直接作用机理的反应过程可表示如下：

$$MeS+O_2+2H_2O \xlongequal{} Me^{2+}+4H^++SO_4^{2-}$$

B 间接作用机理

间接作用机理是指硫化锌矿的浸出是通过三价铁的氧化作用完成的，其中产生了二价铁离子和元素硫。细菌在浸出中的作用是将二价铁氧化成三价铁和将元素硫氧化成硫酸，这个过程不一定需要细菌吸附在矿物表面。硫化锌矿间接作用机理的反应过程可表示如下：

$$ZnS+2Fe^{3+} \longrightarrow Zn^{2+}+S^0+2Fe^{2+}$$

$$Fe^{2+}+\frac{1}{2}O_2+2H^+ \xrightarrow{\text{细菌}} Fe^{3+}+H_2O$$

$$S^0+\frac{3}{2}O_2+H_2O \xrightarrow{\text{细菌}} 2H^++SO_4^{2-}$$

近年来，有越来越多的研究者认为细菌在硫化锌矿的浸出中没有直接作用，并且提出了一种近似于间接作用的新机理：Fe^{3+}和H^+是硫化锌矿的浸出剂，细菌的作用是使这两种浸出剂再生并使它们富集在矿物/细菌或矿物/水的界面以加快浸出速率；细菌表面的多糖蛋白质复合物（通称EPS，extracellular polymeric substance）在浸出中起关键作用。

3.3.2.3 硫化锌矿细菌浸出研究进展

细菌浸出硫化锌矿的主要缺点是浸出速率低，搅拌细菌浸出的浸出速率较快，但也需要约一周的时间才达到理想的浸出率。为此人们开展了提高细菌浸出速率的研究。

A 菌种选育

高效优良的浸矿菌种是提高细菌浸出速率的关键因素。菌种选育的目的是通过筛选、驯化和培育等各种手段获得氧化活性高、对环境适应能力强、浸矿性能好的高效菌种。

从自然界中分离得到的浸矿细菌经过驯化培养后其活性大大提高，并且使用混合菌种的浸出效果比单一菌种更好。由于浸矿体系的开放性和复杂性，要求细菌具有耐受极端环境的生理特性，比如说耐受有毒离子等。

细菌对重金属离子的耐受能力比较强，经过重复的驯化培养，其耐受性可得到增强，浸矿性能也得到改善。细菌对一些有毒的非金属离子耐受能力较差，如 As^{3+}、Cl^-、CN^- 等，需采用特定的方法提高细菌对这些离子的耐受能力。

硫化矿的浸出是放热反应过程，在堆浸中矿堆内的温度可达到50～80℃，此温度下中温浸矿细菌的活性受到抑制和破坏，嗜热细菌能够承受比较高的温度，在较高的温度下仍保持较高的活性，因此嗜热细菌的应用成为生物湿法冶金的一个热门研究方向。

B 培养基组成

为了细菌快速生长繁殖，必须提供足够的磷和氮。对于某些不含硫或硫含量不足的矿石，还需加入适量的含硫和铁的矿料。

C 温度

各种硫杆菌均有其最适合生长的温度范围。氧化亚铁硫杆菌最适合生长的温度为25～30℃。

D 浸出液的 pH 值

各种硫杆菌都有其最适合的 pH 值范围，氧化亚铁硫杆菌最适合的 pH 值为1～3。pH 值不仅影响细菌的生长繁殖及活性，而且 pH 值过高时，Fe^{2+} 及 Fe^{3+} 会以不同形式沉淀。沉淀附着在矿石表面，也将妨碍细菌与矿石接触，故控制溶液 $pH<2$。

E 介质的氧化还原电位

为了保持细菌活性和有效浸出矿石，氧化还原电位控制在300～700mV 为宜，一般控制在340～680mV 之间。

F O_2 和 CO_2 的供给

一般控制充气速度为0.05～0.1m^3/min。除保证供氧外，随空气带入的 CO_2 一般也能满足细菌对碳的需求。

G 阳、阴离子的浓度

某些离子特别是重金属离子对细菌有毒害作用，其浓度须加以限制。

3.4 氧化锌矿的湿法处理工艺

3.4.1 概述

氧化锌矿难于选矿富集。对于低品位的铅锌氧化矿，一般采用火法富集再湿法处理。对于高品位的铅锌氧化矿或氧化锌精矿，采用直接酸浸的湿法炼锌流程。氧化锌矿多为高硅矿，主要成分为（%）：Zn20～40、Pb1～4、Fe 4～10、SiO_2 10～30、CaO1～8、MgO 0.5～3，其中锌的主要矿物是菱锌矿、硅锌矿及异极矿；脉石成分主要是方解石、菱镁矿、褐铁矿。氧化锌矿的特点是，难选、硅高、难于富集。有些锌矿品位很高，锌含量可达20%～30%。氧化锌矿常与硫化锌矿伴生，但也有大型的单独氧化矿矿床，如澳大利亚的巴尔塔纳（Beltana）矿、伊朗的安格拉（Angouan）矿、泰国的巴达恩（Padaeng）矿等都是世界上大型的氧化锌矿。

过去硅酸锌矿用湿法处理，常因酸浸时产生大量的硅胶给澄清、过滤造成困难，故一般采用火法冶炼处理。方法是将矿石用铅锌密闭鼓风炉熔炼或用威尔兹法烟化炉还原挥发，使锌与硅及其他脉石分离，得到含锌品位较高的氧化锌烟尘，再进入火法或湿法炼锌系统提取金属锌。

这些方法就技术而言，是成熟的，不存在问题，在生产应用上主要是考虑经济问题，特别是在能源价格上涨和环保要求日益严格的情况下，氧化锌矿用火法冶炼日渐衰落，人们又将氧化矿冶炼的希望转向湿法。

湿法处理氧化锌矿的最大难点是浸出时生成难以过滤的胶质 SiO_2。几十年来人们围绕着为获得易于过滤的矿浆，做了大量的工作，经过长期的研究、不懈的努力，在解决矿浆中硅的危害方面已经取得了突破，已有一些处理硅酸锌矿的酸浸技术用于工业生产。

3.4.2 硅酸锌和异极矿酸浸过程中二氧化硅的行为和对策

硅酸锌和异极矿均易被稀硫酸溶解，在锌溶解的同时 SiO_2 也进入溶液，反应为：

$$Zn_2SiO_4+2H_2SO_4 \longrightarrow 2ZnSO_4+Si(OH)_4 \quad (\text{或 } H_4SiO_4)$$

$$Zn_4Si_2O_7(OH)_2+4H_2SO_4 \longrightarrow 4ZnSO_4+2H_4SiO_4+H_2O$$

进入溶液的硅酸很不稳定，分子间将发生聚合作用形成多聚硅酸，由硅酸聚合成硅溶胶，硅溶胶再经胶凝形成水凝胶。其聚合过程首先是由单分子硅酸聚合成双分子聚合物、三分子聚合物，最后形成多分子聚合物而变为稳定的胶体溶液。如果溶液中 SiO_2 浓度足够大，在放置过程中就会自动地进入胶凝过程而成为水凝胶。水凝胶中溶液含量通常在95%以上，呈半固体状态失去流动性，使液固分离完全陷于停顿。

硅酸是带电的，通常认为原硅酸的等电点在 pH=2 附近，pH 值大于等电点时，原硅酸可按下式离解：

$$H_4SiO_4 \rightleftharpoons H_3SiO_4^-+H^+$$

而在 pH 值小于等电点时，H_4SiO_4 可与溶液中的 H^+ 结合：

$$H_4SiO_4H^+ \longrightarrow H_5SiO_4^+$$

（1）影响硅溶胶胶凝作用的因素。

1）浓度。

在一定温度和 pH 值条件下，硅溶胶中 SiO_2 浓度大则胶凝快，浓度小则胶凝慢，一般认为浓度小于1%时不易胶凝。

2）温度。

温度对胶凝的影响与硅胶溶液的 pH 值有关，在酸性溶液中升高温度胶凝速率增大，在碱性溶液中情况正好相反，升高温度胶凝速率反而减小。

3）电解质。

浸出液中含有大量的电解质，对溶胶的稳定性不利，会使胶凝速率增大。

4）pH 值。

pH 值对硅溶胶的胶凝速率影响最大，当溶液接近中性时，胶凝速率最大；在酸性或碱性溶液中胶凝速率较小。

在碱性介质中，SiO_2主要以带负电荷的原硅酸根离子形式存在，且二者均荷负电，不易发生凝聚。当溶液中呈酸性时，将生成一部分原硅酸（C），此时溶液中硅酸主要以（B）、（C）两种形式存在，且最易发生聚合反应，故胶凝速率最大；当 pH 值愈来愈低时，原硅酸化的浓度愈来愈小，聚合速率随之变小。因此胶凝曲线上应有最低点。

赫尔（Her）认为，胶凝时间和 pH 值的关系如以胶凝时间为纵坐标，pH 值为横坐标作图，得 N 形曲线，最低点 pH 值为 5. 5，最高点 pH 值等于 2。

戴安帮教授从理论和实验上得到的 N 形曲线如图 3-13 所示。曲线的最低点为 pH=8，最高点为 pH=1. 5。

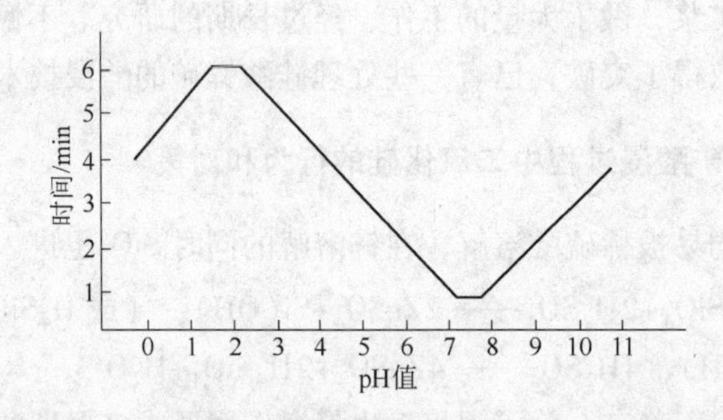

图 3-13　SiO_2的胶凝时间和 pH 值之间的关系（酸化剂：HCl）

由此可见，对硅酸聚合速率影响最大的是 pH 值，而 pH 值的影响表现为：

①在硅酸的等电点 pH=2 附近硅酸最稳定，聚合速率最小；

②当 pH>2 和 pH<1 时硅酸聚合的速率增大，并随 pH 值的升高或降低聚合速率增大，直到生成体积庞大、疏松网状结构的水凝胶。

人们可以依据硅酸的这种特性，设法使其在胶凝之前形成易于过滤的形态，而不聚合成凝胶，给矿浆液固分离创造有利条件。

（2）氧化锌矿浸出时，防止硅酸危害的途径。

1）设法在氧化锌矿浸出时不产生胶质 SiO_2，即使产生也应使其尽量减少到最低限度。

2）氧化锌矿浸出时不控制 SiO_2溶解，但设法控制矿浆中硅酸的聚合作用，使硅酸在胶凝前除去，以改善矿浆液固分离的性能。

帮克希尔法属于第一种途径，即在浸出时设法使 SiO_2不进入溶液。该法的要点是，严格控制参与反应的矿石量、水分及酸量，浸出时采用浓硫酸。将浓硫酸和矿石快速搅和任其反应，直到物料凝结成易碎的固体块。浸出反应速率很大，在短时间里锌即可溶解。浸出渣在常温下熟化 24h 后用水浸出硫酸锌。浸出渣为粒状，过滤性能较好。该法使硅成为不水合的 SiO_2。以硅酸锌浸出为例，如以稀硫酸水溶液浸出，水是过量的，Zn_2SiO_4分解出的 SiO_2生成硅酸胶体，其反应如下：

$$Zn_2SiO_4+2H_2SO_4+\infty H_2O \longrightarrow 2Zn^{2+}+2SO_4^{2-}+\infty H_2O+H_4SiO_4\text{（胶）}$$

若控制加入的水量用浓硫酸浸出，则 Zn_2SiO_4可按下式反应产出易于过滤的 SiO_2残渣。

$$Zn_2SiO_4+2H_2SO_4+12H_2O \longrightarrow 2ZnSO_4 \cdot 6H_2O+H_4SiO_4\text{（胶）}$$

水合硫酸锌与硅酸进一步反应，可使硅酸脱水生成七水硫酸锌和易过滤的 SiO_2。

$$2ZnSO_4 \cdot 6H_2O + H_4SiO_4 \longrightarrow 2ZnSO_4 \cdot 7H_2O + SiO_2$$

上述两反应的总反应式为：

$$2ZnSO_4 + 2H_2SO_4 + 12H_2O \longrightarrow 2ZnSO_4 \cdot 7H_2O + SiO_2$$

此法的要点是：系统内的总水量不应超过反应生成的金属硫酸盐水合物所需的水量，其水量应控制在临界值以内。如水量超过临界值，SiO_2浸出率会突然升高增加几十倍，使浸出过程失败。该法的优点是：操作简单，浸出渣易于过滤。该法的缺点是：铁、锰等浸出率较高，特别是锌电积过程的废电积液无法返回浸出使用，系统中硫酸和溶液无法平衡，难以在常规湿法炼锌中采用。

研究较多的是第二种途径，人们采用不同的方法将矿浆中胶质SiO_2在胶凝前以不同形式除去，以达到矿浆易于液固分离的目的。目前工业上应用的方法都属于这一类，其中有老山法、中和凝聚法、瑞底诺法（Radina）等。三种方法均可使生产稳定、工艺流程畅通。

3.4.3 氧化锌矿酸浸工艺

3.4.3.1 老山（Vieille-Montagne）工艺

老山工艺是比利时老山公司发明的专利，其特点是：将浸出槽串联起来，在严格控制浸出温度为70～90℃的条件下缓慢加酸，逐步提高酸度，经8～10h，SiO_2呈结晶形式，易于沉淀过滤。操作程序是：先将矿料磨细到80μm，加入到硫酸锌中性溶液中，在不断搅拌的情况下，加热至70～90℃，然后缓慢（不少于3h）加入含游离酸100～200g/L的废电解液，使溶液的酸浓度逐步提高，待pH值达到1.5左右、溶液含酸1.5～15g/L时即达到浸出终点。保持70～90℃的温度继续搅拌2～4h，可使已溶解的硅几乎全部呈不溶的晶体硅析出。操作结束时，矿浆中含有硫酸锌溶液、悬浮的晶体SiO_2及残渣。在70～90℃和搅拌情况下，硅酸的聚合速率很大，可使溶液中胶质SiO_2的浓度较浸出达到终点时溶液中要求的硅含量还低，SiO_2浓度从0.487～0.762g/L减到搅拌结束时的0.147～0.291g/L，矿浆的过滤性能较好，经浓缩后过滤速度可达125～652kg/($m^2 \cdot h$)干渣。由于矿浆含酸较高（1.5～15g/L H_2SO_4），在送净化前须中和降酸，这一过程可在过滤后亦可在过滤前进行。

泰国利用老山法与比利时合资建成了达府（Tak Zinc Smelter）锌冶炼厂，设计能力为6×10^4t/a电锌，1984年11月投产，1985年达产。该厂的原料硅酸锌氧化矿来自泰国西北部，平均含锌品位为20%～25%，矿石中主要含锌矿物为异极矿60%、菱锌矿30%、水锌矿10%。该厂的主要生产工艺为：矿石由堆场运到矿石车间，磨矿采用球磨机与水力旋流器闭路进行湿磨，粒度要求-80μm，细磨后的矿浆用泵打到浸出车间，浸出用5台浸出槽、3台中和槽连续作业，浸出槽为机械搅拌空气提升，浸出时间为8～12h，采用水平真空带式过滤机过滤。工艺流程见图3-14。

3.4.3.2 中和凝聚法和EZ工艺

我国昆明冶金研究院研制的中和凝聚法与澳大利亚电锌公司创造的顺流连续浸出法（EZ法）工艺相近，均是在氧化矿酸浸后再进一步进行中和凝聚的方法。EZ法进行了规模为5t/d的工业试验之后即告停顿。昆明冶金研究院的中和凝聚法在进行了2t/d扩大试

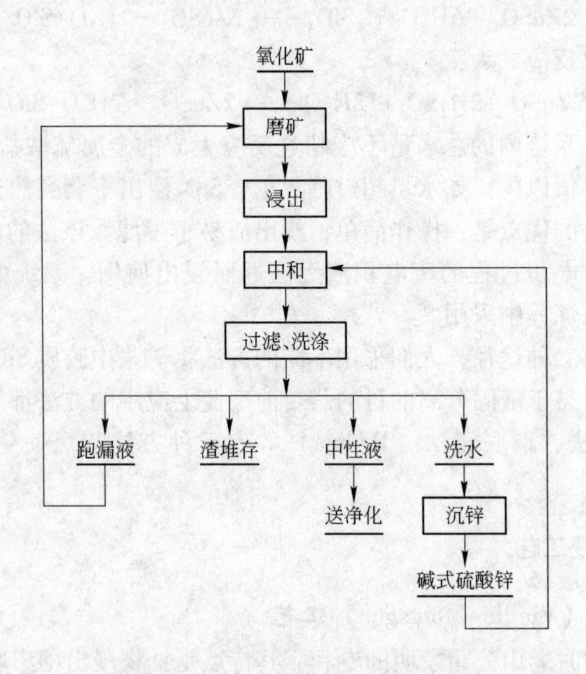

图 3-14　泰国达府锌冶炼厂工艺流程

验后，在国内建设了多座规模为 200～5000 t/a 电锌的小型湿法炼锌厂，处理的氧化矿成分一般含 Zn30% 左右，主要指标详见表 3-12。

表 3-12　中和凝聚法处理高硅氧化锌矿主要指标

企　业		会泽异极矿	华宁冶炼厂	云林锌厂	普洱同心矿	四川会东冶炼厂
规　模		小型及连续试验	500 t/a 电锌	2000 t/a 电锌	小型试验	半工业试验
试验或投产日期		1978	1989	1992	1992	1992
矿石成分/%	Zn	36.58	31.3	29.34	31.98	30.65
	SiO_2	11.84	26.0	8.29～8.35	20.42	29.13
硅酸锌含 Zn 占总 Zn 比例/%		56.63	46.0		87.5	60.0
渣锌含量/%		1.7～2.2	5.0～9.0	7.31～9.9	5.23	7.6～7.7
浸出-絮凝 Zn 回收率/%		94.8	80～85	>80	76	
过滤速度	kg/(m^2·h)干渣	28～34			94.3～97.3	
	m^3/(m^2·h)矿浆		0.6～1.0	0.21～0.24	0.51～0.53	0.37～0.45

中和凝聚法工艺由浸出和硅酸凝聚两段组成。凝聚段主要是处理溶解在矿浆中的 SiO_2，通过中和并加入 Fe^{3+}、Al^{3+} 凝聚剂，使胶质 SiO_2 在高 pH 值、高 Zn^{2+} 浓度和足够的反

离子 Fe^{3+}、Al^{3+}凝聚剂存在的条件下聚合成颗粒相对紧密、易于过滤的沉淀物。

实践表明，高硅氧化矿的酸浸矿浆经中和凝聚作用后，溶液中的硅酸是以游离态的蛋白石（$SiO_2 \cdot nH_2O$）、硅灰石（$Ca_3SiO_2 \cdot O_7$）及少量β-石英形式沉降析出，硅酸凝聚颗粒的粒度也显著增大。中和凝聚渣经显微镜和X射线衍射仪检验表明，蛋白石的粒度为0.05～0.1mm，β-石英粒度为0.04～0.12mm，含水的硅灰石粒度为0.0145～0.03mm。

浸出-中和凝聚法是运用矿石浸出后立即进入中和凝聚过程，从而使胶质 SiO_2凝聚成易于过滤的沉淀物。中和凝聚法的工艺流程见图3-15。

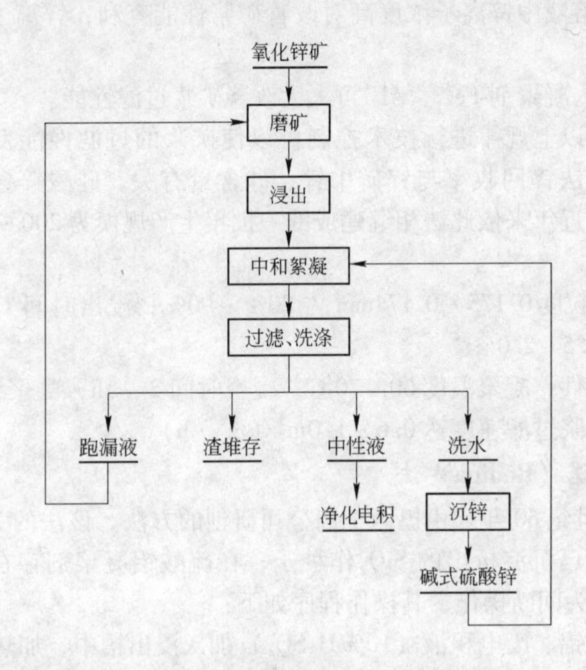

图3-15 中和凝聚法工艺流程

中和凝聚法的操作步骤与老山法相近，但二者沉硅的原理不同，操作技术条件也不同。

（1）浸出段技术条件。

浸出过程中影响浸出率的因素主要有：矿石粒度、温度、时间及浸出终点pH值等。

1）矿石粒度。一般说矿石粒度细有利于浸出，但粒度过细对矿浆液固分离不利。实践表明，矿石粒度为0.147mm占90%以上是较适宜的。

2）温度。浸出温度为常温，采用温度为30～35℃的废电积液，经浸出反应后矿浆温度可自然升高到40～45℃，可满足液固分离的温度要求，过程中不需外加热量。

3）时间。增加反应时间对浸出是有利的，2～3h可得到满意的浸出率。

4）pH值。浸出终点pH值低时对浸出有利，但过低时必将增加中和段的中和剂（矿粉或石灰乳），对经济技术指标不利。一般认为终点pH值为1.8～2是适当的。

（2）中和凝聚段技术条件。

影响胶质 SiO_2凝聚的因素有：pH值、温度、停留时间、溶液的离子强度及浸出液中凝聚剂的浓度等。

1）温度。温度与中和剂性质有关，被认为是中和剂反应性的函数，中和剂反应性高，中和凝聚的温度可相应低一些。采用石灰做中和剂的最佳凝聚温度为60～70℃，在此温度下矿浆过滤最快。

2）时间。时间过长对矿浆过滤性能益处不大，凝聚时间以2h左右为宜。如时间过长，过滤速度甚至有下降的趋势，可能是已凝聚的SiO_2又解凝的缘故。

3）pH值。pH值对硅酸的凝聚影响较大，不加中和剂矿浆无法过滤，中和到pH值为4～5以后，硅酸凝聚作用明显增强，随着pH值升高，过滤速度加快。

4）离子强度。溶液中锌离子浓度高对改善矿浆性能有利，锌离子浓度低对矿浆过滤速度不利。

5）凝聚剂。加入凝聚剂Fe^{3+}、Al^{3+}可大大改善矿浆过滤性能。

实践表明，遵循以上规律进行技术控制可以使矿浆的过滤性能良好，锌的浸出率达90%左右。中和凝聚法锌回收率与锌矿中锌、硅含量有关。硅酸锌含锌占总锌的比例愈低，锌回收率愈高。近年来依此法相继建成的一批年生产规模为200～5000t/a的湿法炼锌厂技术条件如下：

酸浸条件：矿石粒度0.175～0.174mm占80%～90%；浸出时间1.5～3h；液固比4～4.5；浸出终点pH=1.5～2.0。

中和凝聚技术条件：凝聚温度60～70℃；凝聚时间2～3h；凝聚终点pH=5.2～5.4；运用以上技术条件矿浆过滤速度达0.6～1.0$m^3/(m^2 \cdot h)$。

3.4.3.3 瑞底诺（Radina）法

瑞底诺法是20世纪60年代由巴西工商公司研创的方法。该法的关键在于浸出过程中胶质SiO_2浓度低，用已沉淀析出的SiO_2作种子，在硫酸铝凝聚剂存在的情况下，使胶质SiO_2沉淀下来。该法为间断操作，其操作程序如下：

第一步，将硫酸铝、废电积液（10% H_2SO_4）加入浸出槽中，加热到90℃左右。

第二步，用过量的氧化锌矿石进行中和，pH=4左右。

第三步，新加入一批废电积液，其量与第一批相同，再浸出0.5h。

第四步，再用氧化锌矿中和槽中的废电积液，至少要加三次废电积液及相应量的矿石使浸出槽装满。之后，每加一次新电积液之前，先抽出相当量的已中和浸出好的矿浆送去过滤，因此浸出槽只有三分之一或小于三分之一的体积是有效的，因而也被称为“三分之一”法。这种方法的操作程序比较繁杂，设备也庞大，但浸出槽三分之二体积内的矿浆中常存在预先沉淀的SiO_2，它起着种子的作用，保持浸出矿浆液固分离的顺利进行。瑞底诺法SiO_2凝聚是缓慢的而不是快速的，故可以得到很好的浸出结果。

巴西工商公司于1995年应用瑞底诺法在巴西建成一座硅酸锌矿直接浸出的湿法炼锌厂（伊塔瓜尔电锌厂），设计能力为日产电锌8t，以后逐步扩大生产能力，1967年达到80～100t/d。生产工艺流程见图3-16。

该炼锌厂处理的是巴西米纳斯·吉拉斯州英加矿山的硅酸锌矿。进厂的硅酸锌矿、软锰矿、铝土矿经破碎、粗碎后，分别送到矿仓储存，然后用球磨机细磨。细磨后的铝土矿与硫酸反应制备成硫酸铝。磨细后的氧化锌矿送入浸出槽进行浸出，同时加软锰矿氧化剂和硫酸铝，使硅酸凝聚以利于浸出液过滤。

在浸出过程中用蛇形管和蒸汽加热使温度达到90℃左右。浸出采用间断操作，浸出槽

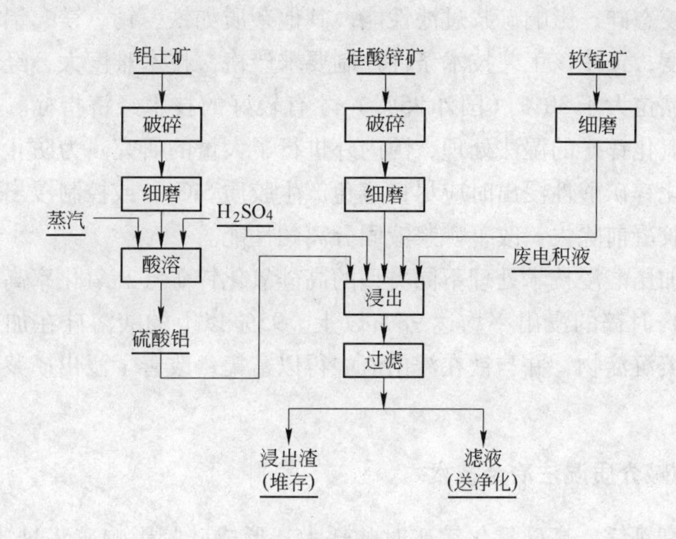

图3-16 伊塔瓜尔电锌厂生产工艺流程

容积为 $110m^3$/个。

技术经济指标为：始酸 10% H_2SO_4；终酸 pH = 4；浸出温度 90℃；氧化锌矿锌含量 35%；锌总回收率 92%。

老山法、中和凝聚法（EZ 法）、瑞底诺法三种方法的共同之处在于均采用稀硫酸溶液（或废电积液）直接浸出高硅氧化锌矿，使锌和硅分别以 $ZnSO_4$ 和 H_2SiO_4 形态进入溶液。所不同的是在解决矿浆的过滤问题上方法各异：老山法与瑞底诺法都是在浸出过程中使二氧化硅形成结晶沉淀，EZ 工艺则分为浸出和硅酸凝聚两阶段，SiO_2 在中和絮凝段聚合成颗粒紧密、易于过滤的沉淀物。

我国科技工作者对高硅氧化锌矿的硫酸浸出也进行了大量研究。本书作者开展了高硅氧化锌矿高压酸转化研究，在高温硫酸体系中锌的浸出率达 98% 以上，酸溶硅的溶解率低于 5%，浸出矿浆具有优良的过滤性能。对于灰岩型、砂岩型等高硅氧化锌矿，北京矿冶研究总院提出了低温直接酸浸-高温中和絮凝法，并取得了较好的技术指标。李军旗等人进行了酸浸后中和絮凝脱硅的试验研究工作。杨大锦等人开展了低品位氧化锌矿的堆浸实验，最终获得的锌堆浸浸出率大于 93%。株洲冶炼厂采用高温浸出-石灰乳中和结晶法也取得了较为满意的结果，用结晶法处理 34.95% Zn，硅酸锌中的锌占总锌 24.45% 的氧化锌矿，锌的直收率平均达 89.69%，矿浆过滤速度为 $0.4m^3/(m^2 \cdot h)$。此外，舒毓璋等人发明了一种硫化锌精矿焙砂与氧化锌矿联合浸出工艺，此方法为含高铁、硅的硫化锌矿与氧化锌矿的联合浸出方法，该方法生产成本低，硫酸耗量少，焙砂高温高酸浸出液不需设置专门的脱铁、脱硅工序，不消耗中和剂，浸出液可循环使用，锌的浸出率高。

3.4.3.4 高硅氧化锌矿加压酸浸工艺

氧化锌矿的自身特点（难选、高硅、高铁）决定了选冶技术难度。虽然原矿直接搅拌酸浸-净化-电积工艺已在生产中得到应用，但在酸性浸出氧化锌矿时，矿石中的可溶性硅被大量溶出，生成胶态硅，影响矿浆过滤性能，其他杂质如铁、钙、镁、铝等的浸出也加大了浸出液净化难度，致使该工艺技术条件控制要求严格，技术难度大，经济效益受矿石含锌品位制约，锌品位大于30%（国外25%）才有较好的技术经济指标。因此，对氧化锌矿特别是低品位氧化锌矿的湿法处理，国内外进行了大量的研究。为防止酸性浸出过程中硅酸的危害，氧化锌矿酸性浸出时应尽量避免产生胶质 SiO_2，或控制浸出液中硅酸的聚合作用，使硅酸在胶凝前除去，改善矿浆液固分离的性能。

本书作者采用加压酸浸技术处理不同类型的高硅氧化锌矿（高氧化率高硅氧化锌矿和高硅硫氧混合锌矿）时锌的浸出率均达98%以上。95%以上的酸溶硅在加压酸性体系中转化为易过滤的石英沉淀物，并与铁在浸出渣中得以富集，改善了浸出矿浆过滤性能，简化了工艺流程。

3.4.4　氧化锌矿的碱介质湿法冶金技术

针对硫酸浸出高钙镁、高硅氧化锌矿时酸耗大、形成硅胶影响矿浆过滤性能等问题，近年来国内外开展了碱性体系中氧化锌矿的浸出研究。碱性浸出可以使氧化锌矿石中的铁、硅、钙、镁等杂质成分不进入溶液，避免了酸性浸出带来的脱硅困难、渣量大、渣锌含量高等缺点。目前，研究较为广泛的碱性浸出体系主要有两类：氨体系浸出法和碱液浸出法。

3.4.4.1　氧化锌矿的氨浸技术

氨浸法以氨或氨加铵盐作浸出剂，在氯铵体系（$NH_3-NH_4Cl-H_2O$）、碳铵体系（$NH_3-(NH_4)_2CO_3-H_2O$）、硫铵体系（$NH_3-(NH_4)_2SO_4-H_2O$）和氨水体系（NH_3-H_2O）等体系中进行的氧化锌矿的浸出过程，其中碳铵体系处理氧化锌矿时主要反应如下：

$$ZnO+(NH_4)_2CO_3 = Zn(NH_3)_2CO_3+H_2O$$

$$ZnSO_4+(NH_4)_2CO_3+4NH_3 \longrightarrow Zn(NH_4)_2CO_3+H_2SO_4$$

用氨浸法处理菱锌矿（$ZnCO_3$）含量高的氧化锌矿，锌与氨水生成锌氨配离子进入溶液，然后送去电积，锌转变为电积锌，而其中的硅则留在溶液中。

总体来说，氨浸法具有生产工艺简单、流程短、溶剂可循环利用、原料适应性强等优点。但该法生产的氧化锌比间接法生产的氧化锌质量略差，操作过程氨挥发严重，同时对一些复杂的硅酸锌矿，如异极矿难以处理。

3.4.4.2　氧化锌矿的碱液浸出

氧化锌矿中锌的存在形态有 ZnO、$ZnCO_3$、Zn_2SiO_4 和 $Zn_4Si_2O_7(OH)_2 \cdot H_2O$，它们能够与 OH^- 反应，生成羟合锌配合离子进入溶液。反应式如下：

$$2NaOH + ZnO = Na_2ZnO_2 + H_2O$$

$$ZnCO_3 + 4NaOH = Na_2CO_3 + Na_2Zn(OH)_4$$

$$Zn_2SiO_4 + 6NaOH + H_2O = 2Na_2Zn(OH)_4 + Na_2SiO_3$$

$$Zn_4Si_2O_7(OH)_2 \cdot H_2O + 12NaOH = 4Na_2Zn(OH)_4 + 2Na_2SiO_3$$

用氢氧化钠做浸出剂处理氧化锌矿时，其中的锌和硅分别以锌酸钠和硅酸钠的形式存在于溶液中，该过程不形成产生硅胶的硅酸，从而改善了矿浆过滤性能。

4 锌浸出渣的处理

4.1 锌浸出渣的还原挥发

4.1.1 概述

在湿法炼锌生产中，所得到的中性浸出渣除含有锌外，还有其他有价金属如铅、铜及贵金属金、银等。为此必须从锌浸出渣中回收锌及有价金属。几种锌浸出渣的成分如表4-1所示。

表4-1 几种锌浸出渣的成分 (%)

种类 \ 元素	Zn	Pb	Cu	Fe	CaO+MgO	SiO_2	S	Au+Ag	Al_2O_3
1	28.10	5.4	1.12	26.00	6.7	8.00	5.70	微量	5.7
2	23.47	4.82	1.28	29.30	1.96	11.67	5.14	微量	2.11
3	18.67	11.76	1.29	23.00	3.19	11.88	5.99	0.025	4.58
4	16.90	12.10	0.80	19.10	5.40	12.40	5.10	0.029	4.70

在常规湿法炼锌过程中，一般都采用高温还原挥发的方法来处理锌浸出渣，并回收主要金属锌及铅，同时回收锗、铟、银、金等有价金属。锌浸出渣火法处理方法很多，根据渣的成分及冶金具体情况选择不同方法，下面介绍几种常用的方法。

4.1.1.1 鼓风炉熔炼和烟化炉熔炼

当锌滤渣中含有足够的贵金属或铅含量较高时，将干燥后的滤渣制成团矿与含铅烧结块（按一定比例）一起加入到铅鼓风炉内进行熔炼。熔炼区的最高温度为1400～1500℃，每$1m^2$炉子横断面需鼓入30～$40m^3/min$的空气。熔炼的结果是铅、铜及贵金属都进入到粗铅内，有利于下一步提取。锌少部分挥发以氧化锌形式进入烟气收尘系统，大部分的锌进入熔炼渣中，再用烟化法从渣中回收；也可直接将锌滤渣熔化加入烟化炉内吹炼。

用烟化炉吹炼时，所产烟尘含锌达60%～62%，含铅10%～12%，可进行湿法处理，使锌溶解进入稀硫酸溶液中，后经净化、电积得到电锌。铅以硫酸铅形式集中在浸出渣中，送铅系统回收铅。

4.1.1.2 硫酸化焙烧法

国外有的工厂采用硫酸化焙烧处理锌浸出渣，回收铜、镉、银。此法是将浸出渣和黄铁矿混合进行低温硫酸化沸腾焙烧，使浸出渣中的锌、铜、镉转化成可溶性硫酸盐，然后用稀硫酸浸出回收。

硫酸化焙烧浸出的主要技术经济指标如下：

炉料混合质量比：m(黄铁矿)：m(浸出渣)＝0.515：0.485；

混合料品位（%）：锌9.89，铜0.89，镉0.11，铁36.8，硫25.09；

硫酸化率（%）：锌86.5，铜86.8，镉89.7，铁1.05，银>80；

焙烧温度：670℃；

烟气含SO_2浓度：5.2%（可用以制造硫酸）；

最终浸出渣成分（%）：锌2.5，铜0.27，镉0.02，铁47.5，硫2.81。

4.1.1.3 氯化硫酸化焙烧

将干燥之后的浸出渣，加入黄铁矿及少量食盐，进行混合，在熔炼炉内进行氯化和硫酸焙烧，使铜、锌、镉和金、银变为可溶状物质，然后用稀硫酸浸出。炉料中剩余的砷、锑、锡在氯化焙烧后，在还原气氛中进行氯化挥发。当浸出渣中含As、Sb较高时，采用此法比较合适，此法铜和锌的金属回收率可达95%左右。

4.1.1.4 旋涡炉熔炼法

锌浸出渣经过干燥脱水至5%～8%以后，配入适量的粉煤或焦粉，使焦比在35%～45%，送往旋涡炉内进行熔炼。旋涡炉的直径一般为1.2～1.7m，熔炼区的温度控制在1400～1450℃。炉内所需要的空气，经过预热达到400～450℃以后，沿切线方向鼓入炉内并使它在进口时就成旋涡状态。风速为120～160m/s，风量为8000～10000m^3/min。

炉内产物有烟气、冰铜和炉渣。

锌、铅挥发并进入烟气系统中，经冷却后在布袋收尘器内回收得氧化锌烟尘，其成分如下：

Zn 58%～63%，Pb 10%～12%，Cu 0.2%～0.5%，（As+Sb）0.1%～0.4%，F 0.1%～0.2%，Cl 0.01%～0.05%

所产熔体在旋涡炉底部的反射炉内进行熔炼，并加入8%～15%的黄铁矿（FeS_2）以造冰铜。熔融体在反射炉内分离产出炉渣和冰铜，铜及贵金属富集在冰铜内，冰铜内含铜5%～8%，含贵金属（主要是Ag）0.5%左右。炉渣含锌1.5%～2%，含铅0.3%～0.4%。此法铅和锌的回收率可达95%以上。

4.1.1.5 回转窑处理法

此法为广泛采用的方法，即往干燥后的浸出渣中配入40%～50%的焦粉，加入到回转窑内处理，窑内炉气温度一般控制在1100～1300℃，回转窑挥发过程中，被处理的物料与还原剂混合，有时还加入少量的石灰促进硫化锌的分解和调节窑渣成分，浸出渣中的金属氧化物（ZnO、PbO、CdO等）与焦粉接触，被还原出的金属蒸气，进入气相，在气相中又被氧化成氧化物。炉气经冷却后导入收尘系统，使铅、锌氧化物收集，有的工厂为了利用余热，炉气先经废热锅炉后再导入收尘系统。

4.1.2 回转窑处理锌浸出渣的基本原理

4.1.2.1 锌浸出渣的干燥

锌浸出渣经过过滤后，仍然含水较高（40%～45%），不能直接加入回转窑处理。用回转窑处理时，浸出渣中含水过高，一方面会导致配料不均匀，炉料在炉内反应不完全，金属回收率低；另一方面造成炉气量增加，并使炉气的露点降低，影响收尘。为此，首先必须进行干燥。

一般浸出渣的干燥是在回转式圆筒干燥窑内进行，窑长12～15m，内径1.2～2.2m。浸出渣干燥窑的结构、干燥过程的燃料燃烧以及操作过程均与锌精矿干燥相似。浸出干燥的内衬可以用耐火砖，也有不用耐火砖的。

当窑内衬耐火砖时，窑头的温度可控制在1000～1100℃，窑尾温度为300～350℃，窑尾负压40～50Pa，干燥脱水强度可达50～70kg/(m^3·h)，但是由于干燥维持的温度较高，会经常发生滤渣熔结现象，为此，应定期将炉窑结渣清除，严重时应停窑处理。

当窑内不衬耐火砖时，常在窑内挂许多铁链条，将窑内湿物料松散在窑内的空间，以提高干燥效率。窑头温度一般控制在800～900℃，窑尾温度在250～300℃，窑尾负压为30～40Pa，干燥脱水强度可达45～65kg/(m^3·h)。

4.1.2.2 回转窑处理浸出渣过程简述

回转窑可以处理含有氧化物形式和部分硫化物及硫酸盐形式的铅、锌物料，主要是提取其中的锌和铅。

回转窑处理浸出渣时，经干燥后的浸出渣与焦粉或无烟粉煤混合均匀，加入到具有一定倾斜度的回转窑内。窑体由电动机带动以一定速度转动时，炉料翻滚，并从一端向另一端流动。燃料产生的高温炉气与炉料流动的方向相反，炉料中的金属氧化物与还原剂产生良好的接触而被还原。炉内的炉气最高温度可达1100～1300℃，炉窑有许多温度带，各个温度带的温度不一样。

（1）挥发过程分三步进行：

1）炉料中含锌铅等盐类分解成氧化物，并且使氧化物还原成为金属蒸气进入气相中。

2）气相中的金属蒸气与窑内炉气中的氧结合，生成氧化物（ZnO、PbO等）。

3）金属氧化物随烟气一道进入烟气冷却和收尘系统而被回收。

在回转窑处理过程中，炉料中的铅不管是以氧化物形式还是以硫化物形式都能显著挥发，并比锌的挥发率高。

（2）决定氧化物还原速率的因素。

1）气相还原剂一氧化碳（CO）。在反应带产出的速率及产出物（二氧化碳CO_2）和锌蒸气的排出速度越大，氧化物的还原速率就越大，所以要求炉料在窑内翻动良好。

2）还原过程的温度。温度越高，还原速率就越大。

3）炉料的粒度。炉料的粒度过小，虽然暴露的表面积大，但是透气性不良，故不但要求炉料与气体的接触表面积大，而且要求炉料的透气性良好，所以要求炉料的粒度适当。

4）还原剂的气体分压。在炉内还原剂（CO）的分压增大，对炉料表面的吸附能力加强，进行强制鼓风，可以使料中的焦粉迅速燃烧成一氧化碳，从而增大还原剂的分压，加速还原过程。

4.1.2.3 各组分在回转窑处理过程中的行为

锌在浸出渣中以铁酸锌（$ZnO·Fe_2O_3$）、硫化锌（ZnS）、硫酸锌（$ZnSO_4$）、氧化锌

(ZnO) 及硅酸锌 ($ZnO \cdot SiO_2$) 等形式存在。铅主要以硫酸铅及硫化铅形式存在。

A　铁酸锌 ($ZnO \cdot Fe_2O_3$)

由于锌精矿中含有较多的铁，沸腾焙烧时生成铁酸锌。在常规浸出条件下铁酸锌几乎不溶解而残留于渣中，铁酸锌中的锌约占渣含锌总量的 50% ~60%，它在窑内发生如下反应：

$$3(ZnO \cdot Fe_2O_3)+C = 2Fe_3O_4+3ZnO+CO$$

$$ZnO \cdot Fe_2O_3+2CO = ZnO+2FeO+2CO_2$$

$$ZnO+CO = Zn(g)+CO_2$$

当窑内温度在 1000℃以上时，上述反应进行得很快，且有部分氧化铁还原为金属铁，促进氧化锌的还原。

$$ZnO+Fe = Zn(g)+FeO$$

$$ZnO \cdot Fe_2O_3+2Fe = Zn(g)+4FeO$$

B　硫化锌 (ZnS)

硫化锌在沸腾焙烧中未被氧化，且不溶于稀酸而残留在浸出渣中，硫化锌在渣中约占渣中含锌总量的 25% ~30%，它在窑内的主要反应是与强制送入的空气接触，而被氧化，再还原挥发。此外，也与窑内还原产出的金属铁及浸出渣中的氧化钙作用产生锌蒸气。

$$ZnS+\frac{3}{2}O_2 = ZnO+SO_2$$

$$ZnS+Fe = Zn(g)+FeS$$

$$ZnS+CaO+C = Zn(g)+CaS+CO$$

但是上述三个反应是固相与固相的反应，需温度较高，而 ZnS 较难挥发。所以当炉料中含 ZnS 高时，需要强制鼓风才能达到较好的回收效果。

C　硫酸锌 ($ZnSO_4$)

硫酸锌是被溶解的物质，在过滤时未被洗净而进入渣中，在窑内预热带，窑温在 900℃左右并呈氧化性气氛时，硫酸锌按下式进行激烈分解。

$$ZnSO_4 = ZnO+SO_2+\frac{1}{2}O_2$$

$$ZnSO_4+C = ZnO+SO_2+CO$$

$$ZnSO_4+CO = ZnO+SO_2+CO_2$$

分解产物 ZnO 进入高温带而被还原，但是如果搅拌不好，焦率过高，预热带呈现还原气氛时，$ZnSO_4$ 被还原成 ZnS，其反应为

$$ZnSO_4+2C = ZnS+2CO_2$$

$$ZnSO_4+4CO = ZnS+4CO_2$$

D　氧化锌 (ZnO)

以游离状态存在于锌浸出渣中的氧化锌数量很少，其主要来源是氧化锌在浸出期间来不及溶于稀酸而残留于渣中，它在窑内被还原。

$$ZnO+C = Zn(g)+CO$$

$$2ZnO+C = 2Zn(g)+CO_2$$

E 硅酸锌（$ZnO \cdot SiO_2$）

沸腾焙烧过程中形成的硅酸锌能溶解于硫酸溶液中，只有少量形成胶体物质而残留在浸出渣中，温度在1100～1200℃时被还原，其反应如下：

$$ZnO \cdot SiO_2 + C = Zn(g) + SiO_2 + CO$$

$$ZnO \cdot SiO_2 + CO = Zn(g) + SiO_2 + CO_2$$

当物料中含CaO时可加速$ZnO \cdot SiO_2$的还原。

$$ZnO \cdot SiO_2 + CaO = ZnO + CaO \cdot SiO_2$$

F 硫酸铅（$PbSO_4$）

铅在浸出渣中大部分以$PbSO_4$形式存在，但也有少量的硫化铅、氧化铅、硅酸铅。硫酸铅在窑内被还原成硫化铅，氧化铅被还原成金属铅，硫酸铅、氧化铅和硫化铅也可能进行相互反应而形成金属铅。

$$PbSO_4 + 2C = PbS + 2CO_2$$

$$PbSO_4 + 4CO = PbS + 4CO_2$$

$$PbSO_4 + PbS = 2Pb + 2SO_2$$

$$PbS + 2PbO = 3Pb + SO_2$$

反应所得的金属铅液进入冰铜内或料层的下部，使金属铅难以挥发。硫化铅可与其他金属硫化物形成低熔点锍，PbO与SiO_2形成低熔点硅酸铅。所以当炉料含PbS过高时，产出的金属铅、锍及低熔点硅酸盐，由于渗透能力强，渗入窑衬而侵蚀衬体，使炉料熔化而形成炉结，阻碍锌、铅的挥发，恶化操作。因此在配料时，加入过量的焦粉，以吸收熔体产物。另外采用强制鼓风，延长窑内高温带，提高废气出口温度，也有利于铅的挥发。

浸出渣中的镉、铟、锗易挥发进入氧化锌烟尘中，从而使稀散金属得到富集。浸出渣中的铜以铁酸铜（$CuO \cdot Fe_2O_3$）及硅酸铜（$CuO \cdot SiO_2$）形式存在，贵金属以自由金及硫化银（Ag_2S）形式存在于渣中。在回转窑内，铜、金、银的化合物都难以挥发，残留在窑渣中。当窑渣中含铜、金、银较高时，则须进一步从窑渣中提取铜及贵金属。

4.1.3 回转窑处理锌浸出渣的实践

4.1.3.1 生产工艺流程

某厂经过滤以后的浸出渣，含锌20%左右，含铅5%左右，含水分40%～42%。先在直径为2.2m，长12m的圆筒干燥窑内进行干燥，干燥之后的渣含水12%～16%，再配入45%～50%的焦粉，配料是用圆盘配料机进行。混合通过胶带输送机、斗式提升机运至圆盘给料机的料仓，经溜管均匀地加入到回转窑内。沉降仓内的窑尾灰含锌12%左右，返回窑内处理，烟气经表面淋水的淋洗塔、冷却烟道及布袋收尘净化后排空。工艺流程如图4-1所示。

4.1.3.2 回转窑的结构与性能

一般回转窑的构造如图4-2所示。窑外壳是由16～20mm的锅炉钢板制成的圆筒体，一般与水平线成3°～4°角倾斜支承于托轮上。钢壳外面有领圈、大齿轮，由电动机通过转动装置与大齿轮连接，带动圆筒体以0.5～1.0r/min的速度转动，使炉料在窑内流动并滚动混合。窑的直径一般为2～3.5m，长度30～50m，窑壳直径与长度的比例为1∶(12～15)。

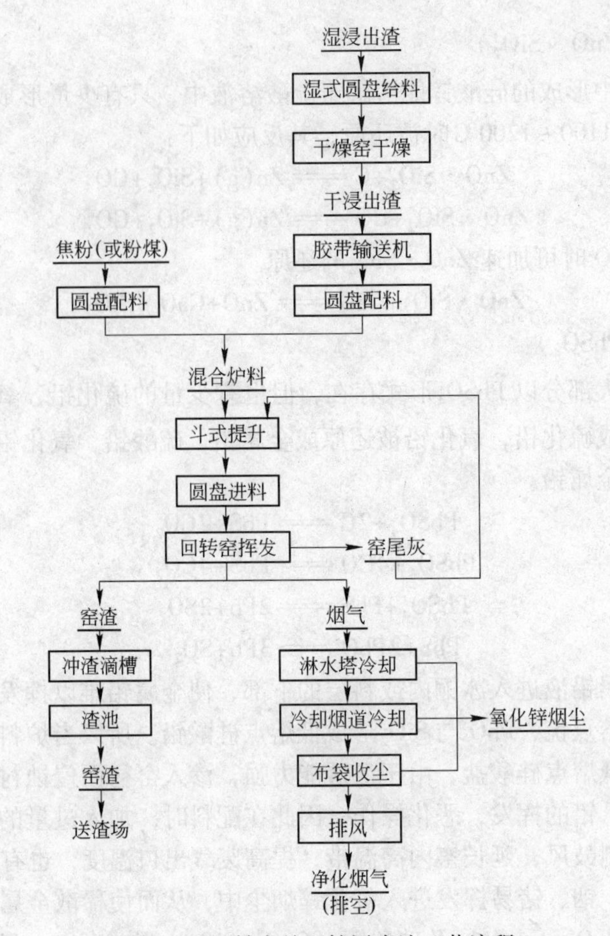

图 4-1　回转窑处理锌浸出渣工艺流程

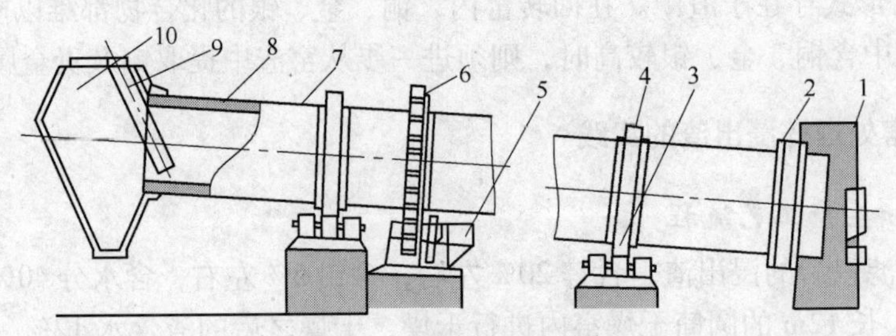

图 4-2　回转窑结构示意图

1—燃烧室；2—密封圈；3—托轮；4—领圈；5—电动机；6—大齿轮；
7—窑身；8—窑内衬；9—下料管；10—沉降室

在窑身内，衬有既耐高温与化学腐蚀作用，又耐机械磨损的耐火材料，通常采用的耐火材料是镁质砖、高铝砖及铝镁砖。

窑头部分设有燃烧室、排料管、密封圈及空气鼓入装置，窑尾部分设有加料管、密封圈、沉降仓。煤气或重油在窑头燃烧室内燃烧，炉料从窑尾加入，炉渣从窑头排出。

4.1.3.3　回转窑的烘烤与开窑

回转窑的内衬是由耐火材料砌成的，新砌或大修后的窑内衬必须进行烤窑，脱去其中的水分，以稳定耐火材料的性能。严格掌握回转窑的烤窑，对延长窑的使用寿命是一个重要环节。某厂直径2.4m，长44m的回转窑升温曲线如图4-3所示。

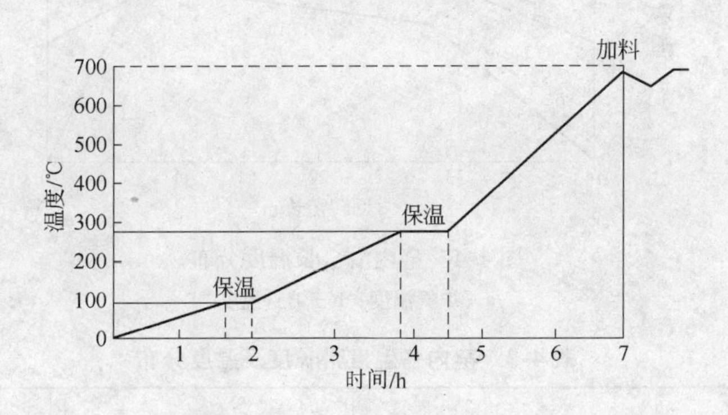

图4-3 回转窑升温曲线

(1) 在点火前必须对所有运转设备及仪表进行详细检查，确认无误后才点火。

(2) 与燃料供应岗位取得密切联系，并打开直升烟道。

(3) 如新砌窑烧窑时，点火温度在100℃以内最好使用木柴烤窑，修窑后烤窑可直接使用煤气或重油。

(4) 温度控制以窑尾温度为标准，上下波动不得超过15℃。

(5) 严格控制升温速度及调节负压，每小时作一次记录，温度在100℃及300℃时各保温8~16h，如为修窑后烤窑，则时间可缩短。

(6) 严格控制窑的转动速度：

1) 温度在200℃以内时，间断转窑，0.51r/h；

2) 温度在200~300℃以内时，间断转窑，1~2r/h；

3) 温度在300℃以上时，连续转窑，0.5r/min。

(7) 当温度升到700℃时开始加料，但是在加料前必须与有关岗位联系好，做好开车准备，加料后1~2h，当物料到达氧化带时立即打开排风机，进行收尘。另外，加料前30min可根据情况适当加入少量焦粉。

(8) 整个烤窑时间为6~7d左右，部分大修理后烤窑，时间可大大缩短，根据修窑情况烤窑1~2d即可。

4.1.3.4 回转窑的正常操作及技术控制

某厂直径2.4m，长44m的回转窑的正常操作及技术控制，主要包括以下几方面。

(1) 温度。

窑内必须保持高温，主要靠焦粉、锌蒸气的燃烧而达到。热量不足时，需要使用煤气、重油或粉煤等辅助燃料。窑内沿窑长各段温度的分布如图4-4所示。

从窑尾算起窑内温度分为四个温度带：干燥带、预热带、反应带、冷却带。其中反应带最长，温度最高。反应带炉料的最高温度可达1100~1200℃，窑尾的温度在700~750℃。窑内各温度带的长度及温度分布列于表4-2。

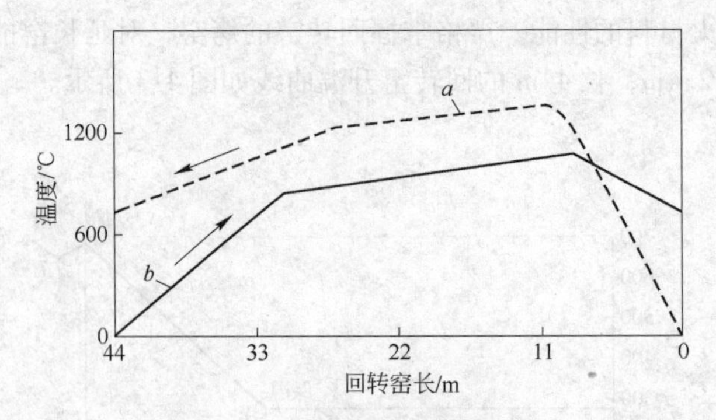

图4-4　窑内沿窑长温度分布

a—炉气温度；b—炉料温度

表4-2　窑内各温度带长度及温度分布

温度带	长度/m	炉料温度/℃	炉气温度/℃
干燥带	0～8	300～700	700～750
预热带	8～12	700～1000	1000～1100
反应带	12～35	1000～1200	1200～1300
冷却带	35～44	700～1000	600～900

炉料的温度愈高，锌、铅氧化物还原的速率愈大，挥发得愈完全。但是炉料的温度过高，一方面受到耐火材料的限制，使窑衬寿命缩短；另一方面也可能产生炉料熔化以致形成炉结，恶化操作过程及降低金属回收率。因此，炉料温度应保持在允许的范围之内，这要根据炉料的熔点及性质而定。

（2）炉料的混合与加料。

回转窑处理浸出渣，必须加入一定量的焦粉或无烟煤粉，以保证产生高温使锌、铅充分还原，并使炉料具有一定的松散性。焦比一般在40%～50%，如焦比过高，使窑尾的温度升高，剩余的焦随渣排出，经济上不合算。若配焦过低，失去炉料的松散性，使炉料的透气性差，并产生黏结，导致炉料反应不彻底，降低金属的回收率。

炉料的混合，一般是在圆盘配料机及螺旋混合机内进行，有时经过圆盘配料机后再到圆筒混合机内进一步混合。焦粉与浸出渣要求混合良好，均匀地加入窑内，否则金属氧化物与还原剂接触不良，窑内温度波动较大，致使窑渣含锌升高，金属损失增加。

炉料在窑内的填充系数，大约占回转窑体积的15%。

（3）窑内的负压控制。

窑内负压是决定强制鼓风的基本条件之一，一般用肉眼观察以窑头料层火焰略后斜，窑尾不冒烟为宜。如负压过大，则进入的冷空气增多，反应带往后移，尾部的温度升高，进料溜子易损坏，甚至使煤气或其他燃料燃烧不完全，部分未氧化的细颗粒被带进烟道，影响氧化锌产品的质量。如负压过小，窑内空气量不足，反应带前移，减弱还原气氛，影响产品质量，残渣锌含量增高。出现负压过小的窑前部分有冒火的危险。因此窑内负压必须适当，以控制在50～80Pa为宜。

（4）焦粉的质量。

所加入的焦粉不仅维持窑内的热平衡，而且也为铅锌的挥发创造良好的还原气氛，并不使炉料过早软化。某厂采用成分相同、粒度不同的焦粉做试验，其影响如表4-3所示。

表4-3 焦粉粒度对生产情况的影响

焦粉粒度	窑内情况
大于20mm的占70%以上时	（1）炉料软化，粒度大，容易形成球状； （2）窑尾温度升高； （3）渣含锌平均达2.56%
大于5mm的占30%以上时	（1）炉料与焦粉产生分层现象； （2）炉料翻动不好，透气性差； （3）渣含锌平均达2.18%
大于15mm的占20%以下，小于5mm的占30%以下，5～15mm的占50%以上时	（1）炉料翻动良好、透气性好； （2）炉料不易软化； （3）渣含锌平均达1.68%

注：焦粉含固定炭77.26%，灰分16.02%，挥发分4%。

由此可见，焦粉粒度对于生产有极大的影响，粒度太粗，使炉料过早软化，窑渣锌含量升高。粒度太细，炉料的透气性不好，翻动不好，窑渣锌含量亦高。矿焦粉粒度要求适中，以5～15mm为最好。

（5）炉料的粒度及水分。

浸出渣的粒度太粗，虽透气性好，但与还原剂的接触表面较小，影响金属氧化物的还原速率。粒度太细，透气性不良，也影响其还原速率。一般浸出渣的粒度在5～15mm为好。

经验证明，炉料的水分控制在12%～16%时为好。水分过高，虽然有利于反应带的延长和稳定，但是窑温难以升高，物料易成球，特别是会使窑尾温度下降，炉气量及炉气中的水分增加，使炉气露点下降，影响收尘效率和布袋寿命。水分太低，虽有利于消除结圈，但强制鼓风时，窑尾灰增多。

（6）强制鼓风。

向窑内强制鼓风，可使窑内反应带延长，并能将炉料吹起，形成良好的翻动，可提高挥发能力，并延长窑使用寿命。

风压是强制鼓风作业的必要条件，如风压不足，不仅炉料翻动不好，而且使反应带缩短，窑内反应不彻底，故风压力求保持在0.18～0.20MPa为好。强制鼓风管可采用大风管和小风管同时使用，大风管直径为75mm，小风管直径约50mm。风管从窑头观察孔插入，斜对料面并距料面以100～150mm为宜。

（7）窑身转速。

窑身的转速，决定于炉料在窑内停留的时间，对于炉料的反应速率及反应的完全程度有很大的影响。转速太快，炉料在窑内停留的时间短，虽然翻动良好，但反应不完全，渣锌含量升高。转速太慢，炉料在窑内停留的时间就长，焦粉能够完全燃烧，但易使炉料发黏，处理量也会减少，正常转速为1～0.7r/min。

4.1.3.5　回转窑的故障及其处理

在操作回转窑的过程中，常见的故障有以下几种：

（1）炉料的熔化及黏结。

回转窑操作中最常遇到的故障是物料在窑内结圈。配料时焦比过低，窑体转动太慢，易使炉料软化。炉料中铅含量过高，形成低熔点化合物多，也使炉料易熔化，致使在温度波动处产生黏结现象，严重时在窑内结圈，使炉料不能向前移动，迫使停窑。窑内结圈有种情况：一是窑结圈，主要是反应带前后窜动频繁以及物料中水分含量波动。二是窑头结圈，主要是焦化过度或焦粉太细，以及局部高温或低温熔点物料过多。结圈物的矿物组成主要是橄榄石、辉石、ZnS和$Fe_{21}O_{23}$等，其组成列于表4-4中。

表4-4　回转窑内结圈物的化学组成　（%）

位置	Zn	Pb	Cu	Fe	S	SiO_2	Ca	Mg
表面层	18.21	0.25	0.58	22.49	13.15	24.72	3.76	2.11
中间层	22.20	0.32	0.68	17.71	17.86	24.60	3.64	1.48
底　层	18.0	0.39	0.88	17.81	15.36	25.90	4.48	2.01

防止和处理窑结圈方法是经常观察窑内情况，及时打掉结圈黏结物，加入适量的石灰，可以起防止熔化和黏结作用。如出现炉料发黏，可增加焦粉量或适当开大窑尾负压，适当调整窑体转速；结圈严重时，可停止加入炉料而改加焦粒，同时提高炉温，这样结圈可逐渐熔化，并被焦屑磨掉和吸附而排出，一般经一昼夜可把结圈清除。

物料在窑内的停留时间一般为2～3h。决定物料在窑内停留的时间是窑转动的速度。转速过快，炉料还原反应进行不完全，窑渣锌含量高；转速过慢，易使炉料发黏，使生产量减少。

（2）炉料与焦粉分层。

炉料与焦粉主要在高温下分层。分层有两种情况：一种是整个窑内温度升高，使炉料过早软化；另一种情况是窑内大部分温度降低，只有局部产生高温，部分物料软化。当物料在窑内翻动时，质量密度小的焦粉在窑内被高温的熔体排挤而浮在料面上，形成炉料与焦粉分层，严重影响金属氧化物的还原。

防止及处理方法：当窑内温度过高而出现分层时，适当提高窑尾负压，吸入部分空气进入窑内，并将风管提高离开料面；也可加快转速排出部分渣。当窑内局部高温产生分层时，可将风管降低对着斜面顶吹，适当减小负压，使窑内温度趋向均匀，也可适当排出部分渣。

当窑内生产恢复正常以后，再按正常操作进行。

（3）窑身窜动。

由于窑内局部高温炉料结成块，使窑身发生振动，各部分受力不均而引起窑身上、下窜动，左、右摆动。为保证窑身正常运转，经常检查各部零件及润滑部分，经常清除结块。同时尽量避免窑体停车，停车时间不宜超过3min。

4.1.3.6 回转窑的产品及能力

挥发窑主要产品为氧化锌，按其产出部位不同可分两种：一种为冷却烟道所收集，称为烟道氧化锌，其量约占48%；另一种为布袋收尘器收集的氧化锌，称为布袋氧化锌，其量约占52%，其成分列于表4-5中。

炉气出窑温度为923～1073K，其成分为1%～5% O_2，0～1% CO，17%～20% CO_2，所得到的窑渣中锌、铅的总含量通常不超过2%～3%，在较好情况下降达1%～0.5%。

各种金属元素的挥发率如表4-6所示。

窑寿命因使用耐火材料不同而波动较大，一般窑寿命为70天，经采用在反应带窑壳外浇水冷却措施，窑的寿命可提高到100天以上。

表4-5 氧化锌成分 (%)

种类＼成分	锌	铅	铟	锗	砷	锑	氟	氯	铁	锌可溶率
烟道氧化锌	45～56	9～11	0.02～0.071	0.001～0.004	<0.5	<0.02	0.07～0.15	0.1～0.2	0.5～1	95.55
布袋氧化锌	66～68	8.5～9.5	0.03～0.08	0.002～0.005	<0.5	<0.02	0.06～0.1	0.06～0.12	0.5～1	97.53

表4-6 各种金属挥发率 (%)

元素	Zn	Pb	In	Ge	Ga	Ta	Cd	As	Sb
挥发率	90～95	85～94	75～80	约31	约14	87	90～95	45～47	25～30

回转窑的生产率根据窑内有效容积（即衬里内的容积）而定，一般窑的日生产率为窑内每1m³有效容积处理1t炉料。窑的生产率另一种计算方法是按窑的挥发能力，即一个昼夜窑内每1m³的有效容积挥发的锌、铅总量（kg）。窑的挥发能力依料中锌、铅比值不同而异，列于表4-7中。

表4-7 炉料中锌、铅比对回转窑挥发能力的影响

炉料中 $w(Zn):w(Pb)$	1:1	1.5:1	2:1	2.5:1	3:1	4:1	10:1	15:1
挥发能力/$kg\cdot(m^3\cdot d)^{-1}$	95	100	105	112	120	125	135	160

4.1.3.7 强化与改善回转窑生产的途径

（1）回转窑处理锌浸出渣过程存在的主要缺点：

1）由于温度高，窑内易形成炉结而腐蚀和磨损内衬，缩短窑寿命，被迫停炉，窑的有效利用率不高。

2）燃料的消耗量大，占锌浸出渣量的40%～50%。

3）耐火材料及焦粉价格昂贵。

（2）目前强化与改善回转窑生产的途径：

1）加强强制鼓风。

在回转窑内使用强制鼓风的操作法，是改善这种技术过程的重要因素之一。进行强制鼓风，不但可以使窑内温度均匀、反应带延长、促使炉料更好地翻动、加速反应过程，而且可最大限度地抑制铅的还原，炉料熔结大大减少。强制鼓风可增大窑10%～25%的挥发能力，并相应地降低了渣中铅、锌的含量，同时可以提高浸出渣中的铟、锗的挥发等。

2）配料时添加石灰。

当炉料中含有氧化钙（CaO）时，可加速铁酸锌、硅酸锌及硫化锌的还原，其反应为：

$$ZnO \cdot Fe_2O_3 + CaO = ZnO + CaO \cdot Fe_2O_3$$

$$ZnO \cdot SiO_2 + CaO = ZnO + CaO \cdot SiO_2$$

$$ZnS + CaO = ZnO + CaS$$

$$ZnS + CO + CaO = Zn(g) + CO_2 + CaS$$

又因为氧化钙的熔点高，配料时加入一定量的氧化钙，可提高炉料的熔点，从而提高反应带的温度，有利于强化生产，降低渣中锌含量。有的工厂在炉料中加入一定量的石灰，得到了良好的效果，同时改善了操作过程。

3）用粉煤作还原剂并加煤矸石。

使用焦粉作还原剂，能够改善炉料的疏松性，能够保证反应带的高温，使反应较为完全。但是焦粉的价格昂贵，同时焦粉的硬度大，对窑内衬的磨损也很严重，使窑的寿命缩短。某厂曾采用粉煤代替焦粉及粉煤加煤矸石代替焦粉作还原剂进行生产，其结果如表4-8所示。

表4-8 焦粉、粉煤加煤矸石作还原剂时的生产结果比较

还原剂种类及成分		耐火材料成分及性能	窑尾温度/℃	窑寿命/d	渣锌含量/%
种类	成分/%				
焦粉（50%）	固定炭：70～75 灰分：16.28 挥发物：4.45	高铝砖 Al_2O_3 71.3%～73.6%； Fe_2O_3 1.3%～1.9%； 耐火度：1790℃	650～750	15	1.7～1.8
粉煤（50%）	固定炭：71.25～83 灰分：13.3～24 挥发物：3.3～4.2	高铝砖 Al_2O_3 71.3%～73.6%； Fe_2O_3 1.3%～1.9%； 耐火度：1790℃	700～800	25	2.5～3
粉煤+煤矸石	粉煤成分：固定炭：71.25～83 灰分：13.3～24 挥发物：3.3～4.2 煤矸石成分：SiO_2：63.3 Fe：1.12，C：13.9～18.5， CaO+MgO：0.96	高铝砖 Al_2O_3 71.3%～73.6%； Fe_2O_3 1.3%～1.9%； 耐火度：1790℃	650～750	31	2～2.5

从表4-8可知，使用焦粉作还原剂时，因为焦粉的透气性好，使炉料反应完全，故渣锌含量最低。使用粉煤作还原剂时，窑寿命明显地提高。但是由于粉煤矿的粒度较细，影响炉料的透气性，反应带的温度降低，造成窑渣锌含量升高。当采用粉煤并加入一定量的煤矸石时，窑寿命大大提高，渣锌含量也比采用粉煤时有所降低。这是因为窑渣中含氧化亚铁（FeO）较高时，在回转窑内形成高铁碱性熔渣。当炉料中二氧化硅低时，过剩的氧化亚铁就与耐火材料中的二氧化硅作用。

$$2FeO+SiO_2 = 2FeO \cdot SiO_2$$

故化学腐蚀特别严重，如果加入一定量的煤矸石，就能补充炉料中二氧化硅的不足，从而减少炉料对内衬的化学腐蚀作用。

采用粉煤作还原剂，并加入一定的煤矸石，窑的寿命可大大提高，同时也可以低价粉煤代替昂贵的焦粉。

4）选用合适的耐火材料。

根据浸出渣的性质，选择适宜的耐火材料，对于延长窑寿命和提高生产率是一种有效的方法。某厂曾使用多种耐火材料作窑内衬进行生产试验，其结果列于表4-9中。

表4-9　一定渣型时不同的耐火材料对窑寿命的影响

编 号	耐火材料名称	耐火材料的性能	浸出渣成分/%	窑寿命/d
1	黏土砖	Al_2O_3：40%～42% SiO_2：50%～55% 耐火度大于1730℃	Zn：20～24，Pb：2.3～3.5， Fe<25，SiO_2：7～12， Al_2O_3：3～5，CaO+MgO：4～5	14
2	高铝砖（二级）	Al_2O_3：71.5%～73% SiO_2：20%～25% 耐火度大于1790℃	Zn：20～24，Pb：2.3～3.5， Fe<25，SiO_2：7～12， Al_2O_3：3～5，CaO+MgO：4～5	34
3	蛇纹石砖	SiO_2：40%～45% MgO：50%～55% 耐火度大于1790℃	Zn：20～24，Pb：2.3～3.5， Fe<25，SiO_2：7～12， Al_2O_3：3～5，CaO+MgO：4～5	30
4	镁铝砖	Al_2O_3：7.3%～8.6% MgO：84.5%～85% 耐火度大于1940℃	Zn：20～24，Pb：2.3～3.5， Fe<25，SiO_2：7～12， Al_2O_3：3～5，CaO+MgO：4～5	38

从生产试验结果可以看出，用黏土砖、高铝砖和蛇纹石砖作窑内衬时，窑期寿命较短，而作镁铝砖时，窑期寿命最长。这是因为浸出渣含碱金属较高，特别是含铁多，在窑内形成的熔渣属碱性渣型，而黏土砖、高铝砖属于偏酸性砖，对碱性渣型的抵抗能力差。镁铝砖属于偏碱性砖，能有效地抗碱性渣的侵蚀，故使用寿命大大延长。蛇纹石砖虽属偏碱性砖，但处理含铁高的浸出渣时，蛇纹石砖中的SiO_2与FeO发生化学作用，因而腐蚀窑内衬。

总之，要根据浸出的成分，选用不同的耐火材料，控制窑渣的硅酸度，对于延长窑寿命有很大好处。控制硅酸度以1~1.5为宜，使用的耐火材料以偏硅性为好。

4.2 热酸浸出与沉铁方法

目前，世界上80%的炼锌厂都采用焙烧-浸出-电积湿法炼锌工艺。该法由于生成的铁酸锌不溶于稀硫酸留在浸出渣中而造成了锌的浸出率低，为提高锌的总回收率，继而开发了热酸浸出。

热酸浸出过程的实质是将锌焙烧矿的中性浸出渣用高温、高酸浸出，目的是将在低酸中尚未溶解的铁酸锌以及少量其他尚未溶解的锌化合物溶解，以进一步提高锌的浸出率。热酸浸出是在原常规浸出法的基础上增加高温、高酸浸出段，使浸出过程成为不同酸度、多段逆流的浸出过程。其特点是浸出的酸度逐段增加，浸出渣量逐段减少。由于铁酸锌及其他化合物溶解，浸出渣数量显著减少，使浸出渣中的铅、银、金等有价金属得到较大的富集，从而有利于这些金属的进一步回收。

4.2.1 铁酸锌浸出的热力学及化学反应

铁酸锌水系（$ZnO \cdot Fe_2O_3$-H_2O 系）有关反应在25℃和100℃的电位 E-pH 图见图4-5。由图4-5可以看出，提高酸度对铁酸锌溶出有利。

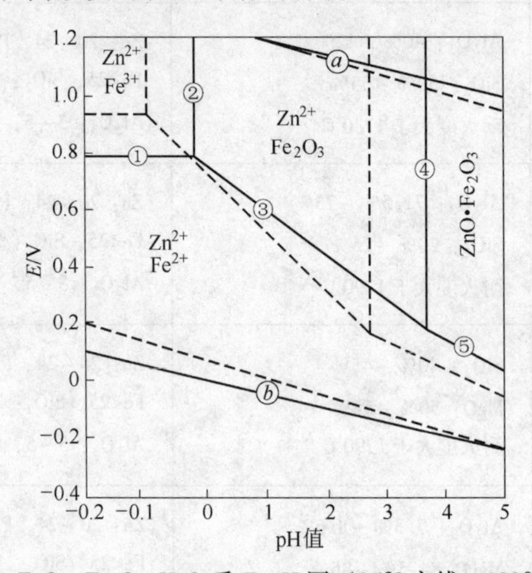

图4-5 $ZnO \cdot Fe_2O_3$-H_2O 系 E-pH 图（25℃实线，100℃虚线）

依据铁酸锌溶解于近沸的硫酸中的性质，生产实践中采用热酸浸出（温度90~95℃，始酸浓度大于150g/L，终酸浓度为40~60g/L），使渣中铁酸锌溶解，其反应式为：

$$ZnO \cdot Fe_2O_3 + 4H_2SO_4 \longrightarrow ZnSO_4 + Fe_2(SO_4)_3 + 4H_2O$$

同时渣中残留的ZnS使 Fe^{3+} 还原成 Fe^{2+} 而溶解：

$$ZnS + Fe_2(SO_4)_3 \longrightarrow ZnSO_4 + 2FeSO_4 + S^0$$

热酸浸出结果，金属回收率显著提高，铅、银富集于渣中，但大量铁也转入溶液，使铁含量达20~40g/L，若采用常规的中和水解除铁，因形成体积庞大的 $Fe(OH)_3$ 溶胶，无法浓缩与过滤。为从高铁溶液中沉出铁，生产上已成功采用了黄钾铁矾[$KFe_3(SO_4)_2(OH)_6$]

法、针铁矿（FeOOH）法和赤铁矿（Fe_2O_3）法等除铁方法。

从高浓度$Fe_2(SO_4)_3$溶液中沉铁，决定于SO_3-Fe_2O_3-H_2O系平衡状态图。

不同形态铁化合物的形成与浓度、温度有关。在温度100℃时，从低浓度Fe^{3+}溶液中析出α-FeOOH（针铁矿）。从高浓度Fe^{3+}溶液中析出$(H_3O)_2Fe_6(SO_4)_4(OH)_2$(草黄铁矾)；当提高温度至150℃时，在低浓度$Fe^{3+}$溶液中析出$Fe_2O_3$（赤铁矿），在高浓度$Fe^{3+}$溶液中草黄铁矾不稳定而分解析出$Fe_2O_3 \cdot 2SO_3 \cdot H_2O$。用$K^+$、$Na^+$、$NH_4^+$取代$H_3O^+$可形成更稳定的黄钾铁矾。提高温度，铁化合物可在酸性介质中稳定，即有利于铁的沉出。

各种沉铁方法基本反应：

（1）黄钾铁钒法：$3Fe_2(SO_4)_3+2A(OH)+10H_2O \longrightarrow 2AFe_3(SO_4)_2(OH)_6+5H_2SO_4$

此处，A为K^+、Na^+、NH_4^+、Ag^+、H_3O^+等。

（2）转化法：

$$3Fe_2(SO_4)_3+A_2SO_4+(14-2x)H_2O \longrightarrow 2A_x(H_3O)_{(1-x)}Fe_3(SO_4)_2(OH)_6+(5+x)H_2SO_4$$

（3）针铁矿法：$2FeSO_4+2ZnO+\frac{1}{2}O_2+H_2O = 2ZnSO_4+Fe_2O_3 \cdot H_2O$

（4）赤铁矿法：$Fe_2(SO_4)_3+3H_2O = Fe_2O_3+3H_2SO_4$

4.2.2 黄钾铁矾法

4.2.2.1 黄钾铁矾法的发展概况

1960～1965年国外几家公司（挪威Det Norske Zink Kompani及澳大利亚Electrolytic Company of Australasia等）通过各自进行的详细研究，发现三价铁离子在较高的温度、常压和添加的碱金属离子或铵离子下可沉淀出分子式为$AFe_3(SO_4)_2(OH)_6$的三价铁化合物，其中A可以是Na^+，K^+和NH_4^+等。分子结构研究指出，这种化合物与黄钾铁矾矿物相当。这种类型化合物呈菱形结晶体，且易于沉降和过滤，这种除铁的方法称为黄钾铁矾法。

该法于1968年在国外开始应用于工业生产，据统计国外目前有20多家工厂采用此法生产，如挪威锌公司电锌厂、澳大利亚里斯顿锌厂、荷兰布德尔锌厂、加拿大提明斯冶炼厂、德国鲁尔电锌厂等。

1983年广西柳州市有色金属冶炼厂率先进行了黄钾铁矾法的工业试验，并于1985年应用于工业生产，获得了良好的工业试验结果和较好的生产技术指标。

20世纪80年代以来，我国采用黄钾铁矾法投产的厂家还有：陕西商洛冶炼厂、西北铅锌冶炼厂、四川会东冶炼厂、云南会泽炼锌厂、贵州铁路锌厂、西昌锌厂、云南昆明锌厂以及广西来宾冶炼厂等。

由于黄钾铁矾法在第一阶段是采用高温高酸浸出，因而铁酸锌也溶解，锌浸出率提高到98%以上，并得到可分离的铅银渣。但铁的浸出率也高达70%～90%，所以在第二阶段一般采用锌焙砂中和黄钾铁矾法除铁。在除铁中和过程中，用于中和的锌焙砂浸出率较低，故沉矾渣需增加酸洗等措施。为了简化生产工艺流程并同时能获得高的锌浸出率，芬兰奥托昆普俄伊发明了“转化法”（conversion process），即把高温高酸浸出与黄钾铁矾沉铁在同一个工序完成，又称铁酸锌的一段处理法。该法生产过程简单，易于操作，锌的回收率较常规法显著提高。

20 世纪 80 年代国内将转化法应用于工业生产。山东沂蒙冶炼厂、广西桂林电解锌厂对转化法做了很多工作，并取得了较好的效果。

为了进一步改进黄钾铁矾法工艺，降低铁矾渣中的 Zn、Pb、Ag、Au、Cd 和 Cu 的损失，20 世纪 90 年代澳大利亚电锌有限公司研究成功了低污染黄钾铁矾法，并建成日产 500t 锌的中间工厂进行了工业试验，取得了良好的结果。

4.2.2.2 黄钾铁矾法沉铁的原理

有铵或碱金属离子存在时，在一定酸度、温度及足够的反应时间下，有利于生成不易溶解的配合物及结晶的碱式铁化合物。

从化学成分、红外线及 X 射线结构分析发现，此种化合物与自然界发现的黄钾铁矾（jarosites）及草黄铁矾（carphosiderite）很相似。

沉铁过程发生下列化学反应：

$$3Fe_2(SO_4)_3+10H_2O+2NH_3 \cdot H_2O = (NH_4)_2Fe_6(SO_4)_4(OH)_{12}+5H_2SO_4 \text{（黄铵铁矾）}$$

$$3Fe_2(SO_4)_3+12H_2O+Na_2SO_4 = Na_2Fe_6(SO_4)_4(OH)_{12}+6H_2SO_4 \text{（黄钠铁矾）}$$

$$3Fe_2(SO_4)_3+14H_2O = (H_3O)_2Fe_6(SO_4)_4(OH)_{12}+5H_2SO_4 \text{（草黄铁矾）}$$

从生成黄钾铁矾的反应式可知，为使反应进行完全，需中和水解生成的硫酸，最好的中和剂是纯 ZnO，实际生产中任何含 ZnO 的物料均可。当可溶性氧化铁与 ZnO 一同存在时，氧化铁同样参加黄钾铁矾的沉淀反应，反应式如下：

$$ZnO+H_2SO_4 = ZnSO_4+H_2O$$

$$3Fe_2(SO_4)_3+5ZnO+2NH_3 \cdot H_2O+5H_2O = (NH_4)_2Fe_6(SO_4)_4(OH)_{12}+5ZnSO_4 \text{（黄铵铁矾）}$$

$$4Fe_2(SO_4)_2+5Fe_2O_3+6NH_3 \cdot H_2O+15H_2O \longrightarrow 3(NH_4)_2Fe_6(SO_4)_4(OH)_{12} \quad \text{（黄铵铁矾）}$$

生成黄钾铁矾所消耗的碱金属离子可根据化学式计算出来。对于 $NH_3 \cdot H_2O$，其需要量约为沉淀铁量的 10%。此外，黄钾铁矾化合物也可将溶解中的 SO_4^{2-} 过量。黄钾铁矾法则可解决这种困难，使硫酸盐保持平衡。

按高要求应不用 ZnO 或含铁低的焙砂作黄钾铁被溶解，而铁酸锌则不溶解。这样虽然不影响中和，但这一过程中所用焙砂的锌浸出率不高，致使锌的总收回率降低。

酸洗黄钾铁矾滤渣锌的回收率可提高 1.5% ~2.5%，且 Cu、Cd 的回收率亦有所提高。

黄钾铁矾法的工艺流程，如图 4-6 所示。

4.2.2.3 黄钾铁矾法的特点

A 主要优点

（1）由于铁矾分子式带走了 SO_4^{2-}，故应注意循环系统的酸平衡。

（2）黄钾铁矾渣形成固体颗粒，易于沉降、过滤和洗涤。

（3）黄钾铁矾化合物仅含有少量的 Na^+、K^+ 或 NH_4^+，因此试剂的消耗较少。

（4）黄钾铁矾法沉淀铁化学反应析出的酸少，pH 值控制较低（约 1 ~1.5），因此中和剂消耗少且得到有效利用。

B 主要缺点

（1）渣量大，渣铁含量为 30% 左右，不便利用。渣的堆存性能不好，对环境保护不

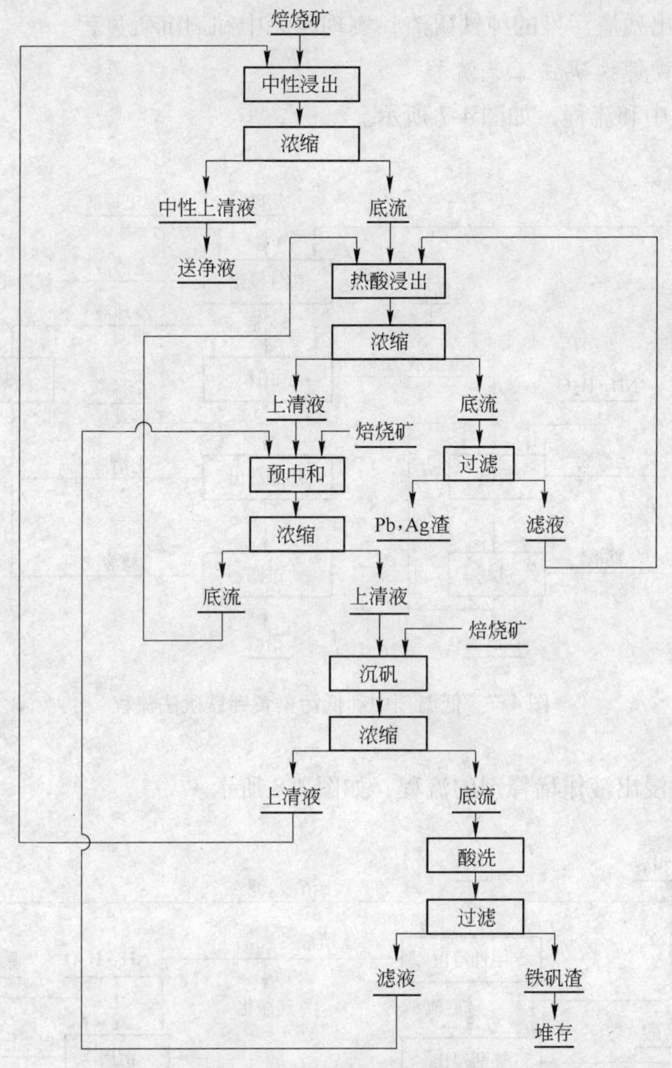

图 4-6 挪威锌厂热酸浸出黄钾铁矾法工艺流程

利。例如以年产 10×10^4t 电锌工厂、锌精矿铁含量为 8% 计算，每年产黄钾铁矾渣约 5.3×10^4t。

（2）硫酸消耗量较大，以年产 10×10^4t 电锌计算，每年消耗硫酸约 1.9×10^4t。

4.2.2.4 低污染黄钾铁矾法

为了改进黄钾铁矾法，已研究成功在沉矾过程中不加中和剂，以减少有价金属在矾渣中的损失并改善矾渣对环境的污染，称为低污染黄钾铁矾法。近些年来提出了低污染黄钾铁矾法炼锌工艺，这是目前黄钾铁矾法工艺的新进展，具有显著的优点。

该法是澳大利亚电锌公司里斯顿（Risdon）锌厂首先研究成功的，其基本原理是在铁矾沉淀前调整溶液的成分，使沉矾过程中不需加中和剂就能达到满意的除铁效果。这可通过低温预中和或用中性浸出液作稀释剂，或者两者结合使用得以实现。

长沙矿冶研究院马荣骏等人在 20 世纪 80 年代开展了低污染黄钾铁矾法炼锌工艺的研究工作，取得了良好的结果，可使高酸浸液的铁含量由 27g/L 左右降到 1g/L 以下，并得到了几乎不被浸出残渣污染的纯铁矾渣，实现了无中和剂沉矾过程。

A　低污染黄钾铁矾法工艺流程

(1) 低温预中和流程，如图 4-7 所示。

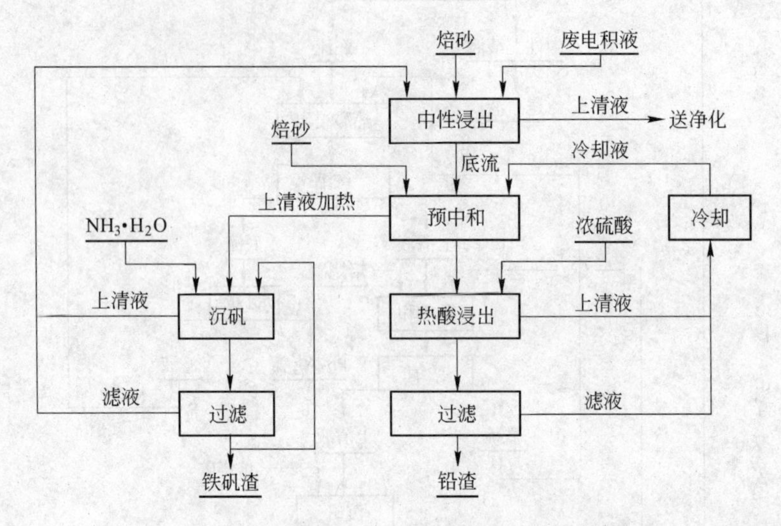

图 4-7　低温预中和低污染黄钾铁矾法流程

(2) 用中性浸出液作稀释剂的流程，如图 4-8 所示。

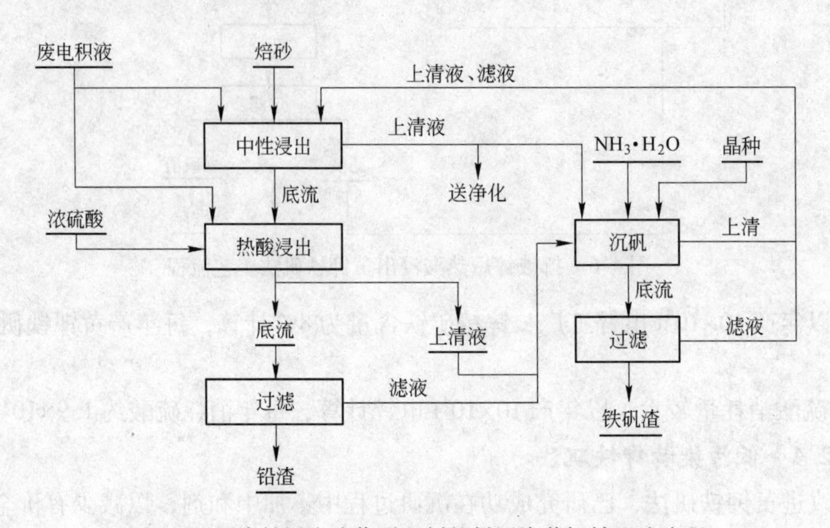

图 4-8　用中性浸出液作稀释剂的低污染黄钾铁矾法流程

(3) 常规铁矾法与低污染黄钾铁矾法金属回收率和铁矾渣的比较。

在低污染黄钾铁矾法所产生的铁矾渣中只含少量的有价金属，如铅、锌、银、金、镉和铜等，其实际杂质含量取决于所处理的精矿中这些金属的含量。表 4-10 示出了低污染黄钾铁矾法及常规黄钾铁矾法金属回收率；表 4-11 示出了两种沉淀法铁矾渣组成。这些数据显示出新方法的优越性。该法是由澳大利亚电锌有限公司发展起来的处理锌渣的方法，并在日产500t电锌的中间工厂进行了试验。

表4-10 不同黄钾铁矾法金属回收率

元 素	金属回收率/%	
	常规黄钾铁矾法	低污染黄钾铁矾法
Zn	94 ~ 97	98 ~ 99
Cd	94 ~ 97	98 ~ 99
Pb	约75	>95
Ag	约75	>95
Au	约75	>95
Cu	约90	>95

表4-11 不同黄钾铁矾渣组成

元 素	常规黄钾铁矾法/%	低污染黄钾铁矾法/%
Fe	25 ~ 30	32.4
Zn	2 ~ 6	0.25
Cu	0.61 ~ 0.3	0.016
Cd	0.05 ~ 0.2	0.001
Pb	0.2 ~ 2.0	0.05
Ag	10 ~ 15g/t	4g/t
Au	0.6g/t	<0.1g/t
Co	0.005	0.002

B 低污染黄钾铁矾法的优缺点

a 优点

(1) 在沉矾过程中不需加中和剂，可沉淀出“纯”铁矾渣，渣铁含量较高，含有价金属较少。

(2) 铁矾渣中有价金属的损失减少，可改善矾渣对环境的污染，且金属回收率高。

b 缺点

需将沉铁液稀释，增加沉铁液的处理量，使生产率降低。

4.2.3 针铁矿法

4.2.3.1 *发展概况*

1965 ~ 1969 年比利时老山公司（Vieille Montagne）研究成功针铁矿法，简称 V.M.

法。该法先将硫酸锌溶液中的 Fe^{3+} 采用 ZnS 精矿还原为 Fe^{2+}，再用空气缓慢氧化为 Fe^{3+}，以针铁矿形式沉淀。针铁矿法于 1971 年率先在比利时老山公司巴伦厂（Balen）投产。应用针铁矿法相继投产的厂家有：比利时奥尔佩特厂（Overpolt），美国巴特勒斯维尔厂（Bartlesville），意大利 SAMIM 公司维斯姆港锌电解厂以及韩国温山制炼所（Onsan）（1985 年由黄钾铁矾法改为针铁矿法）等。随着 V. M. 针铁矿法的深入研究，相继还采用了 $ZnSO_3$、SO_2、PbS 等作为还原剂进行了大量的研究工作，并取得了较好的试验结果。

20 世纪 70 年代澳大利亚电锌公司（Electrolytic Zinc）研究一种新的针铁矿法，简称 E. Z. 法，是将高 Fe^{3+} 溶液均匀缓慢地加入至不含铁的溶液中，要求沉铁溶液 Fe^{3+} 浓度小于 1g/L，使 Fe^{3+} 以针铁矿沉淀，又称为稀释法。

1973 年以来国内中南大学、水口山矿务局、南宁冶金研究所等单位开始进行针铁矿法试验研究，获得了较好的试验结果。该法于 1995 年在水口山矿务局第四冶炼厂投入工业生产，生产规模为 2×10^4t/a 电锌。

我国江苏冶金研究所与温州冶炼厂合作研究了喷淋除铁法，即 E. Z. 法，1985 年在温州冶炼厂投产，获得了良好结果。

4.2.3.2 针铁矿法沉铁的原理

针铁矿的析出条件是溶液中 Fe^{3+} 含量低（<1g/L，pH = 3 ~ 5，较高温度 80 ~ 100℃），分散空气，加入晶种。其操作程序是在所要求的温度下，将溶液中的 Fe^{3+} 用 SO_2 或 ZnS 先还原成 Fe^{2+}，然后加 ZnO 调节 pH 值在 3 ~ 5，再用空气缓慢氧化，使其呈 α-FeOOH 析出。所以针铁矿法沉淀铁包括 Fe^{3+} 的还原及 Fe^{2+} 的氧化两个关键作业。

（1）Fe^{3+} 的还原。

目前工业生产中采用高品质的硫化锌精矿（ZnS）及亚硫酸锌（$ZnSO_3$）作还原剂。选用还原剂时首先考虑还原剂的电位小于 Fe^{3+}/Fe^{2+} 的还原电位，且差距越大越好。以 ZnS 为例推算 Fe^{3+} 被还原的程度。ZnS 还原 Fe^{3+} 的反应式如下：

$$2Fe^{3+}+ZnS = Zn^{2+}+2Fe^{2+}+S^0\downarrow$$

阴极反应：$Fe^{3+}+e = Fe^{2+}$，$E_{Fe^{3+}/Fe^{2+}}=0.77+0.06\lg\dfrac{a_{Fe^{3+}}}{a_{Fe^{2+}}}$

阳极反应：$Zn^{2+}+S+2e = ZnS$，$E_{Zn^{2+}/ZnS}=0.26+0.03\lg a_{Zn^{2+}}$

当 Fe^{3+} 被 ZnS 还原的反应达平衡时，则 $E_{Fe^{3+}/Fe^{2+}}=E_{Zn^{2+}/ZnS}$，于是

$$0.77+0.06\lg\frac{a_{Fe^{3+}}}{a_{Fe^{2+}}}=0.26+0.03\lg a_{Zn^{2+}}$$

如果某热酸浸出液锌含量为 60g/L，约为 1mol/L，此时锌的活度系数为 0.043，则 $\lg a_{zn^{2+}}=-1.37$，代入上式得：

$$\lg a_{Fe^{3+}}/a_{Fe^{2+}}=-9.19$$

则 $a_{Fe^{2+}}=10^{9.19}a_{Fe^{3+}}$

计算说明，溶液中的 Fe^{3+} 被 ZnS 还原是很彻底的，但实际上还原过程非常缓慢。为了加快反应速度，采用近沸腾温度（90 ~ 95℃），硫酸浓度高于 50g/L，ZnS 的过剩量为 12% ~20%，还原时间为 3 ~6h。Fe^{3+} 的还原率达 90%，溶液中残存 1 ~2g/LFe^{3+}。

（2）Fe^{2+}的氧化。

针铁矿法普遍采用空气氧化剂，氧化反应为：

$$4H^{+}+4Fe^{2+}+O_2 = 4Fe^{3+}+2H_2O$$

在25℃下氧的电位、氧分压及溶液 pH 值之间的关系为：

$$E_{O_2/H_2O}=1.23+0.0148\lg p_{O_2}-0.06pH$$

从上式看出，随氧分压下降及溶液 pH 值升高，氧电位相应下降。针铁矿的氧化过程是在氧分压为21kPa 和溶液 pH 值为4～4.5 的条件下进行的，这时 $E_{O_2/H_2O}=0.98V$。Fe^{3+}被还原至 Fe^{2+}的限度 $a_{Fe^{3+}}/a_{Fe^{2+}}=10^{9.19}$，其电位 $E_{Fe^{3+}/Fe^{2+}}=0.23V$，$\Delta E=0.75V$，可见，空气氧化 Fe^{2+}是很彻底的。实际生产过程中 $a_{Fe^{3+}}/a_{Fe^{2+}}=10^{-4}$，$\Delta E$ 为 0.45V。

空气氧化低铁是通过溶解在溶液中的氧来实现的。依据研究所得的不同的反应机理的结果，在温度为20～80℃，pH 值为 0～2 的范围内，Fe^{2+}氧化为 Fe^{3+}的氧化速度用下式表示：

$$\frac{1}{4}\frac{d[Fe^{3+}]}{dt}=1.32\times10^{11}\frac{[Fe^{2+}]^{1.84}[O_2]^{1.01}}{[H^{+}]^{0.25}}\exp\left(\frac{-1.76\times10^{3}}{RT}\right)$$

式中指出，单位时间 dt 内 Fe^{2+}氧化的数量 $d[Fe^{3+}]$随溶液中［O_2］增加而增加。为此，实践中采用特殊设备，如循环风管机械搅拌器、叶轮搅拌器、透平搅拌器及高效氧化反应器等，将空气以分散形式加压喷射溶液，产生极细小的气泡，以增大空气中氧与溶液的接触面积；Fe^{2+}的氧化速度反比于［H^{+}］$^{0.25}$，当溶液的酸度愈低，即 pH 值愈大时，Fe^{2+}的氧化反应速度便愈大。当 pH<1.9 时，溶液中的 Fe^{2+}几乎不被空气中的 O_2所氧化。实践证明，当 pH 值为 3～5 时，氧化反应迅速而彻底。温度升高有利于氧化反应的进行，但空气中的氧化在溶液中的溶解则随之下降，实践中仍采用温度大于 80℃。

溶液中存在 Cu^{2+}对 Fe^{2+}的氧化过程具有良好的催化作用。当 pH>2.5 时能加速 Fe^{2+}的氧化过程，其反应为：

$$Fe^{2+}+Cu^{2+} \rightleftharpoons Fe^{3+}+Cu^{+}$$

当溶液 pH 值愈高，温度愈高，2 价铜离子的催化作用愈强。生产实践中一般要求 Cu^{2+}含量大于 0.4g/L。

加入晶种能加速针铁矿的水解沉淀。

针铁矿氧化除铁工序包括紧密相连的两个反应，即低铁的氧化和高铁的水解。氧化沉淀总反应为：

$$2FeSO_4+\frac{1}{2}O_2+3H_2O = 2FeOOH\downarrow+2H_2SO_4$$

为了维持沉铁的 pH 值条件，必须加焙砂一边氧化一边中和。沉铁总反应为：

$$2FeSO_4+\frac{1}{2}O_2+2ZnO+H_2O = 2FeOOH+2ZnSO_4$$

针铁矿沉铁技术条件为：85～90℃，pH=3.5～4.5，分散空气，添加晶种，Fe^{3+}初始浓度为 1～2g/L，反应时间为 3～4h。

图4-9 为比利时巴伦锌厂热酸浸出-针铁矿法工艺流程实例。技术参数列于表 4-12，处理锌精矿含 Zn 50%～54%，Fe 5%～10%。

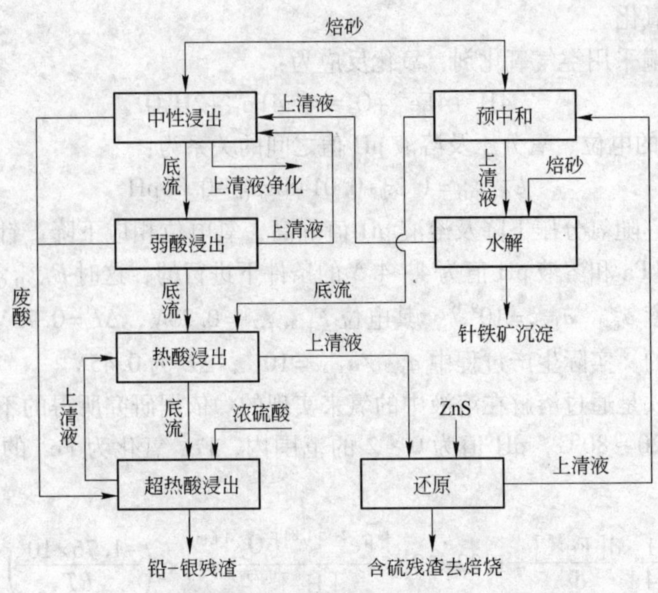

图 4-9 热酸浸出-针铁矿法工艺流程

表 4-12 巴伦锌厂热酸浸出-针铁矿法工艺技术参数

项目	机械搅拌槽容积/m^3	阶梯串联浸出槽数/个	温度/℃	终酸浓度/$g \cdot L^{-1}$	时间/h	浸出率/%
中性浸出	80	7	60	pH=5~5.2	2	ZnO 99.9 $ZnO \cdot Fe_2O_3$ 98
低酸浸出	80	2	60	pH=3.5	2	ZnS 90
热酸浸出	200	3	85	50~60	6	总 ZnS 99.5
超酸浸出	200	4	90	120~150	3	Cu、Cd 等 95
铁还原	200	5	85	50~60	7	铁还原率大于 90%
预中和	60	3	60~70	3	1	
沉铁	80	9	70~80	pH=2.4~3.5	6	分散空气

由巴伦锌厂发展和应用的针铁矿法称为氧化-还原法（即 V.M）法。因动力消耗大、设备复杂、操作较麻烦，为了简化工艺，澳大利亚里斯顿锌厂发展应用的针铁矿法称为部分水解法（即 E.Z 法），是采用喷淋法除铁工艺，其作业程序是将含大量 3 价铁的弱酸性浸出液，用喷淋的方式洒入搅拌均匀的含铁低于 1g/L 的近中性溶液中，并不断加入中和剂，保持溶液 pH 值为 3.5~5.0，即可得到良好的针铁矿沉淀。我国温州冶炼厂及水口山冶炼厂已采用该法。其反应式为：

$$Fe_2(SO_4)_3+xH_2O+2ZnO \longrightarrow Fe_2O_3 \cdot xH_2O+3ZnSO_4$$

意大利维斯麦港炼锌厂采用热酸浸出-类针铁矿（或仲针铁矿）法，是将含铁溶液连续加到4台并列的反应槽中，同时加入中和剂保持pH值为3.0~3.5之间，在强烈搅拌的条件下适当地控制含铁溶液的加入量，使加入的溶液快速扩散在已处理的溶液的体积内，铁酸锌被高度稀释，并在相对高的pH值下迅速水解，得到易澄清过滤的、组成为1mol Fe_2O_3、0.64 mol H_2O、0.2mol SO_3的类针铁矿残渣，其化学成分为（%）：Zn 4~8，Pb 1~2，Cu 0.3~0.5，Fe 35~42，硫酸盐5~15。该渣与石灰混合很易处理。锌浸出率达96.5%。

针铁矿法与黄钾铁矾法相比，不需消耗碱或铵试剂，渣量少，渣铁含量高、锌含量为6%~8%，铁渣仍不能利用；有利于稀散金属的回收；除砷、锑、氟的效果较佳；设备复杂，费用高，操作麻烦。

4.2.4 赤铁矿法

4.2.4.1 发展概况

1972年赤铁矿法在日本饭岛冶炼厂投入生产。该法基于在高温（200℃）、高压（18~20kg/cm^2）条件下，Fe^{3+}以赤铁矿（Fe_2O_3）形式沉淀。80年代日本帮助联邦德国建成了世界上第二个赤铁矿法炼锌厂Datlen（达梯尔）。本书作者采用赤铁矿法沉铁对湿法炼锌过程产生的高铁液进行了初步的试验研究。

4.2.4.2 赤铁矿法沉铁工艺

该法是在高压釜内于高温（200℃）条件下通入高压空气，使Fe^{2+}氧化成赤铁铁矿沉淀。按其形成条件，温度愈高，愈有利于在较高酸浓度下沉铁。

日本饭岛锌厂采用两高压处理，第一段为高压SO_2还原浸出；第二段为高压水解除铁。

（1）还原浸出。锌浸出渣调浆配液进入卧式机械搅拌加压釜，用SO_2作还原剂，维持压力为152~202kPa，浸出温度为100~110℃，3h。反应为：

$$ZnO \cdot Fe_2O_3+2H_2SO_4+SO_2 = ZnSO_4+2H_2O+2FeSO_4$$

浸出渣中伴生金属同时溶解，锌、铁、镉、铜的浸出率大于90%~95%。

（2）除铜沉铟。还原浸出矿浆送除铜槽，通H_2S除Cu、As，得含Au、Ag的铜精矿；再进行两段石灰中和（pH=2及pH=4.5）回收锗、镓、铟。

（3）高压沉铁。除铜后液经两段中和后送入高压釜内，蒸气加热至200℃，鼓入纯氧，釜内压力为2000kPa，停留3h，Fe^{2+}氧化呈Fe_2O_3沉淀，其反应为：

$$2FeSO_4+\frac{1}{2}O_2+2H_2O = Fe_2O_3\downarrow+2H_2SO_4$$

溶液铁含量由40~50g/L降至1g/L左右，除铁率高于90%。铁渣含铁58%~60%，含硫3%，是较易处理的铁原料。

德国达特恩电锌厂是用硫化锌精矿进行还原浸出，然后加压处理，在200℃和2000kPa压力下吹入氧气，使铁氧化并以赤铁矿沉淀，其中铁含量为64%，经充分洗涤作副产物出售。

加拿大瓦利菲尔德锌厂采用一种高温转化法处理铁酸锌渣，在高压釜内于200℃及100kPa氧压条件下，使铁酸盐溶解，同时铁以赤矿形式沉淀，从而回收锌、铜、银、镉等金属。铁渣成分（%）：Fe 51~57、Zn 0.3~2.3、S 1.6~2.4；浸出液成分（g/L）：

Fe 2.1 ~4.4、H_2SO_4 15 ~20；锌浸出率达95%。

赤铁矿法，锌及伴生金属浸出率高；综合回收好；产渣量少，渣含铁较高可直接利用。但用高压釜，需要特殊材料，建设投资费用大，蒸气消耗多。

4.2.5 沉铁方法比较

表4-13和表4-14为几种沉铁渣的化学成分和几种沉铁方法比较。

表4-13 几种沉铁渣的化学成分 (%)

名 称	Zn	Cu	Cd	Fe	Pb
铁矾渣	6.0	0.4	0.05	30	1.4
酸洗后铁矾渣	3.0	0.2	0.02	30	1.5
针铁矿渣	8.50	0.5	0.05	41.35	2.20
赤铁矿渣	0.45	—	0.01	58 ~60	—
普通浸出渣	18 ~22	0.5 ~0.8	0.15 ~0.2	20 ~30	6 ~8

表4-14 几种沉铁方法的比较

项 目	黄铁矾法	转化法	针铁矿法	赤铁矿法
酸度 pH	<1.5	<1.5	2.5 ~3.5	硫酸达2%
温度/℃	90 ~100	90 ~100	70 ~90	约200
时间/h	3	3 ~4	1.5	3
添加剂	NH_4^+，Na^+，K^+	NH_4^+，Na^+，K^+	无	无
残渣量/电锌量	0.8		0.5	0①
沉铁率/%	90 ~95	90 ~95	90	90
渣含铁/%	约30	<30	40 ~50	60 ~67
铁渣过滤性能	很好	很好	很好	很好

续表 4-14

项　目	黄铁矾法	转化法	针铁矿法	赤铁矿法
锌回收率/%	97.3	98	97.7	98.4
银回收率/%	93	0	85	99
基建投资	中	低	较高	很高
技术操作要求	较容易	简单	较难	较难
酸平衡	能分离出酸	能分离出酸	不易平衡	需加石灰中和
渣的可能用途	几乎没有	几乎没有	几乎没有	水泥、陶瓷或炼铁

①由于赤铁矿可以卖给其他行业，不算作残渣，故残渣量/电锌量为0。

5 中性浸出液的净化

5.1 概　　述

锌焙烧物料经中性浸出后，锌进入溶液，大部分铁、砷、锑水解入渣，其他杂质金属铜、镉、钴、镍等仍留在溶液中，如果它们的含量超过危害程度，将给锌电积过程带来不利影响（中性清液成分如表5-1所示）。为了保证锌电积得到高纯度阴极锌及最经济地进行电解，对电解液纯度有较高的要求。

表5-1　电解对新液的要求

元素	Zn	Cu	Cd	Co	Ni	Sb	Pb	Ge	F	Ci	Mn	SiO_2	Fe	固体悬浮物
含量/$mg \cdot L^{-1}$	$(130 \sim 170) \times 10^3$	<0.5	<2	<3	<1	<0.1	<0.1	<0.1	<80	<100	$(3 \sim 5) \times 10^3$	<40	<20	1.5×10^3

净化，就是将浸出过滤后的中性上清液中的杂质除至规定的限度以下，并从各种净化渣中回收有价金属。

净化流程及方法取决于中性浸出液中的杂质成分及对净化后液的要求。净化过程趋向于采用连续自动化控制、自动化检测及多段深度净化。净化流程与方法举例如表5-2所示。这些净化方法按原理可分为两类：

（1）加锌粉置换除铜、镉、钴。

表5-2　硫酸锌溶液的净化流程与方法举例

流程	第一段	第二段	第三段	第四段
砷盐净化法	加锌和 As_2O_3 除铜、钴、镍，得铜渣送去回收	加锌粉除镉，镉渣送去提镉	加锌粉除反溶镉，得镉渣返回第二段	再进行一次加锌粉除镉
逆递净化法	加锌粉除铜、镉，得 Cu-Cd 渣，送去回收铜、镉	加锌粉和 Sb_2O_3 除钴，得钴渣送去提钴	加锌粉除镉	
合金锌粉法	加 Zn-Pb-Sb 合金锌粉除铜、镉、钴	加锌粉除镉	加锌粉	
黄药净化法	加锌粉除铜、镉，得 Cu-Cd 渣，送去提镉，并回收铜	加黄药除钴，得钴渣送去提钴		
β-萘酚法	加锌粉除铜、镉，得 Cu-Cd 渣，送去提镉	加亚硝基-β-萘酚除钴，得钴渣送去提钴	加锌粉除反溶镉	

(2) 加特殊试剂化学沉淀除钴。

5.2 锌粉置换法

5.2.1 置换净化原理

在金属盐的溶液中，用一种较负电性的金属取代一种较正电性的过程称为置换。置换顺序如图5-1所示，按电化学原理，用锌粉从硫酸锌溶液中置换铜、镉、镍等（用Me代表）的反应为：

$$Zn+Me^{2+} = Zn^{2+}+Me$$

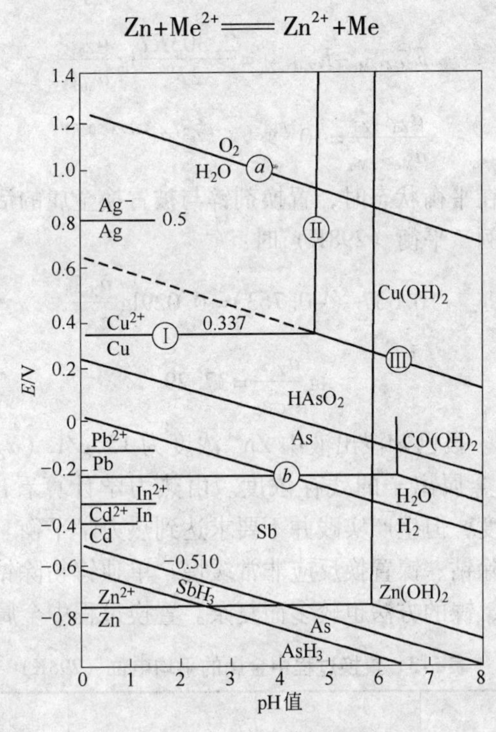

图5-1 置换净化原理图

此类氧化还原反应视为无数微电池的总和：

阳极反应：锌粉氧化而溶解

$$Zn-2e = Zn^{2+}, \quad E^{\ominus}_{298}=-0.763V$$

阴极反应：金属离子还原析出

$$Cu^{2+}+2e = Cu, \quad E^{\ominus}_{298}=-0.337V$$

$$Cd^{2+}+2e = Cd, \quad E^{\ominus}_{298}=-0.403V$$

$$Co^{2+}+2e = Co, \quad E^{\ominus}_{298}=-0.277V$$

$$Ni^{2+}+2e = Ni, \quad E^{\ominus}_{298}=-0.25V$$

置换反应进行程序取决于两种金属电位差大小。若两种金属电位差愈大，置换反应愈彻底。判断置换反应的方向，用微电池电动势：

$$\Delta E^{\ominus}_{Zn/Me}=E^{\ominus}_{Me^{2+}/Me}-E^{\ominus}_{Zn^{2+}/Zn}$$

$$Zn+Cu^{2+} = Zn^{2+}+Cu，\Delta E^{\ominus}_{Zn/Cu}=1.1V$$

$$Zn+Cd^{2+} = Zn^{2+}+Cd，\Delta E^{\ominus}_{Zn/Cd}=0.36V$$

$$Zn+Co^{2+} = Zn^{2+}+Co，\Delta E^{\ominus}_{Zn/Co}=0.49V$$

$$Zn+Ni^{2+} = Zn^{2+}+Ni，\Delta E^{\ominus}_{Zn/Ni}=0.513V$$

可见锌粉置换铜、镉、镍都是可能的，它们的电池电动势皆为正值，且正值愈大，置换反应就愈容易进行。当有过量锌粉存在，置换反应将进行到两种金属的电化学可逆电位相等为止。锌粉置换反应的平衡条件是：

$$E^{\ominus}_{Me^{2+}/Me}+\frac{0.303RT}{2F}\lg a_{Me^{2+}}=E^{\ominus}_{Zn^{2+}/Zn}+\frac{2.303RT}{2F}\lg a_{Zn^{2+}}$$

$$E^{\ominus}_{Me^{2+}/Me}-E^{\ominus}_{Zn^{2+}/Zn}=\frac{2.303RT}{2F}\lg\frac{a_{Zn^{2+}}}{a_{Me^{2+}}}$$

$$\frac{a_{Zn^{2+}/Zn}}{a_{Me^{2+}/Me}}=10^{(E^{\ominus}_{Me^{2+}/Me}-E^{\ominus}_{Zn^{2+}/Zn})2F/2.303RT}$$

式中，$a_{Zn^{2+}/Zn}/a_{Me^{2+}/Me}$是在平衡状态时，置换剂锌与被置换金属的活度比值，表示置换的程度。以锌粉置换除铜为例，平衡（298K）时：

$$0.337-(-0.763)=0.029\lg\frac{a_{Zn^{2+}}}{a_{Cu^{2+}}}$$

$$\lg\frac{a_{Zn^{2+}}}{a_{Cu^{2+}}}=37.29$$

则$a_{Cu^{2+}}=2.45\times10^{-37}a_{Zn^{2+}}$。设已知浸出液中$Zn^{2+}$浓度为150g/L（$a_{Zn^{2+}}=10^{-1}$），可计算出残存的铜离子浓度及其他金属离子的残存浓度。由热力学计算看出，锌粉置换除铜、镉、钴、镍可降至很低的程度，但生产实践并不要求达到热力学平衡。实践证明，锌粉除铜很容易，除镉也不困难，除钴、镍置换反应非常缓慢，单独锌粉除钴、镍难以实现，必须采取其他措施，因而除钴、镍的方法也较多而复杂。置换过程中金属的平均电位见表5-3。

表5-3 置换过程中金属的平均电位（298K） （V）

电极反应	$E^{\ominus}$	$E_{平衡}$
$Zn^{2+}+2e = Zn$	-0.763	-0.752（150g/L）
$Cd^{2+}+2e = Cd$	-0.403	-0.752（2×10^{-7}mg/L）
$Cu^{2+}+2e = Cu$	0.337	-0.752（3.18×10^{-35}mg/L）
$Co^{2+}+2e = Co$	-0.277	-0.752（5×10^{-12}mg/L）
$Ni^{2+}+2e = Ni$	-0.250	-0.752（1.5×10^{-17}mg/L）
$SbH_3 = Sb+3H^++3e$	0.51	0.752（pH=4，$p_{SbH_3}=202.65$Pa）
$AsH_3 = As+3H^++3e$	0.6	0.752（pH=4，$p_{AsH_3}=577.28$Pa）

置换过程中，可能同时产生某些有害反应，必须采取相应措施予以防止。

（1）微电池阴极上可能析出氧。

$$O_2+4e+4H^+ = 2H_2O$$

$$E_{O_2/HO^-}=1.23-0.0591pH\ (p_{O_2}=0.1MPa)$$

因氧的氧化还原电位很高，优先在阴极上还原，将负电性金属氧化而增加锌粉消耗，或者氧化被沉淀金属反溶，降低置换效果。置换过程中应尽量避免空气与溶液接触，因而一般采用机械搅拌而不采用空气搅拌。

（2）微电池阴极上还可能析出氢。

$$2H^++2e = H_2$$

$$E^+_{H/H_2}=-0.0591pH\ (p_{H_2}=0.1MPa)$$

由于氢的析出，增大锌粉的消耗。为使氢不优先析出，可提高溶液 pH 值，以降低氢的电极电位，所以置换过程在近中性溶液中进行；或提高氢的析出超电位；或降低杂质金属的析出超电位，可往溶液中加入正电性金属，使与被置换金属形成合金而提高其电位。例如锌粉置换除钴、镍时，除加锌粉外，还补加正电性金属铜、砷、铅等。

（3）在锌粉置换的条件下，有析出 AsH_3 的可能。

$$As+3H^++3e = AsH_3$$

$$E=0.608-0.591pH-\frac{0.591}{6}\lg p_{AsH_3}$$

$$HAsO_2+6H^++6e = AsH_3+2H_2O$$

$$E=-0.18-0.591pH-\frac{0.591}{6}\lg p_{AsH_3}$$

为了避免 AsH_3 的析出，可提高溶液 pH 值，降低 AsH_3 的电极电位。最好是在中性浸出时尽量脱除砷、锑。

5.2.2 锌粉置换除铜、镉

净化除铜、镉大多数工厂是在同一过程中完成的，由于铜电位与锌电位相差较大，铜则优先于镉沉淀析出，在生产实践中以控制镉合格为标准。

锌粉置换除铜、镉是在锌粉表面上进行的多相反应过程，置换过程受下列因素影响：

（1）锌粉质量。锌粉粒度愈细，比表面积愈大，可加速置换反应，一般要求锌粉粒度应通过 0.147 ~ 0.122mm（100 ~ 120 目）。过细的锌粉容易飘浮在溶液表面不起置换作用而无益消耗。为了分别除铜、镉，可用较粗粒的锌粉先除铜，再用细锌粉沉镉。例如比利时巴伦电锌厂，当中性溶液铜含量超过 400mg/L 时，首先加锌屑沉铜。置换用锌粉要求纯度较高，可避免带入新的杂质。如果锌粉表面被氧化，则不起置换作用而增大锌粉消耗。澳大利亚皮里港厂采用调节溶液酸度至 pH = 3.5 ~ 4，以活化锌粉，即使锌粉表面氧化锌溶解，露出新鲜的锌表面，但易产生 AsH_3 气体，同时使锌粉消耗增加，所以要求置换用锌粉较纯净且避免氧化。锌粉用量取决于锌粉粒度、纯度以及溶液中被置换金属的含量，一般锌粉用量控制为超过理论量的 2 倍。溶液中锗存在会使镉复溶，为了使溶液中锗浓度降至 0.28mg/L 以下，需要加入超过 5 倍的锌粉。我国某厂锌粉除铜、镉过程吨锌锌粉单耗为 30 ~ 50kg。

（2）搅拌强度。锌粉除铜、镉过程不宜采用过分强烈的搅拌，这样会带入空气溶解于溶液中，引起锌粉氧化而出现钝化现象，也会引起镉的氧化和重新溶解，其溶解反应为：

$$Cd+H_2SO_4+\frac{1}{2}O_2 \longrightarrow CdSO_4+H_2O$$

为此，一般采用机械搅拌或沸腾连续净化槽。

（3）置换温度。锌粉置换除铜、镉一般温度控制为45~65℃，过高的温度促使镉复溶，这是由于镉在40~55℃之间有同素异形体的转变而增大镉的溶解度。某些工厂温度控制为60~70℃是为了同时除掉某些微量杂质。

（4）中性上清液质量。中性上清液的酸度、锌浓度、杂质含量及固体悬浮物等均影响置换过程的正常进行。送去净化的中性上清液，应保持溶液 pH 值为5.2~5.4。当 $pH<5.2$ 时，则会增加用于置换 H^+ 的锌粉消耗及增加镉的复溶。当溶液铜含量高，要优先沉铜保镉时，有时将中性溶液用废电解液酸化，使溶液含有0.1~0.2g/L H_2SO_4（$pH=3$），然后再加锌粉。锌浓度太高、固体悬浮物多、杂质含量高及可溶 SiO_2 过高，都能延长净化渣的压滤时间，增加镉的复溶；砷、锑含量高也增加锌粉消耗及镉的复溶。故要求中性上清液质量合格。

（5）添加剂的作用。锌粉置换除铜、镉过程中，有时需要加入硫酸铜。生产实践指明，当保持溶液中 $[Cu^{2+}]:[Cd^{2+}]=1:3$ 时，除镉效果最佳。这是由于形成互化物 Cu_2Cd 而提高了电位和形成 Cu-Zn 原电池的作用，促使 Zn 不断溶解而保持锌粉一定的新鲜表面而活化了锌粉。当 Cu^{2+} 含量太大，则降低氢的超电压，增加锌粉消耗。

当锌粉一段除铜、镉后，可使中性液中铜含量由200~400mg/L 降至0.5mg/L 以下，镉含量由400~500mg/L 降至7mg/L 以下。获得含 Zn 35%~40%、Cu 3%~6%、Cd 4%~10%的铜镉渣，送去回收锌、铜、镉。

5.2.3 锌粉置换除钴（镍）

从热力学计算可知，用锌粉置换除钴是可能的，且能除至很低的程度。但实践中单纯用锌粉置换除钴却是很困难的，这是由于钴、镍、铁等过渡族元素，在析出时具有很大的超电压，如表5-4所示，使钴的析出电位变得更负，与金属锌的析出电位相差变小。但随温度的提高，超电压随之降低。为了有效地净化除钴，必须在较高温度下，加锌粉的同时添加某些降低钴超电压的较正电性金属，如铜、砷、锑或其盐类，在此条件下，钴与锌和各种不同金属组成微电池：

表5-4 铁系元素离子超电压（测自0.5mol/L 硫酸溶液）

电 极	电极电位/V	析出电位/V			超电压/V		
		15℃	55℃	95℃	15℃	55℃	95℃
Fe^{2+}/Fe	-0.46	-0.68	-0.49	-0.46	-0.22	-0.03	-0.00
Co^{2+}/Co	-0.28	-0.56	-0.46	-0.36	-0.28	-0.18	-0.08
Ni^{2+}/Ni	-0.23	-0.59	-0.43	-0.29	-0.36	-0.2	-0.06

$$\mathrm{Zn}|\mathrm{Zn}^{2+}||\mathrm{Co}^{2+}|\mathrm{Me(Co)}$$

$$\overleftarrow{\quad E_{Zn} \quad} \qquad \overrightarrow{\quad E_{Co} \quad}$$

钴在微电池阴极析出的条件是，锌析出电位绝对值 $|E_{Zn}|$ 大于钴析出电位绝对值 $|E_{Co}|$，即 $|E_{Zn}|>|E_{Co}|$，锌粉置换反应便可不断进行，且差愈大，置换速度愈快。

阴极析出电位 E_{Zn} 及 E_{Co} 随离子浓度、溶液温度及阴极的性质而变化。温度、离子浓度对析出电位的影响列于表 5-5 中。

表 5-5　温度和离子浓度对 E_{Zn} 和 E_{Co} 的影响

电　极	离 子 浓 度	E/V		
	g/L	25℃	50℃	75℃
Zn^{2+}/Zn	190	-0.769	-0.750	-0.730
	100	-0.800	-0.780	-0.747
Co^{2+}/Co	29.46mg/L	-0.510	-0.420	-0.346
	20mg/L	-0.75 以上	-(0.58~0.52)	-(0.45~0.40)

由表中看出，随温度的升高，$|E_{Zn}|$ 或 $|E_{Co}|$ 都减小，且 $|E_{Co}|$ 减小的比例远大于 $|E_{Zn}|$ 减小的比例，使 $|E_{Zn}|$ 与 $|E_{Co}|$ 的差值随温度的升高而增大，有利于锌粉除钴；随离子浓度的降低，$|E_{Zn}|$ 与 $|E_{Co}|$ 之值都增加，例如 25℃ 时，当溶液中锌浓度由 190g/L 降至 100g/L 时，其 $|E_{Zn}|$ 值由 0.769V 增至 0.8V，而钴的浓度由 29.46mg/L 降至 20mg/L 时，其 $|E_{Zn}|$ 值由 0.51V 增至 0.75V 以上。这说明当中性浸出液中锌的浓度愈高，而要求除钴浓度达到愈低（一般为 3mg/L 以下），则过程愈难进行。

组成微电池反应的不同阴极材料对 $|E_{Co}|$ 的影响列于表 5-6。由表中数据看出，在较高温度下钴在锑、锡等金属上析出的 $|E_{Co}|$ 小得多，即当有较正电性金属存在时，钴则容易被锌粉置换，这时，锑、锡作为钴还原沉淀的阴极，降低了钴析出超电位，使钴的析出电位 $|E_{Co}|$ 降低，而增大 $|E_{Zn}|$ 与 $|E_{Co}|$ 的绝对值。

表 5-6　温度与阴极金属对 E_{Co} 的影响

溶液中离子浓度 /mol·L⁻¹	阴极金属	E_{Co}/V		
		25℃	50℃	75℃
$Zn^{2+}=1.53$ $Co^{2+}=3.4\times10^{-4}$	Zn	>0.85	0.82	0.72
	Sn	>0.85	0.72	0.52~0.67
	Co、Sb	>0.88	0.50	0.47

综合溶液温度、离子浓度和阴极金属对析出电位的影响，可以看出 $|E_{Zn}|$ 与 $|E_{Co}|$ 之间的变化关系，如表 5-7 所示。可见，在上述条件下，25℃ 时加锌粉除钴的过程不可能发生；在 50℃ 时单纯加锌粉除钴也是不可能的；当溶液中有锡离子存在时，除钴便有可

能；在75℃时，溶液中有锡离子或锑离子存在时，除钴过程可能较快。实践证明，加入砷、铅也能得到很好的效果。高温及添加活化金属的锌粉置换过程，还能除去溶液中其他微量杂质金属，如砷、锑、镍、铜、锗等，从而达到溶液的深度净化。在生产实践中，采用砷盐法、锑盐法及Pb-Sb合金锌粉法除钴。

表5-7 $|E_{Zn}|$ 与 $|E_{Co}|$ 的比较

溶液中离子浓度 /mol·L^{-1}	阴极金属	E_{Co}/V		
		25℃	50℃	75℃
$[Zn^{2+}]=1.53$	Zn	$\|E_{Zn}\|<\|E_{Co}\|$	$\|E_{Zn}\|<\|E_{Co}\|$	$\|E_{Zn}\|\approx\|E_{Co}\|$
	Sn	$\|E_{Zn}\|<\|E_{Co}\|$	$\|E_{Zn}\|\approx\|E_{Co}\|$	$\|E_{Zn}\|>\|E_{Co}\|$
$[Co^{2+}]=3.4\times10^{-4}$	Co、Sb	$\|E_{Zn}\|<\|E_{Co}\|$	$\|E_{Zn}\|>\|E_{Co}\|$	$\|E_{Zn}\|>\|E_{Co}\|$

在置换过程中，金属离子将遇到一个竞争还原的问题。为了说明这种竞争的程度，我们可以把湿法炼锌中的有关金属分为三类。

第一类金属包括Ag、Cu、As、Sb、Bi等，在任何情况下都将比氢优先析出，这类杂质是很容易除掉的。其中As和Sb的$E^{\ominus}$值是

$$Sb_2O_3+6H^++6e = 2Sb+3H_2O,\ E^{\ominus}=0.152V$$

$$As_2O_3+6H^++6e = 2As+3H_2O,\ E^{\ominus}=0.234V$$

$$HSbO_2+3H^++3e = Sb+2H_2O,\ E^{\ominus}=0.23V$$

$$HAsO_2+3H^++3e = As+2H_2O,\ E^{\ominus}=0.2477V$$

第二类金属包括Ti、Pb、Ni、Co、Cd等，这类杂质只有在较高的pH值条件下才能比氢优先析出。

在这类金属中Ni和Co属惰性金属，对氢的超电压不大，一般是难以除掉的，为此，在实践中采用添加剂的办法来提高它们的电位。例如在锌冶金中采用添加As_2O_3、Sb_2O_3、Sb粉借以形成合金电极，这时合金电极和化合物电极的电位将比简单离子电极的电位（$E^{\ominus}_{Ni^{2+}/Ni}=-0.241V$，$E^{\ominus}_{Co^{2+}/Co}=-0.267V$）要高很多，有利于Co的去除。

$$Co^{2+}+As+2e = CoAs,\ E^{\ominus}=-0.02169V$$

$$Co^{2+}+2As+2e = CoAs_2,\ E^{\ominus}=0.245V$$

$$Co^{2+}+HAsO_2+3H^++5e = CoAs+2H_2O,\ E^{\ominus}=0.1399V$$

$$2Co^{2+}+As_2O_3+6H^++10e = 2CoAs+3H_2O,\ E^{\ominus}=0.132V$$

$$Co^{2+}+As_2O_3+6H^++8e = CoAs_2+3H_2O,\ E^{\ominus}=0.232V$$

$$Ni^{2+}+S+2e = NiS,\ E^{\ominus}=0.1338V$$

第三类金属包括Fe、Sn、In、Zn、Cr、Mn等，在任何pH值条件下，氢将优先析出。

归纳上述结果，得出如下结论：

将Zn粉表面上的除Co^{2+}反应当做微电池的电化学反应来考虑，则Zn的溶解电位与Co^{2+}的析出电位的差值因温度、溶液中Zn^{2+}的浓度、Co^{2+}的浓度以及阴极金属的不同而异，因而存在着能够析出Co^{2+}与不能析出Co^{2+}两种不同的条件。

特别是选用Co、Sb以及Sn和Cu的合金作阴极金属时，Co^{2+}的析出电位移向正电位，

只要选择适当的温度，即使是在 Zn^{2+}浓度很高的溶液中也容易析出 Co。

总之，采用锌粉除 Co 的反应是由锌粉表面上形成的微电池电化学反应以及由母液到锌粉表面的 Co^{2+}的扩散这两个反应组合成的，此时 Sb 或 As、Sn 的作用可解释为降低 Co 的析出超电压，但 Sb、As、Sn 加入过多会使净化后液含 Sb、As、Sn 过高。Pb 的作用可防止析出 Co 的反溶，但 Pb 过多将使 Zn 表面积减小而降低置换速率。

5.2.3.1 砷盐净化法

砷盐净化法除钴基于在有 Cu^{2+}存在及 80～90℃的条件下，加锌粉及 As_2O_3（或砷酸钠），并在搅拌的情况下，使钴沉淀析出。由于铜的电位较正，很容易被锌粉所置换，并附着在锌粒表面，与锌形成微电池的两极，并发生如下两极反应：

铜阳极上：$As_2O_3+12H^++12e = 2AsH_3\uparrow +3H_2O$

$$Co^{2}+2e = Co\downarrow$$

锌阴极上：$Zn-2e = Zn^{2+}$ 置换出来的钴还能与铜、砷形成互化物 CoAs、$CoAs_2$ 或 Cu_3As 等，这些化合物电位较正，促使钴有效地沉淀析出。

在砷盐净化阶段，溶液中的铜、镍、钴、砷、锑几乎完全沉下，镉因复溶则留在溶液中。为使净化液的镉符合电解要求，须进一步除镉，大多数工厂采用两段净液流程，即第一段高温，加锌粉、硫酸铜、As_2O_3除钴、铜等杂质；第二段低温（45～65℃）加锌粉除镉，如图 5-2 所示。为了进一步除镉以保证溶液质量，一些工厂还采用第三段、第四段净化除镉的多段净化流程。

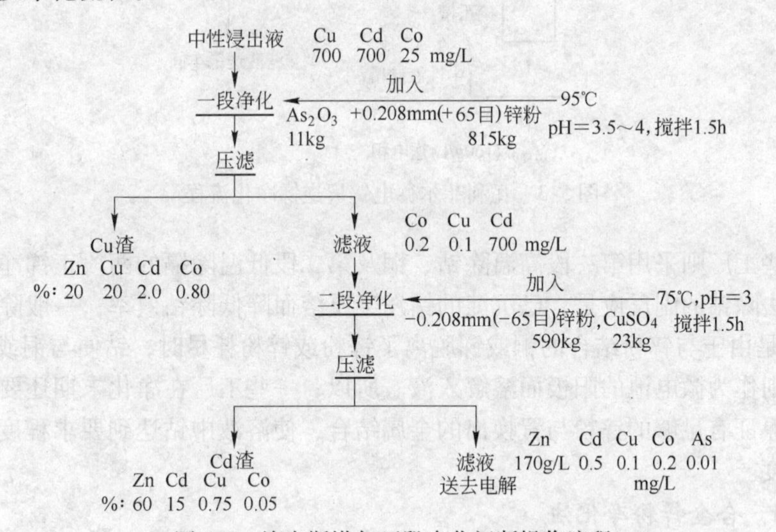

图 5-2 埃克斯塔尔两段净化间断操作流程

砷盐净化法过程温度高（80～95℃）、产生 AsH_3 毒气、锌粉耗量大（吨锌 50～70kg）、钴易反溶降低除钴效率等，许多工厂采用锑盐或 Pb-Sb 合金锌粉代替砷盐净液。

5.2.3.2 锑盐净化法

锑盐除钴的原理及技术条件类似于砷盐除钴法。其特点是，置换过程中产生的 SbH_3 很容易分解，避免了有毒气体；锑的活性较大，可不加或少加硫酸铜；锑活化剂可用 Sb_2O_3、锑粉及酒石酸锑钾、锑酸钠等盐化合物。

国外大多数工厂采用逆锑净化工艺，即第一段在低温（55℃）加锌粉除铜、镉，第二段在较高温度（85℃）下，加锌粉及锑活化剂除钴及其他微量杂质。为了保证镉合格，一些工厂再加第三段低温除镉。图5-3为逆锑净化流程实例。

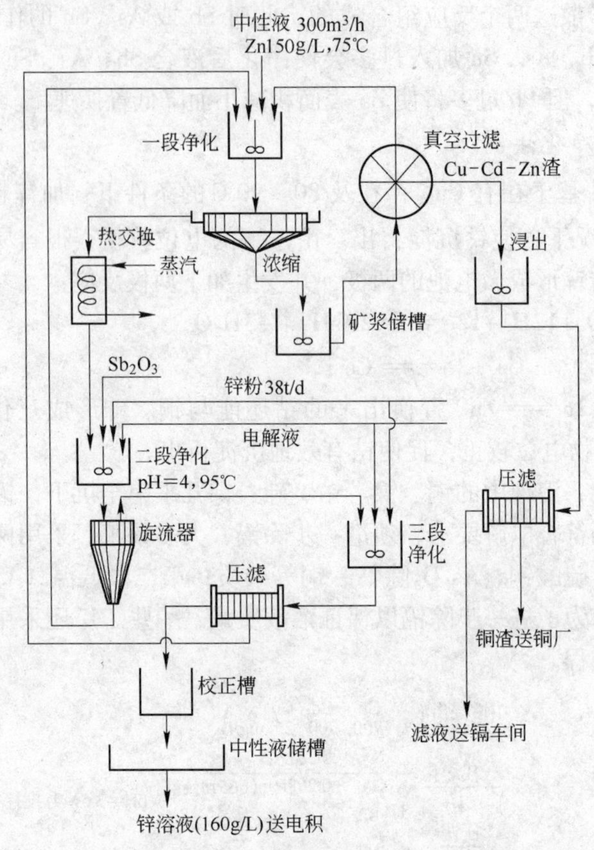

图5-3 瓦利菲尔德电锌厂逆锑净化流程

我国一些工厂则采用第一段高温除钴、铜及第二段低温除镉的两段正锑净化流程。锑盐法与砷盐法除钴的副反应是，已沉淀的钴发生反溶而降低除钴效率，一般除钴效率不大于95%。这是由于与锌粉结合的铜或锑脱离了锌粉或锌粉耗尽时，钴便与铜或锑形成新的微电池，钴则作为微电池的阳极而溶解入液。所以，一些工厂在净化末期还要补加一至二次锌粉，以保证有足够的锌粉与置换出的金属结合，使溶液中钴达到要求程度，但会增加溶液中锑浓度。

5.2.3.3 合金锌粉净化法

采用锌-锑、锌-铅或锌-铅-锑合金锌粉代替纯锌粉，具有较好的除钴效果，合金锌粉含Sb、Pb都不高，一般 $w(Sb)<2\%$，$w(Pb)<3\%$。当把含Sb-Pb的合金锌粉加入中性硫酸锌溶液时，因锑对钴有很大的亲和力，颗粒中的锑与锌形成局部微电池，其中锑起阳极作用，锌溶解入液，钴则沉积在锑的周围。合金锌粉中锑的存在可改变钴的析出电位而变正，并抑制氢的放电析出。铅的存在则可防止钴的反溶，因为铅在硫酸锌溶液中不溶解，电化学是稳定的，当大部分锌溶解完后，铅还包围一些锑与钴，使其不与溶液接触，从而防止局部锑—钴微电池的形成，钴不会反溶，使除钴效率达99%。

铅-锑合金锌粉可由蒸馏或雾化制得。除钴的效果取决于锑的含量及锌粉的制造方法，在相同组分的情况下，由于锌粉合金的结晶状态与粒度不同，其效果也不相同。

日本会津厂采用一种 Pb-Sb 合金锌粉，其中含 Sb 0.02% ~0.05%，Pb 0.05% ~1.0%。我国一些工厂采用电炉合金锌粉，是用富氧化锌矿石或锌焙砂或锌烟尘在电炉内还原挥发、冷凝而制得的一种多元素组成的蒸馏合金锌粉，粒度极细，约 89.4% 通过 340 目。实践证明，它能有效地除去溶液中的钴、铜、镉、砷、锑、锗等有害杂质，达到溶液的深度净化，可降低锌粉消耗，并保证安全生产。某厂电炉锌粉化学成分如表 5-8 所示。我国一些工厂几乎全用电炉锌粉代替一般的雾化锌粉。

表 5-8　某厂电炉锌粉化学成分

组成/%	Zn	Pb	Cd	Cu	As	Sb	Fe
序号 1	87.32	4.62	0.50	0.03	0.68	0.664	0.4
序号 2	92.85	5.23	0.57		0.025	0.0042	

5.3 化学沉淀法

钴和镍是浸出液中最难净化的杂质。自 20 世纪 70 年代以来大多数工厂采用锌粉置换除钴，还有一些工厂采用加黄药或 β-萘酚除钴的化学沉淀法。

5.3.1 黄药除钴法

黄药系一种有机黄酸盐，常用的有乙基黄酸钠（$C_2H_5OCS_2Na$）。黄药除钴基于在有硫酸铜存在的条件下，溶液中的三价钴与黄药作用，生成难溶的黄酸钴而沉淀，其反应如下：

$$8C_2H_5OCS_2Na+2CuSO_4+2CoSO_4 = 2Cu(C_2H_5OCS_2)\downarrow+2Co(C_2H_5OCS_2)_3\downarrow+4Na_2SO_4$$

由式中可看出，钴是以 Co^{3+} 与黄药作用形成稳定而难溶的盐，其中硫酸铜起到了使 C_0^{2+} 氧化成 Co^{3+} 的作用，是一种氧化剂，也可采用空气、$Fe_2(SO_4)_3$、$KMnO_4$ 等作氧化剂。因硫酸铜的氧化效果最佳，故生产实践中多采用硫酸铜。

如果溶液中有铜、镉、砷、锑、铁等存在，它们也能与黄药生成难溶化合物，必然增加黄药的消耗，因此送去除钴之前，必须净化除去其他杂质。

黄药在酸性溶液中易发生分解，使用量增大并降低除钴效率。为此，黄药除钴过程应在中性溶液中进行，一般控制溶液 pH 值为 5.2 ~5.4。当温度高过 50℃时，黄药易分解，黄药除钴的控制温度以 35 ~40℃为宜。为了除去溶液中低浓度的钴，黄药消耗量为溶液中钴量的 10 ~15 倍，硫酸铜的加入量为黄药量的 1/5 ~1/3，直到溶液钴含量合格为止。

株洲冶炼厂采用黄药除钴两段净化流程。第一段加锌粉连续置换除铜、镉，在特殊结构的沸腾槽中进行。第二段加黄药除钴，在机械搅拌槽中间断进行。两段净化后的矿浆用尼龙管式过滤机过滤。

黄药除钴法，因黄药价格昂贵，不能再生，且有臭味，劳动条件欠佳，除钴、镍不彻底，净化后液残留黄药对电解造成不利影响，从黄酸钴渣中提取钴的过程复杂等缺点，国内外仅少数厂家采用。

5.3.2 β-萘酚除钴法

β-萘酚除钴法是在锌溶液中加入β-萘酚（$C_{10}H_6NOOH$）、NaOH 和 HNO_2，再加废电解液，使溶液酸浓度达0.5g/L H_2SO_4，控制净化温度为65～75℃，搅拌1h，钴则按下式反应产生亚硝基-β-萘酸钴沉淀：

$$13C_{10}H_6ONO^- + 4Co^{2+} + 5H^+ = C_{10}H_6NH_2OH + 4Co(C_{10}H_6ONO)_3 + H_2O$$

该反应速度快，但试剂价格昂贵，不经济。试剂消耗为钴量的13～15倍，因该试剂也与铜、镉、铁形成化合物，故应在净化除铜、镉之后进行。除钴后液中残留有亚硝基化合物，需要加锌粉搅拌破坏，或用活性炭吸附。

表5-9～表5-11为一些工厂净化除铜、镉、钴的技术参数。

表5-9 一些工厂净化除铜、镉、钴的技术参数

工厂	流程与方法	各段目的		沉淀剂与技术条件
沈阳（中）	二段砷盐法	Ⅰ	除Cu、Co	锌粉、硫酸铜、S_2O_3；大于60℃；2～3h
		Ⅱ	除Cd、Fe	锌粉、硫酸铜、高锰酸钾；50～60℃；50～70min
梯敏斯（加）	二段砷盐法	Ⅰ	除Cu、Co、Ni	锌粉、硫酸铜；60℃；pH=3.5～4
		Ⅱ	除Cd	锌粉、硫酸铜；75℃；pH=4；90min
科科拉（芬）	三段砷盐法	Ⅰ	除Cu、Co、Ni	锌粉、As_2O_3；95℃
		Ⅱ	除Cd	锌粉、硫酸铜；75℃
		Ⅲ	除残Cd	锌粉；70℃
秋田（日）	四段砷盐法	Ⅰ	除Cu、Co、Ni	锌粉；70℃
		Ⅱ	除Cu、Co、Ni	锌粉、As_2O_3、Ⅳ段渣；75℃；100min
		Ⅲ	除残Cd	锌粉；70℃；20min
		Ⅳ	除Cd	锌粉；65℃；20min
会泽（中）	二段砷盐法	Ⅰ	除Cu、Co、Ni	锌粉、硫酸铜、酒石酸锑钾；80～85℃；90min
		Ⅱ	除Cd	锌粉、硫酸铜、酒石酸锑钾；45～50℃；60min
巴伦（比）	三段砷盐法	Ⅰ	除Cu	废锌；60℃；pH=5
		Ⅱ	除Co	锌粉、锑粉；65℃
		Ⅲ	除Cd	锌粉；60℃；pH=5
柳州（中）	二段砷盐法	Ⅰ	除Cu、Cd	锌粉；45～50℃
		Ⅱ	除Co	锌粉、电炉合金锌粉；80～90℃

续表 5-9

工厂	流程与方法	各段目的		沉淀剂与技术条件
会津（日）	三 段 砷盐法	Ⅰ Ⅱ Ⅲ	除 Cu、Cd 除 Co 除 Cd	锌粉；45～55℃ Pb-Sb 合金锌粉；80～85℃ 锌粉；45～50℃
株洲（中）	二 段 砷盐法	Ⅰ Ⅱ	除 Cu、Cd 除 Co	锌粉、硫酸铜；55～60℃；20min（连续），沸腾槽 黄药、硫酸铜；40～50℃；15～30min（间断）
里斯顿（澳）	二 段 砷盐法	Ⅰ Ⅱ	除 Cu、Cd 除 Co	锌粉 β-萘酚碱性溶液、亚硝酸钠、废电解液；pH=2.7
马格拉港（意）	三 段 砷盐法	Ⅰ Ⅱ Ⅲ	除 Cu 除 Co、Fe、有机物 除 Cd、Sb、Ce	锌粉、硫酸铜 β-萘酚、亚硝酸钠、高锰酸钾、活性炭；pH=2.8 锌粉、硫酸铜
安中（日）	四 段 砷盐法	Ⅰ Ⅱ Ⅲ Ⅳ	除 Cu、Cd 除 Cu、Cd 除 Co 除有机物	锌粉；55℃；pH=5.6；80min 锌粉；65℃；pH=5.6；110min β-萘酚、亚砂酸钠、苛性钠；63℃；pH=1.5；75min 活性炭固定床；63℃；20min

表 5-10 一些工厂净化液成分 （mg/L）

工厂	Cu	Cd	Co	Ni	Fe	As	Zn（g/L）
沈阳（中）	0.5	2	1～2	0.5	10	0.06	120～160
梯敏斯（加）	0.1	0.5	0.2	—	10	0.01	170
科科拉（芬）	0.1	0.5	0.45	—	28	0.02	152
秋田（日）	痕量	0.1	0.8	—	18	—	112
会东（中）	<0.3	<1.5	<1.5	<1.5	<20	<0.06	100～130
巴伦（比）	<0.1	0.2	<0.2	<0.1	<5	<0.01	160
柳州（中）	—	≤0.2	≤0.1	—	≤20	≤0.06	125～135
会津（日）	—	0.2～0.6	0.3～0.8	—	10	—	180～185
株洲（中）	≤0.2	≤1.5	≤1.0	≤1.5	≤20	≤0.04	130～170
里斯顿（澳）	0.05	0.3	8	0.3	0.2	—	115～120
马格拉港（意）	0.1	0.3	0.4	0.2	0.2	0.003	144
安中（日）	微量	<0.5	0.2	0.05	10	—	150

表 5-11 净化渣成分实例 (%)

工厂	渣名	Zn	Cd	Cu	Co	Sb	Pb
株洲（中）	铜镉渣	40.26	14.31	5.64	0.0211	0.088	—
	钴渣	16.68	2.306	4.17	1.67	0.23	—
巴伦（比）	铜渣	2	0.5	80	—	—	—
	钴渣	23	2	6	6	0.5	4
	镉渣	30	12	10	0.3	0.2	2.4

5.4 其他杂质的除去

中性浸出液中的氟、氯、钾、钠、钙、镁等离子，如含量超过允许范围，也会对电解过程造成不利影响，各厂均采用不同的净化方法降低它们的含量。

5.4.1 净化除氯

一般情况下，氯主要来源是锌烟尘中的氯化物及自来水中氯离子。溶液中氯的存在会腐蚀阳极，使电解液中铅含量升高而降低析出锌品级，当溶液氯离子含量大于100mg/L时，应净化除氯。常用的除氯方法有硫酸银沉淀法、铜渣除氯法、离子交换法等。

（1）硫酸银沉淀除氯。往溶液中添加硫酸银与其中的氯盐作用，生成难溶的氯化银沉淀，其反应为：

$$Ag_2SO_4 + 2Cl^- = 2AgCl\downarrow + SO_4^{2-}$$

该法操作简单，除氯效果好，但银盐价格昂贵，银的再生直收率低。

（2）铜渣除氯。基于铜及铜离子与溶液中的氯离子相互作用，形成难溶的氯化亚铜沉淀。用处理铜镉渣生产镉过程中所产海绵铜渣（25%～30% Cu、17% Zn、0.5% Cd）作沉氯剂，其反应为：

$$Cu_{(海绵铜)} + 2Cl^- + Cu^{2+} = Cu_2Cl_2\downarrow$$

反应过程温度为45～60℃，酸浓度为5～10g/L，经5～6h，则将溶液中 Cl^- 由500～1000mg/L降至100～150mg/L。

（3）离子交换除氯。利用离子交换树脂的可交换离子与电解液中待除去的离子发生交互反应，使溶液中待除去的离子吸附在树脂上，而树脂上相应的可交换离子进入溶液。国内某厂采用国产717强碱性阴离子树脂，除氯效率达50%。

5.4.2 净化除氟

氟来源于锌烟尘的氟化物，浸出时进入溶液。氟离子将腐蚀阴极铝板，使锌片难以剥离。当溶液中氟离子含量大于80mg/L时，须净化除氟。一般可在浸出过程中加入少量石灰乳，使氢氧化钙与氟离子形成不溶性氟化钙（CaF_2），但除氟效果不佳。也可用硅胶使酸性溶液中氟以氟化氢（HF）状态与硅酸聚合，并吸附在硅胶上，经水淋洗脱氟并使硅胶再生。除氟率达26%～54%。

由于从溶液中脱除氟、氯的效果不佳，一些工厂采用预先火法（如多膛炉）焙烧脱除锌烟尘中的氟、氯，并同时脱砷、锑，这样氟、氯则不进入湿法系统。

5.4.3　净化除钙、镁

5.4.3.1　湿法炼锌溶液中钙、镁的来源

A　从原料锌精矿中带入

湿法炼锌所使用的硫化锌精矿（氧化矿也一样），一般含Ca0.2%～1.2%，含Mg0.1%～0.6%，钙、镁在锌精矿中多以碳酸盐形式（$CaCO_3$、$MgCO_3$）存在，在锌精矿焙烧过程中分解为氧化物，在氧化焙烧气氛下，也有少部分生成硫酸盐（$CaSO_4$、$MgSO_4$）。

$$CaCO_3 \xrightarrow{\Delta} CaO + CO_2 \uparrow$$

$$MgCO_3 \xrightarrow{\Delta} MgO + CO_2 \uparrow$$

$$CaO + SO_3 \longrightarrow CaSO_4$$

$$MgO + SO_3 \longrightarrow MgSO_4$$

焙烧所生成的钙镁氧化物或钙镁硫酸盐均进入到焙烧产物的焙烧矿中。

在焙烧矿浸出时，大部分CaO、MgO与浸出液中的H_2SO_4反应生成硫酸盐。

$$CaO + H_2SO_4 \longrightarrow CaSO_4 + H_2O$$

$$MgO + H_2SO_4 \longrightarrow MgSO_4 + H_2O$$

$CaSO_4$、$MgSO_4$能溶解于水溶液中，其溶解度随溶液温度的变化而改变。表5-12列出了$CaSO_4$和$MgSO_4$在水溶液中不同温度下的溶解度（以100g水中溶解的物质的克数表示）。

表5-12　硫酸钙、硫酸镁的溶解度

溶液温度/℃		0	10	20	30	40	60	70	100
水溶液中溶解度/g	$CaSO_4$	0.1759	0.1928	0.2010	0.2091	0.2097	0.2047	0.1965	0.1619
	$MgSO_4$		30.9	35.5	40.8	45.60			

从表5-12可以看出，$CaSO_4$在40℃左右溶解度最大，达到0.2097g，随着溶液温度的升高或下降，其溶解度降低，$MgSO_4$则随着溶液温度的升高，溶解度增大。

B　从锌湿法冶炼过程的辅助材料带入

冶炼过程添加的氧化剂锰矿粉中，含 MnO_2 55% ~65%，CaO 0.2% ~5.0%，MgO 0.2% ~2.6%，其中钙、镁含量均高于锌精矿的含量，但锰矿粉的加入量少，每吨电解锌消耗 10 ~20 kg，只占硫化锌精矿数量的0.75%左右。可见由锰矿粉带进湿法系统的钙镁是很少的。

另外，有部分湿法炼锌厂在中性浸出后期加入石灰乳（CaO）中和调节 pH 值，也有少部分钙带入到系统中。

5.4.3.2　硫酸钙、硫酸镁对湿法炼锌的影响

钙镁盐类进入到湿法炼锌溶液系统中，不能用净化除 Cu、Cd、Co 等的一般净化方法中除去。钙镁盐会在整个湿法系统的溶液中不断循环积累，直至达饱和状态。

钙镁盐类在溶液中大量存在，给湿法炼锌带来一些不良影响：

（1）钙镁盐类进入湿法炼锌溶液系统，相应地增大了溶液的体积密度，使溶液的黏度增大，使浸出矿浆的液固分离和过滤困难。$CaSO_4$ 和 $MgSO_4$ 在过滤布上结晶析出时，还会堵塞滤布毛细孔，使过滤无法进行。

（2）含钙镁盐饱和的溶液，在溶液循环系统中，当局部温度下降时，Ca^{2+}，Mg^{2+} 分别以 $CaSO_4$ 和 $MgSO_4$ 结晶析出，在容易散热的设备外壳和输送溶液的金属管道中沉积，并且这种结晶会不断成长为坚硬的整体，造成设备损坏和管路堵塞，严重时会引起停产，给湿法冶炼过程带来很大危害。

（3）锌电积液中，钙镁盐类含量高时，增加电积液的电阻，降低锌电积的电流效率。

基于以上危害，清除过量溶解的钙镁是每一个湿法炼锌厂遇到的共同问题。

5.4.3.3　除钙、镁的方法

A　在焙烧前除镁

国外有些湿法炼锌厂，当硫化锌精矿镁含量不小于0.6%时，采用稀硫酸洗涤法除 Mg，其化学反应式为

$$MgCO_3 + H_2SO_4 = MgSO_4 + H_2O + CO_2 \uparrow$$

$$MgO + H_2SO_4 = MgSO_4 + H_2O$$

使 Mg 以 $MgSO_4$ 形态进入到洗涤液中排除。

这种方法能有效地除去硫化锌精矿中的镁。但由于增加了一个工艺过程，必然会带来有价金属的损耗。如果硫化锌精矿中含有 ZnO、$ZnCO_3$ 时，这一部分的锌在酸洗时也进入到酸洗液中，造成回收困难。

B　溶液集中冷却除钙、镁

用冷却溶液方法除钙镁的原理是基于 Ca^{2+}、Mg^{2+} 在不同温度下的溶解度差别，当钙、镁含量接近饱和时从正常作业温度下采用强制降温，Ca^{2+}、Mg^{2+} 就会以 $CaSO_4$、$MgSO_4$ 结晶析出，从而降低溶液中的 Ca^{2+}、Mg^{2+} 含量。

工业生产中，多采用鼓风式空气冷却塔，冷却经净化除 Cu、Cd、Co 等后的新液，新液在50℃以上，在冷却塔内降至40 ~45℃时，放置在大型的新液贮槽内，自然缓慢冷却，

这时钙镁盐生成结晶，在贮槽内壁和槽底沉积，随着时间的增加，贮槽内壁四周和贮槽底形成整体块状结晶物。定期清除结晶物，以达到除去钙镁的目的。

也有一些工厂，将净化除 Cu、Cd、Co 等后的新液加入到废电积液的空气冷却塔中，与废电积液一同冷却，$CaSO_4$和 $MgSO_4$在冷却塔内的塔板上结晶或在冷却塔塔底集液池中析出。

另外，有的湿法炼锌厂使用一部分新液生产硫酸锌副产品，从硫酸锌产品中可将系统中的部分钙镁分流出去。

6 硫酸锌溶液的电解沉积

6.1 概　　述

锌的电解沉积是湿法炼锌的最后一个工序，是从含有硫酸的硫酸锌水溶液中电解提取纯金属锌的过程。锌精矿焙烧、浸出、净化作业的好坏，都将在电解过程中明显地显示出来。锌电积能耗在很大程度上影响到整个湿法炼锌的成本。

锌电积是将净化后的纯硫酸锌溶液（新液）与一定比例的电解废液混合，流入电解槽内，用含有0.5%～1%银的铅银合金板作阳极，压延铝板作阴极，通入直流电后，在阴极上析出金属锌，阳极上放出氧，溶液中硫酸再生，锌电积总反应如下：

$$ZnSO_4+H_2O \xlongequal{直流电} Zn+H_2SO_4+\frac{1}{2}O_2$$

随着电解过程的进行，溶液中锌离子浓度不断降低，硫酸浓度相应增加，当溶液锌含量达45～60g/L，含硫酸135～170g/L时，则作为废电解液，一部分返回浸出作溶剂，一部分返回电解循环使用。电解24～48h后，将阴极锌剥下，经熔铸即得产品锌锭。

按所采用技术条件不同，锌电积有三种方法。表6-1所列为三种电解方法及其比较。

表6-1　锌电解沉积三种方法的比较

方　　法	电解液硫酸含量 $/g \cdot L^{-1}$	阴极电流密度 $/A \cdot m^{-2}$	优缺点
低酸低电流密度法	110～130	300～450	耗电少；生产能力小；基建投资大
中酸中电流密度法（中间法）	130～160	500～700	生产操作比前者简单，生产能力比前者大，但比后者小；基建投资较小
高酸高电流密度法	220～300	1000以上	生产能力大；耗电多；电解槽内部结构复杂

目前国外许多工厂倾向采用低电流密度（300～400A/m^2）、大阴极（1.6～3.4m^2），以适应机械化、自动化作业及降低电耗。我国大多数工厂采用低电流密度的上限和中电流密度的下限，为450～550A/m^2。国外少数工厂采用高电流密度法。

6.2 锌电积的电极反应

锌电积电解液的主要成分为$ZnSO_4$、H_2O，并含有微量杂质金属如铜、镉、钴等的硫酸盐。对于纯的 $ZnSO_4$-H_2SO_4 水溶液体系而言，在溶液中，它们呈离子状态存在：

$$ZnSO_4 \rightleftharpoons Zn^{2+} + SO_4^{2-}$$

$$H_2SO_4 \rightleftharpoons 2H^+ + SO_4^{2-}$$

$$H_2O \rightleftharpoons H^+ + OH^-$$

当通直流电于溶液中时，正离子移向阴极，负离子移向阳极，并分别在阴、阳极上放电。图 6-1 所示为纯 $ZnSO_4$-H_2SO_4 体系的锌电积示意图。

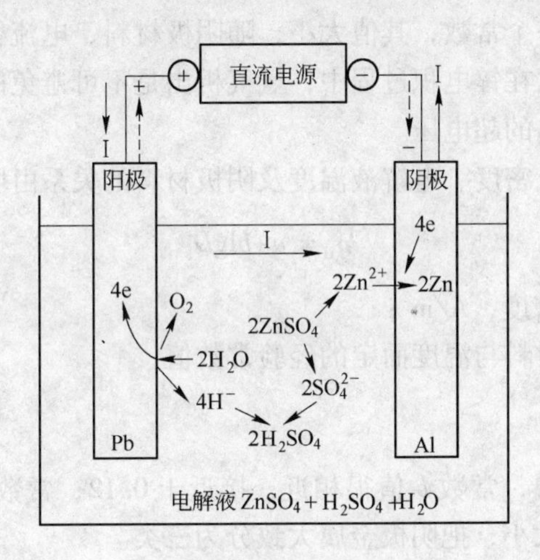

图 6-1 锌电积示意图

当溶液中含有杂质金属并超过允许含量时，也参与放电，使锌电积过程变得复杂。

6.2.1 阴极反应

在锌电积的阴极区存在 Zn^{2+}、H^+、微量 Pb^{2+} 及其他杂质金属离子（Me^{n+}），并通直流电时，在阴极上的主要反应有：

$$Zn^{2+} + 2e \Longrightarrow Zn,\ E^{\ominus}_{Zn^{2+}/Zn} = -0.763V$$

$$2H^+ + 2e \Longrightarrow H_2\uparrow,\ E^{\ominus}_{H^+/H_2} = 0.000V$$

在 298K 时，锌和氢的放电电位如下：

$$E_{Zn} = E^0_{Zn} + \frac{2.303RT}{2F}\lg a_{Zn^{2+}} = -0.763 + 0.0295\lg a_{Zn^{2+}}$$

$$E_H = E^0_H + \frac{2.303RT}{F}\lg a_{H^+} = 0.05\lg a_{H^+}$$

从热力学的观点来看，在析出锌之前，电位较正的氢应优先析出，锌的电解析出似乎是不可能的。然而在实际的电积锌过程中，伴随有极化现象而产生电极反应的超电压（以 η 表示），加上这个超电压，阴极反应的析出电位（E'）应为：

$$E'_{Zn} = -0.763+0.0295\lg a_{Zn^{2+}}-\eta_{Zn}$$

$$E'_{H} = 0.591\lg a_{H^+} - \eta_{H}$$

在工业生产条件下，设电解液中含 Zn55g/L，$H_2SO_4$120g/L，相对密度为 1.25（相应活度 $a_{Zn^{2+}}=0.0424$，$a_{H^+}=0.142$），电解温度 40℃，电流密度 500A/m^2 时，查得 $\eta_H=1.105$V，$\eta_{Zn}=0.03$V，计算得 $E'_{Zn}=-0.851$V 及 $E'_H=-1.156$V。可见，由于氢析出超电压的存在，使氢的析出电位比锌为负，锌则优先于氢析出，从而保证了锌电积的顺利进行。

氢析出超电压不是一个常数，其值大小，随阴极材料、电流密度、电解液温度、添加剂及溶液成分而变。所以在锌电积过程中，氢气析出是不可避免的。为了提高锌的电流效率，必须设法提高氢析出的超电压。

氢析出超电压与电流密度、电解液温度及阴极材料的关系由塔菲尔公式描述：

$$\eta_H = a+b\lg D_k$$

式中　D_k——阴极电流密度，A/m^2；

a——依据阴极材料与温度而定的经验常数值；

$b=\dfrac{2\times 2.3RT}{F}$。

对于不同的阴极金属，常数 b 值很相近，接近于 0.12；常数 a 值则介于 0.1～1.5 之间，相差较大。按 a 值大小，把阴极金属大致分为三类。

高超电压金属（a=1.2～1.5V），有 Pb、Cd、Hg、Tl、Zn、Sn、Al 等；

中超电压金属（a=0.5～0.7V），有 Fe、Co、Ni、Cu、Au 等；

低超电压金属（a=0.1～0.3V），有 Pt、Pd 等。

当以铝阴极进行电解时，阴极上很快覆盖一层很薄的锌，故实际上变成锌阴极。氢在不同阴极金属上的超电压列入表 6-2 中。

阴极表面的结构状态对氢超电压大小有间接影响。阴极表面愈不平整，则实际表面愈大，真正的电流密度愈小，氢气超电压亦愈小。若电解液中添加胶质，可以增大氢气超电压使析出锌平整。

表 6-2　氢在不同阴极金属上的超电压（25℃）　　（V）

电流密度 /A·m^{-2}	金属名称											
	Al	Zn	Pt（光铂）	Au	Ag	Cu	Bi	Sn	Pb	Ni	Cd	Fe
100	0.825	0.746	0.068	0.390	0.7618	0.584	1.05	1.0767	1.090	0.747	1.134	0.5571
500	0.968	0.926	0.186	0.507	0.8300	—	1.15	1.1851	1.168	0.890	1.211	0.7000
1000	1.066	1.064	0.288	0.588	0.8749	0.801	1.14	1.2230	1.179	1.048	1.216	0.8184
2000	1.176	1.168	0.355	0.688	0.9397	0.988	1.20	1.2342	1.217	1.130	1.228	0.9854
5000	1.237	1.201	0.573	0.770	1.0300	1.186	1.21	1.2380	1.235	1.208	1.246	1.2561

金属锌的析出是电结晶过程，包括新晶核的生成及晶核成长两个过程。当新晶核生成速度大于晶核成长速度时，可获得表面结晶致密的阴极锌。电结晶过程受温度、电流密度、电解液成分及添加剂等因素的影响。在 H_2SO_4 溶液中不同电流密度下电解温度变化对氢在锌阴极上的超电压见图 6-2。

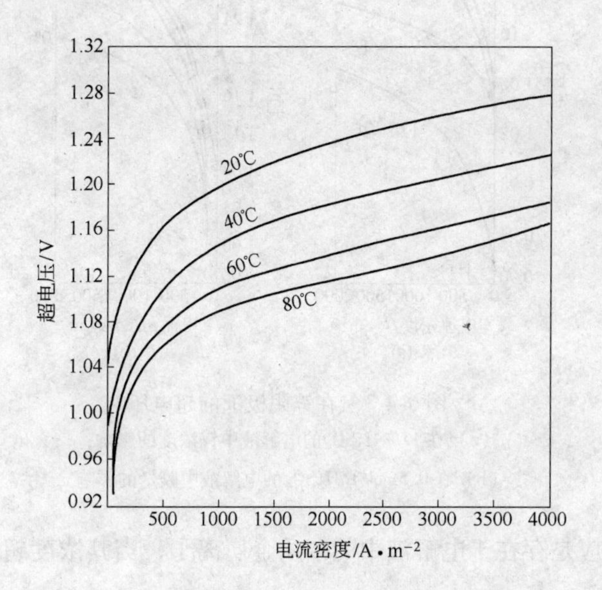

图 6-2 在 H_2SO_4溶液中不同电流密度下电解温度变化对氢在锌阴极上的超电压的影响

在 H_2SO_4 电解液中各种杂质对氢在锌阴极上超电压的影响及氢在不同浓度的 H_2SO_4 溶液中锌阴极上的超电压如图 6-3、图 6-4 所示。

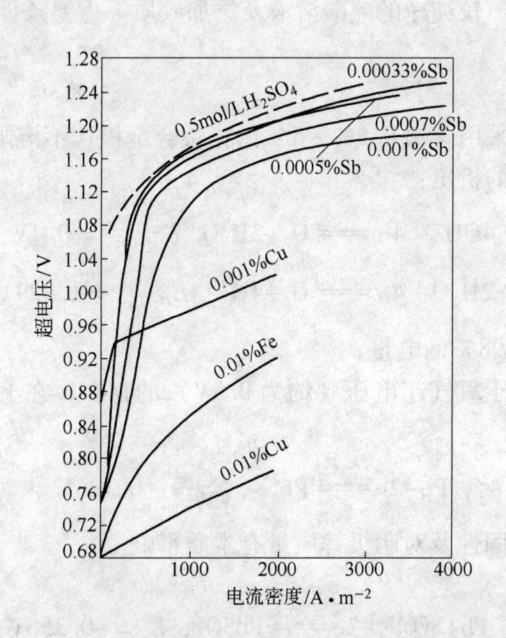

图 6-3 在 0.5mol/L H_2SO_4电解液中各种杂质对氢在锌阴极上超电压的影响

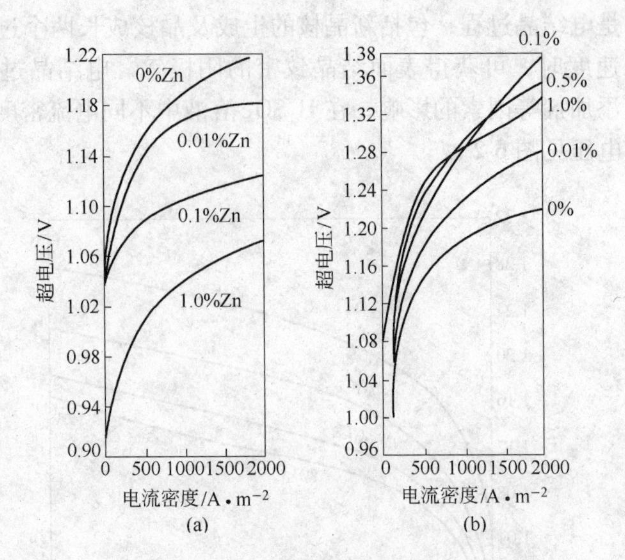

图6-4　氢在锌阴极上的超电压

（a）在17% H_2SO_4的电解液中锌浓度的影响；

（b）在0.5mol/L H_2SO_4的电解液中胶量的影响

阴极的微量反应是存在于电解液中的杂质金属离子，当其浓度超过危害限度，按下式放电析出：

$$Me^{n+}+ne = Me$$

使产品质量和电流效率降低。

生产实践中，为了保证高的氢析出超电压，达到高的电流效率，采用较高的电流密度、较低的电解液温度、较纯净的硫酸溶液及添加胶质等重要条件进行电积。

6.2.2　阳极反应

目前工业生产大都采用含银0.5%～1%的铅银合金板作不溶阳极，通直流电后，阳极上发生的主要反应是氧的析出：

$$4OH^- - 4e = O_2+2H_2O,\ E^{\ominus}_{O_2/OH^-} = 0.4V$$

$$2H_2O - 4e = O_2+4H^+,\ E^{\ominus}_{O_2/H_2O} = 1.229V$$

它们消耗通过阳极98%的电量。

在电流作用下，由于氧气超电压（约为0.5V）的存在，在上述两反应出现之前，首先出现下列微量反应：

$$Pb-2e = Pb^{2+},\ E^{\ominus}_{Pb} = -0.126V$$

该反应对阳极的坚固性及对阴极锌质量有本质影响。

阳极进一步氧化：

$$Pb+SO_4^{2-}-2e = PbSO_4,\ E^{\ominus} = -0.356V$$

形成的$PbSO_4$一部分溶解于电解液中，其溶解度随温度和硫酸浓度而变，如表6-3所示。在工业电解液中，Pb^{2+}含量最高达 5 ~ 10mg/L。一部分 $PbSO_4$继续在阳极氧化为 PbO_2，反应如下：

$$PbSO_4+2H_2O-2e = PbO_2+4H^++SO_4^{2-}, \quad E^{\ominus}=1.685V$$

未被 $PbSO_4$覆盖的表面上，铅可直接氧化成 PbO_2，即

$$Pb+2H_2O-4e = PbO_2+4H^+, \quad E^{\ominus}=0.655V$$

待铅阳极基本为 PbO_2覆盖后，即进入正常的阳极析氧反应。在阳极上放出的 H^+使溶液中相对 H^+数量增加，并与未放电的 SO_4^{2-} 结合，使 H_2SO_4不断产生，其产量为析出锌量的 1.5 倍。

表 6-3 硫酸铅在硫酸溶液中的溶解度

硫酸浓度 /%	不同温度下溶液中 $PbSO_4$ 含量/$mg \cdot L^{-1}$				硫酸浓度 /%	不同温度下溶液中 $PbSO_4$ 含量/$mg \cdot L^{-1}$			
	0℃	25℃	35℃	50℃		0℃	25℃	35℃	50℃
0.5	2.0	2.5	4.3	11.5	20.0	0.5	1.2	2.8	8.0
5.0	1.6	2.0	4.0	10.3	30.0	0.4	1.2	2.0	4.6
10.0	1.2	1.6	3.8	9.6	40.0	0.4	1.2	1.8	2.8

阳极上放出的氧，消耗于三个方面：

（1）大部分氧由阳极表面形成气泡，并吸附少量的酸和水（微粒）逸出电解槽形成酸雾，使设备腐蚀，劳动条件恶化。

（2）少部分氧与阳极表面作用，参与形成过氧化铅（PbO_2）阳极膜，形成阳极钝化而起不溶性阳极的作用，并保护阳极不受腐蚀。

（3）一部分氧与溶液中二价锰作用形成高锰酸和二氧化锰，其反应为：

$$2MnSO_4+3H_2O+\frac{5}{2}O_2 = 2HMnO_4+2H_2SO_4$$

该反应生成的 MnO_4^- 使无色硫酸锌溶液变成紫红色。高锰酸继续与硫酸锰作用：

$$MnSO_4+HMnO_4+2H_2O \longrightarrow 5MnO_2\downarrow+3H_2SO_4$$

生成的 MnO_2，一部分沉于槽底，形成阳极泥，可返回浸出作用氧化剂；一部分附于阳极表面，形成比较致密的 MnO_2薄膜，加强了 PbO_2的强度而保护阳极不受腐蚀。阳极的抗腐蚀性取决于银—铅阳极板表面上保持稳定的 PbO_2/MnO_2覆盖层。为此，银—铅阳极必须在 1.9V 以上的电压下操作，并要求电解液 Mn^{2+}含量为 3 ~ 5g/L。

当溶液中含有氯离子时，在阳极氧化析出氯气，污染车间空气，并腐蚀阳极，其反应为：

$$2Cl^--2e = Cl_2\uparrow, \quad E^{\ominus}=1.36V$$

$$Cl^-+4H_2O-8e = ClO_4^-+8H^+, \quad E^{\ominus}=1.39V$$

6.3 杂质行为、电锌质量及添加剂

电解液中微量杂质的存在，能改变电极和溶液界面的结构，直接影响析出锌的结晶状态，降低电流电效率及电锌质量。

6.3.1 杂质行为

6.3.1.1 杂质在阴极上的析出

杂质金属离子能否在阴极放电析出，取决于其平衡电位的大小。当电解液中锌离子浓度为55g/L（$a_{Zn}=0.0424$）时，按能斯特公式计算某些杂质离子放电的最低浓度。表6-4为锌及常见杂质的标准还原电位、一般含量及放电最低浓度数据。可见，杂质在阴极上析出不可避免。杂质的析出速度与析出电位有关。但当溶液杂质浓度低到一定程度时，决定析出速度的因素已不是析出电位，而是取决于杂质扩散到阴极表面的速度，即析出速度就等于扩散速度。所以任一离子的析出速度，决定于其极限电流密度。其数学表达式为：

$$D_d = \frac{nFD_iC_i}{\delta}$$

式中 D_d——极限电流密度，A/m^2；

F——法拉第常数；

D_i——离子扩散系数，cm^2/s；

C_i——离子浓度，mol/m^3；

δ——扩散层厚度，cm。

表6-4 杂质离子与锌同时放电的最低浓度

Me^{n+}	$E^{\ominus}/V$	一般含量/$mg \cdot L^{-1}$	放电平衡浓度/$mg \cdot L^{-1}$
Zn^{2+}	−0.763	$(50 \sim 60) \times 10^3$	55×10^3
Cd^{2+}	−0.403	0.3～2	3.19×10^{-9}
Cu^{2+}	+0.34	0.5～0.05	1.43×10^{-34}
Ni^{2+}	−0.25	0.1～2	1.13×10^{-14}
Co^{2+}	−0.277	0.1～3	9.25×10^{-14}
Fe^{2+}	−0.44	10～20	2.82×10^{-8}
Pb^{2+}	−0.126	0.04～0.1	2.58×10^{-18}
As^{3+}	+0.25	0.05～0.1	2.36×10^{-49}
Sb^{3+}	+0.15	0.05～0.1	4.56×10^{-44}
Ge^{2+}	−0.15	0.005～0.1	4.70×10^{-40}

因电解液中杂质离子浓度很低，实际析出速度只能接近或等于其极限电流密度。因此，进入阴极的杂质量将与其浓度成正比。阴极锌中的某杂质 i 的含量由下式决定：

$$w_i = \frac{D_d \cdot M_i}{D_k \cdot M_{Zn} \cdot \eta}$$

式中 M_i——杂质相对原子质量；

M_{Zn}——锌相对原子质量；

η——电流效率；

D_k——电流密度，A/m^2。

以 Cu^{2+} 为例，设 $D_k=500A/m^2$，$\eta=92\%$，$D_i=0.72\times10^{-5}cm/s$，$\delta=0.05cm$，$C_{Cu}^{2+}$ 为 $3.15\times10^{-9}mol/L$，则

$$D_d=\frac{2\times96500\times0.72\times10^{-5}\times3.15\times10^{-9}}{0.05}=8.96\times10^{-4}A/m^2$$

$$W_{Cu}=\frac{8.76\times10^{-4}\times63.54}{500\times65.38\times0.92}=1.85\times10^{-6}\approx0.0002\%$$

因此，要提高电锌质量，必须降低溶液中杂质含量及提高电流效率。

6.3.1.2 杂质在电解时的行为

微量杂质对电解过程的影响，按其危害情况不同分为下列几类：

（1）降低物理质量及电流效率的杂质，主要包括铜、钴、镍、砷、锑、锗等。它们可能在阴极析出，促使形成 Zn-H 微电池，加速氢离子放电和锌反溶，形成各种形态的“烧板”而降低锌的电流效率。根据生产实践总结，它们影响析出锌表面状态的情况为：铜形成圆形透孔，周边不规则；镍呈葫芦形孔洞；钴呈独立小圆孔，甚至烧穿成洞；锗形成黑色圆环，严重时形成大面积针状小孔；锑使阴极表面呈条沟状；砷使阴极表面起皱纹，失去光泽，或呈苞芽状。

锑的危害还在于形成锑化氢，又被电解液还原析出氢气：

$$SbH_3+3H^+ = Sb^{3+}+3H_2\uparrow$$

锗类似于锑，其危害较锑更大，也形成氢化物：

$$GeH_4+4H^+ = Ge^{4+}+4H_2\uparrow$$

$$Ge^{4+}+4e = Ge$$

$$Ge+2H_2 = GeH_4$$

这样循环反应，既消耗电能又降低电效，在高温时危害更大，与锑共存时危害加剧。锗、锑还加剧其他杂质的危害作用，如随锑含量的增加，钴的危害加剧，示于表 6-5。当加入胶质，将不同程度消除锑、钴的危害，如表 6-6 所示。

表 6-5 有锑存在时钴对电流效率的影响

Sb 含量/$mg\cdot L^{-1}$ \ Co 含量/$mg\cdot L^{-1}$	0	10	20	电解条件
0	97	95	91	Zn，60g/L
0.05	96	82	80.4	H_2SO_4，100g/L
0.10	92.6	66.6	75.6	$D_k=400A/m^2$，35℃

表 6-6 加胶质时锑、钴对电流效率的影响

明胶/g·L⁻¹ \ Co/mg·L⁻¹	0	10	50	100	电解条件
0	96	84	75	69.8	$D_k=400A/m^2$ $t=30℃$
0.2	95.8	95.4	94.5	94	

胶量/g·L⁻¹ \ Sb/mg·L⁻¹	0	0.05	0.1	0.2	0.6	1	电解条件
0	97	96	92.6	88.5	87.8	62.5	$D_k=400A/m^2$ $t=30℃$
0.02	94.8	96.7	96.8	96.1	86.2	72.5	

(2) 降低化学质量的杂质，主要是铜、镉、铅等，它们在阴极析出。铜既影响电流效率又降低化学质量；镉降低化学质量，对电流效率影响甚小；铅是降低化学质量的主要杂质，锌的品级往往由铅含量所决定。

(3) 降低电流效率的杂质，主要是铁和锰，它们一般不在阴极析出，不致影响析出锌的物理质量和化学质量，而是在阴、阳极之间进行氧化还原反应消耗电能，使锌反溶，降低电流效率，如铁的氧化还原反应如下：

阴极 $Fe_2(SO_4)_3+Zn = ZnSO_4+2FeSO_4$

阳极 $4FeSO_4+2H_2SO_4+O_2 = 2Fe_2(SO_4)_3+2H_2O$

锰离子的作用类似于铁。

(4) 增加电阻的杂质，主要是那些比锌更为负电性的钾、钠、钙、镁等的硫酸盐，总量可达 20 ~ 25g/L，其中镁为 3 ~ 17g/L。它们含量过多时，增大溶液黏度，增大电阻而增加电能消耗。钙、镁含量过高时，析出结晶，阻塞管道影响操作。需定时抽出部分电解液脱除这些杂质。

(5) 腐蚀阴、阳极的杂质主要是氯和氟离子。氯离子腐蚀阳极，增多溶液中铅含量，使析出锌含铅增加而降低锌的品级，同时缩短阳极寿命。氯离子在阳极形成氯酸盐，严重腐蚀阳极：

$$Pb+6H^++ClO_3^- = Pb^{2+}+Cl^-+3H_2O$$

当有 MnO_2 存在时，可抑制 Cl^- 的有害作用：

$$MnO_2+4H^++2Cl^- = Mn^{2+}+Cl_2+2H_2O$$

氟离子能破坏阴极铝板表面的氧化铝膜，使析出锌与铝板发生黏结，致使锌片难以剥离。加入酒石酸锑钾，可缓解锌片难剥的状况。

为了产生高纯度的锌，提高电流效率、降低电耗，对净化液中及精矿中的杂质含量严格要求在限度以下，如表 6-7 所示。

表 6-7 锌电液杂质容许含量及工厂数据 (mg/L)

元素	净液中容许含量	精矿中容许含量/%	株洲（中）	沈阳（中）	会东（中）	达特恩（德）	巴特勒斯维尔（美）	佛林·佛伦（加）
As	0.05	0.2	≤0.24	≤0.06	<0.06	<0.02	<10	0.03
Sb	0.05	0.1	≤0.3	0.12	<0.1	—	12	0.02
Ge	0.005	0.005	≤0.05	≤0.01	<0.02	—	<10	0.006
Co	0.1	0.006	<1	≤2	<1.5	<0.1	0.7	8.1
Ni	0.1	0.006	≤2	≤0.5	<1.5	<0.05	0.3	—
Cl	100	0.03	≤200	≤150	<300	50~100	100	4.9
F	50	0.015	≤50	≤100	<100	2~2.5	0.4	8.8
Cu	0.05	—	<0.2	≤0.5	<0.3	<0.2	<0.1	1.2
Cd	0.3	—	≤1.5	≤2	<1.5	<0.1	2.3	0.5
Pb	0.04	4.0	—	—	—	—	—	—
Fe	<20	—	≤20	≤10	<10	25~30	<0.1	18
Mn	$(3\sim6)\times10^3$	$(2\sim5)\times10^3$	$>2\times10^3$	$(2.5\sim4)\times10^3$	2.5×10^3	3.16×10^3	35	

6.3.2 电锌质量

随着科学技术的发展，用锌工业部门对品级要求愈来愈高，一般为含锌99.99%以上，相当于国家标准Ⅰ号锌，杂质总含量不超过0.01%，其中铁小于0.003%，镉小于0.002%，铜小于0.001%，铅小于0.005%。为了提高电锌质量，必须降低溶液中杂质含量及严格控制生产条件。实践证明，溶液中杂质可以通过深度净化降低至要求限度以下，而影响阴极锌化学品级的主要杂质是来自电解过程铅—银阳极的铅。

析出锌中铅来源，主要是溶解于电解液中 Pb^{2+} 在阴极上的析出及从阳极表面脱离的 PbO_2 粒子在阴极锌中的机械夹杂。悬浮于电解液中的 PbO_2 微粒物，吸附 H^+ 而带正电荷，随电解液的定向流动，黏附于阴极上，一部分被析出锌所包裹，一部分先被还原成 Pb^{2+}（$PbO_2+4H^++2e = Pb^{2+}+2H_2O$），而后再析出。

铅在阴极中的含量随溶液中铅离子、氯离子、硫酸浓度及温度的增加而增加，随电流密度的增加及含有一定的锰离子而降低，如图6-5所示。

降低阴极锌含铅，提高电锌质量，可采取如下措施：

（1）控制适当的电解条件。实践证明，当提高电解液锌含量及电流密度，降低酸度及温度，有利于降低阴极锌铅含量，但这些条件受到电流效率及电能消耗的限制。如图6-6所示，当溶液中含有一定的锰离子，可阻止阳极腐蚀，抑制氯的有害作用，减少 PbO_2 移向阳极的数量，从而减少铅离子进入溶液。在不降低电流效率的条件下，电解液中含适量钴，可降低阳极电位而阻止阳极铅腐蚀。

（2）阳极镀膜。在正式电解之前，对于新阳极或经刷洗后的阳极，在低温（25℃）和低电流密度（20~30A/m²）下电解，使阳极上析出的氧与铅反应，在阳极表面形成较致密的 PbO_2 薄膜，保护阳极不被硫酸溶液腐蚀。加拿大特累尔厂在氟化钾（40g/L）和硫酸盐（40g/L）的水溶液中，于工业电流密度下对阳极进行钝化处理8~12h，也达到同样的效果。

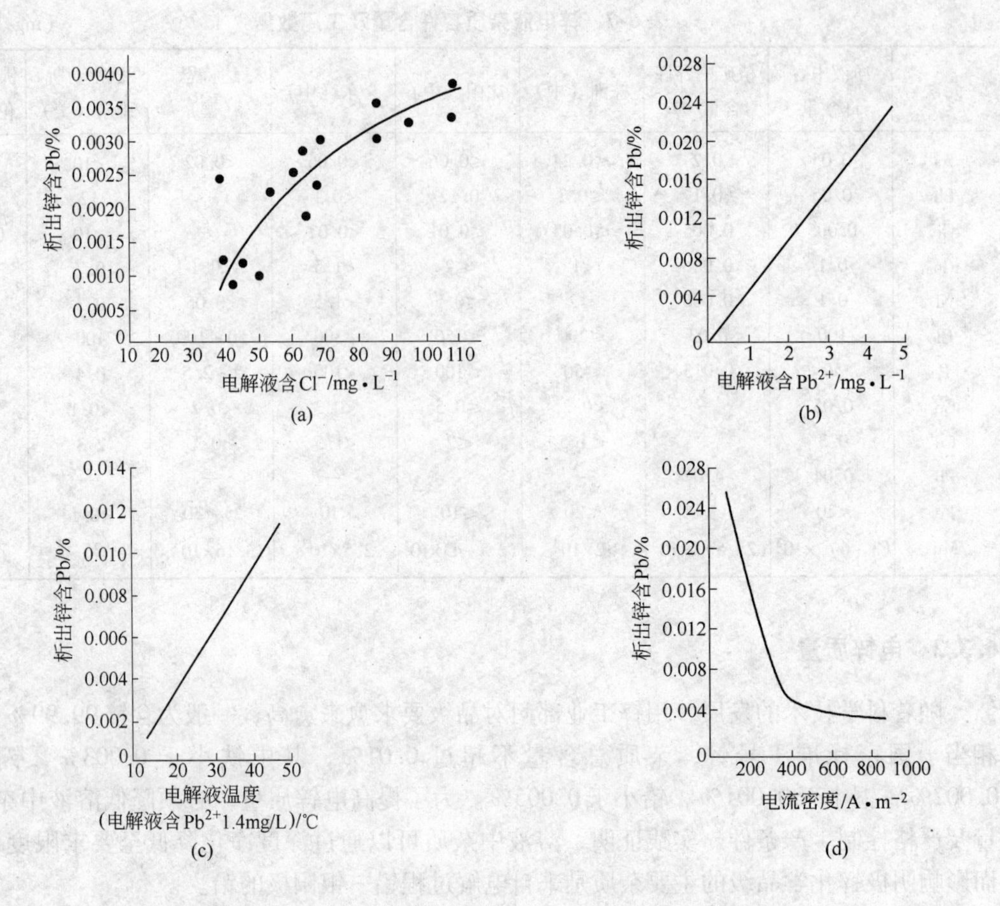

图6-5　析出锌含铅与电解液中Cl^-量（a）、电解液中Pb^{2+}量（b）、电解液温度（c）及电流密度（d）的关系（阳极为含1% Ag的铅板）

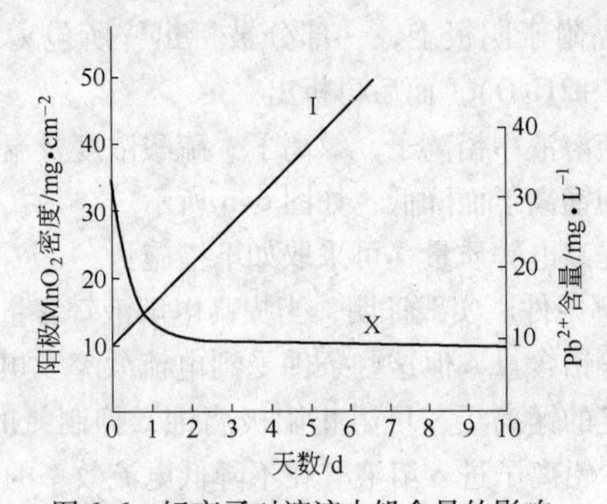

图6-6　锰离子对溶液中铅含量的影响

（3）添加特殊试剂。为了减少已进入溶液中的Pb^{2+}，一般加入碳酸锶（$SrCO_3$），在酸性溶液中转变成溶解度更小的硫酸锶（$SrSO_4$），与硫酸铅晶格大小相近，形成类质同晶而共同沉淀。吨锌碳酸锶的加入量通常为1～2kg。图6-7为碳酸锶消耗量与阴极含铅的关系。也可用碳酸钡代替碳酸锶，其用量为碳酸锶的1～1.5倍，往电解液中加入水玻璃（Na_2SiO_3），对于降低阴极锌含铅也有一定作用。

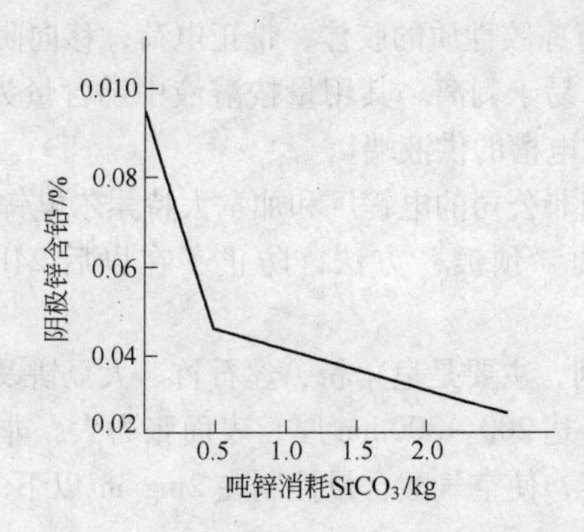

图6-7 碳酸锶消耗量与阴极锌含铅的关系

（4）定期洗刷阳极。为了避免阳极膜过厚而脱落，一般9～10天刷洗一次。刷洗分机械法刷洗和电解法刷洗。电解法不会破坏阳极板表面的氧化膜层。日本彦岛电解厂则采用$FeSO_4$溶液溶解阳极表面MnO_2，所得溶液返回浸出用，既不损坏阳极表面膜，还延长寿命。

（5）定期掏槽。为了避免阳极泥过厚而飘浮于电解液中，一般30～40天清洗电解槽一次。有人工清洗和机械清洗，大多数工厂采用真空吸滤法掏槽。阳极泥主要成分为（%）：MnO_2 60～70、Pb 4～14、Zn 2～4。

（6）保证供电稳定，加强槽面管理及铸型管理。因阳极电流密度的波动，易引起阳极膜疏松而脱落；保持槽面清洁，避免导引铜棒腐蚀而污染溶液；熔铸时，将含铅较高的碎锌片、飞边及树枝结晶与整块的清洁锌片分开熔铸，应避免铁器具与溶锌接触。

6.3.3 添加剂

为了改善阴极锌质量和劳动条件，特意加入某些添加剂，按它们的作用不同分为下列四类：

（1）使析出锌平整、光滑、致密的添加剂，主要是胶及某些表面活性物质如甲酚、β-萘酚等。通常使用动物胶（$H_2NCHRCOOH$），在酸性溶液中带正电荷。电解时，受直流电作用移向阴极，并吸附在高电流密度的点上，阻止了晶核的成长，迫使放电离子形成新晶核，使析出锌呈细晶粒状；减少锑、钴等杂质的有害影响；能增加氢气超电压，抑制氢析出；能阻止杂质在阴极上的微电池作用而减少锌的反溶。其加入量为0.01～1g/L。表面活性物质具有相同的作用。里斯顿电锌厂采取混合添加剂：胶25mg/L，β-萘酚25mg/L和锑0.15mg/L，获得比较好的效果。

（2）提高阴极锌化学质量的添加剂，主要是碳酸锶、碳酸钡及水玻璃等，降低溶液中Pb^{2+}浓度，减少阴极锌含铅。

（3）使阴极锌易于剥离的添加剂，主要是酒石酸锑钾，在酸性溶液中液中按下式反应：

$$K(SbO)C_4H_4O_6+H_2SO_4+2H_2O \longrightarrow Sb(OH)_3+H_2C_4O_6+KNSO_4$$

生成的 $Sb(OH)_3$是一种具有冻胶性质的胶体，带正电荷，移向阴极并吸附在铝板上形成一层结构疏松的薄膜，使锌片易于剥离。其用量按溶液中锑含量为 0.1～0.2mg/L 加入。一般在装槽前 10～15min 加入电槽的供液端。

为了防止锌铝黏结，南非公司的电锌厂和加拿大特累尔电锌厂，采用将铝阴极板先在低氟锌溶液中电解 10min 的“预镀”方法，防止了在以后 24h 的高氟系统中出现黏结现象。

（4）降低酸雾的添加剂，主要是皂角粉、丝石竹、大豆饼及水玻璃一类起泡剂，在电解液表面形成一泡沫层，可达 200～300mm 厚，表面张力大，非常稳定，对电解液微粒起过滤作用而有效地捕集酸雾，使空气酸含量控制在 $2mg/m^3$ 以下。从而减少对环境的污染、对设备的腐蚀及电解液损失。

为了消除车间酸雾，一些工厂采用强制通风或通风与添加剂相并用的方法，使空气酸含量小于 $1mg/m^3$。

表 6-8 为一些工厂锌电积添加剂种类及用量。

表 6-8　吨锌锌电积的添加剂种类及消耗量　　（kg）

工　厂	胶	水玻璃	甲酚	$SrCO_3$	β-萘酚
达特恩（德）	0.031	0.9	0.021	5.74	—
科科拉（芬）	0.118	0.98	0.041	9.86（$BaCO_3$）	—
秋田（日）	0.01	0.045（大豆粉）	—	—	0.05
埃克斯塔尔（加）	0.026～0.032	—	0.018～0.032	3.5～3.6	—
株洲（中）	约 0.5	—	—	0.4～0.7	—

6.4　电流效率、槽电压及电能消耗

6.4.1　电流效率

电流效率是指实际析出锌量与通过同等电量理论应得锌量之比的百分数，按下式计算：

$$\eta = \frac{G}{q \cdot I \cdot t \cdot N} \times 100\%$$

式中　η——电流效率，%；

G——在时间 t 内，阴极实际析出的锌量，g；

q——锌电化当量，1.2195g/(A·h)；

I——电流强度，A；

t——电积时间，h；

N——电解槽数。

电流效率是重要的技术经济指标之一，工业电流效率一般为85% ~93%。

影响电流效率的因素有：电解液中锌浓度及其酸度、阴极电流密度、电解液的温度、电解液的纯度、阴极表面状态及电解析出时间等。

分析这些影响因素，采取措施，提高电流效率：

（1）选择经济电流密度。阴极电流密度的高低直接影响析出锌的产量、质量、电流效率和电能消耗。随着电流密度的提高，氢气超电压增加，可提高电流效率，如图6-8所示，并能获得结晶致密的阴极锌，但又会增大电解液电阻、温度及杂质的析出。因此电流密度的选择必须与溶液中锌、酸含量，电解液循环及溶液净化深度相适应。自20世纪70年代以来建设的电锌厂，电流密度波动在300 ~700A/m^2之间，平均为527A/m^2。

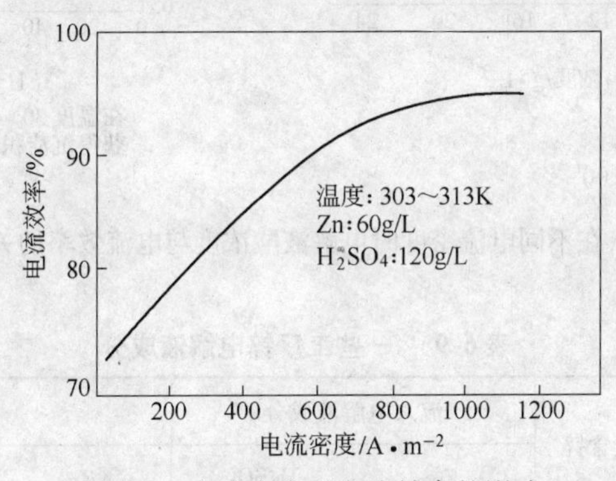

图6-8 电流密度对电流效率的影响

（2）相对稳定的锌、酸含量。氢析出超电压随锌浓度的增加、硫酸浓度的降低而增加。图6-9表明电流效率与溶液中硫酸浓度的关系。图中指出，电流效率随溶液中锌含量的降低，酸浓度增加而降低，随电流密度的增加而显著提高。在一定生产条件下，保证电解液中含锌50 ~55g/L，可得到较高的电流效率。

一定的锌离子浓度是正常进行锌电积、提高电流效率的基本条件；较高的酸浓度则是降低能耗的主要措施。在一定的电流密度下，必须保持与其相应并相对稳定的锌、酸含量。生产中严格控制废电解液酸锌比，保证新液中锌含量不变，并维持电解液稳定的锌浓度。一般酸锌比为（2.5 ~4）：1。目前电解液锌浓度为45 ~70g/L，硫酸浓度已从110 ~140g/L提高到170 ~200g/L，新液含锌140 ~170g/L。电解液成分决定于送入电解槽的新液成分及槽内电解液酸浓度。可以近似地认为，从电解槽排出的废电解液，就成分说，相当于电极之间的电解液，或称工作电解液。表6-9为一些工厂电解液成分。

（3）控制适当低的电解液温度。图6-10表明不同温度下电解液的酸浓度与电流效率的关系（条件：电流密度1000A/m^2，150g/L Zn，55g/L H_2SO_4）。电流效率随电解温度升高而降低，这是由于氢气超电压减小，而且电解液酸浓度愈大，电流效率降低愈厉害。由于电解液电阻、电化学反应，短路及烧板等原因会使电解液温度升高，因此电解液必须冷却降温。一般控制电解液温度为35 ~45℃。

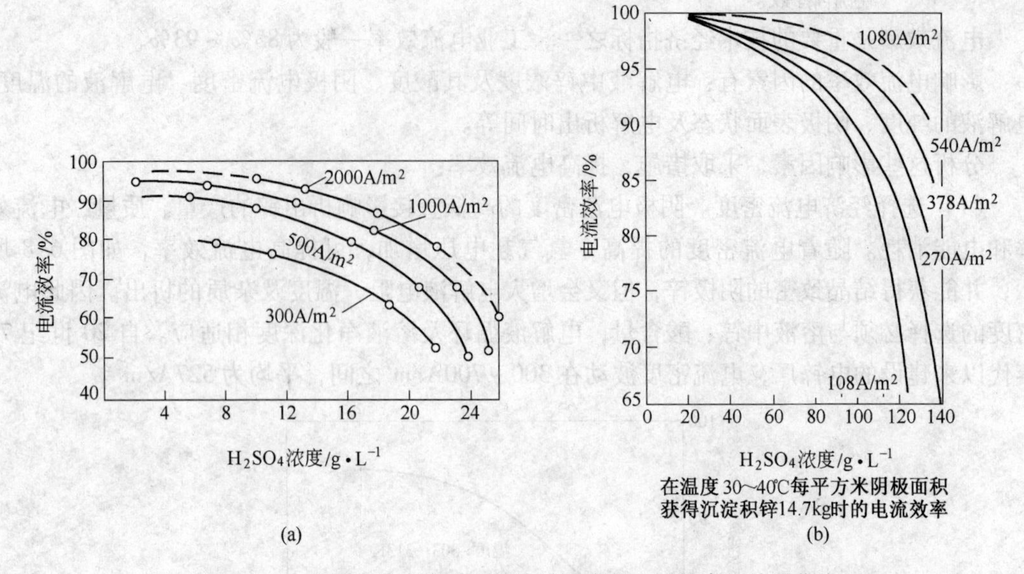

图6-9　在不同电流密度时电解液酸浓度与电流效率的关系曲线

表6-9　一些工厂锌电解液成分　(g/L)

工　厂	中性净液含锌	流入电解液成分		流出电解液成分		
		Zn	H_2SO_4	Zn	H_2SO_4	Mn
株洲（中）	150	58	160	50	175	2.5
神岗（日）	169	60	170	55	177	—
特累尔（加）	150	55	143	60	150	—
科科拉（芬）	152	69	158	61.8	180	7.54
埃克斯塔尔	170	66.7	190	60	200	—

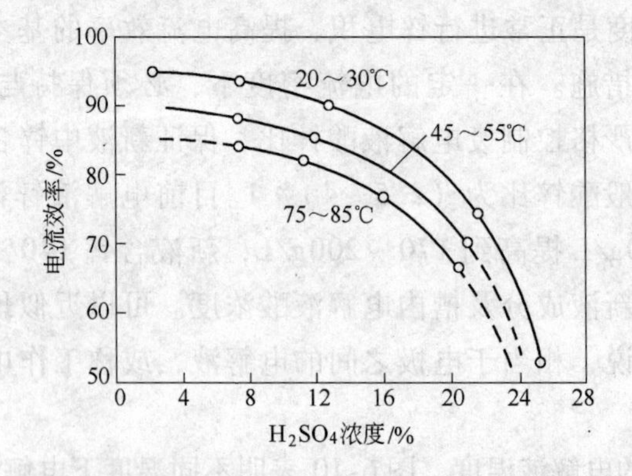

图6-10　在不同温度时电流效率与电解液酸浓度的关系曲线

（4）尽量提高电解液纯度。杂质铜、铁、砷、锑、钴、镍、锗等，当浓度超过允许含量时，会在阴极析出，促使锌反溶及氢气析出而降低电流效率，如图6-11所示。所以要求电解前液应进行深度净化，使杂质含量降至危害限度以下。

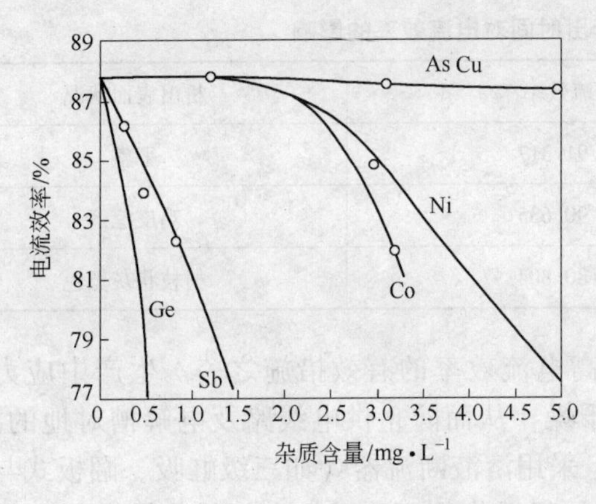

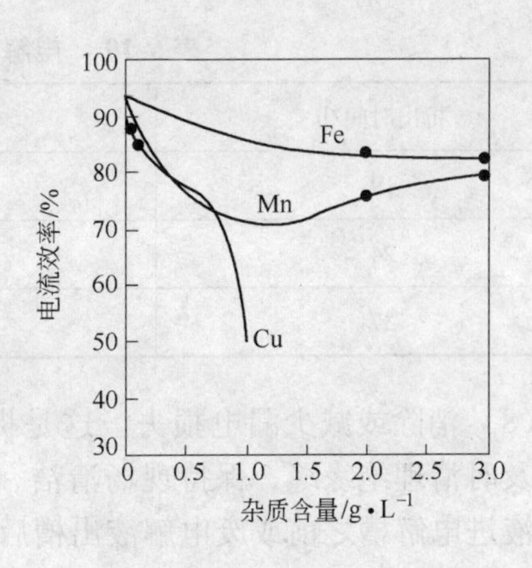

图 6-11 锌电解液中杂质对电流效率的影响

（5）合理使用添加剂。为使析出锌平整、光滑、致密，降低某些杂质的危害，减少氢气析出及阻止锌的反溶，一般需加入胶质或某些表现活性剂。常用的添加剂是胶，其加入量是根据析出锌的表面状况而定，它在电解液中的浓度控制在 10 ~ 15mg/L。胶应预先溶化后均匀加入电解槽内。若胶量过多，会增大溶液电阻，使锌片发脆。

（6）电解液有良好的循环制度。随着电积过程的进行，锌在阴极析出，阴极附近的锌离子浓度不断降低，电流效率随之降低。当锌离子浓度降至 40g/L 时，电流效率小于 80%。为了经常更换阴极附近的溶液，并保持液层中足够高的锌离子浓度，电解液必须不断循环，即不断往槽内供给中性硫酸锌溶液，同时从槽中排走废电解液。加大溶液的循环速度，可以消除浓差极化、及时补充锌浓度，保持电解液低的温度，从而提高电流效率，还有利于提高电流密度而增加产量及降低电能消耗，但会使阳极泥进入阴极的机会增多，增加溶液的漏电损失等。为了维持稳定的锌、酸含量，必须保持均匀的电解液流量。

供给电解槽中性硫酸锌溶液（新液）的流量。依据所采用的电流密度及电解前后电解液的成分而定，按下式计算：

$$Q = \frac{I \cdot q \cdot \eta \cdot N}{P_1 - P_2}$$

式中 Q——送入电解槽中性硫酸锌溶液流量，L/h；

P_1——新液锌含量，g/L；

P_2——废电解液锌含量，g/L。

生产中多采用新液与废电解液按一定体积比例混合，经冷却后加进电解槽的方法进行循环，称为大循环。实践中依据废电解液酸锌比，控制新液与废液混合体积比，一般为 1：(5 ~ 25)。

（7）制定合理的析出周期。实践指出，在一定的电流密度下，电解析出时间与电流效率密切相关，如表 6-10 所示。可见，析出时间越短，电流效率越高，但增加劳动量及缩短阴极寿命。若析出周期太长，锌片增厚，表面变得粗糙，易引起阴、阳极短路，降低电流效率。一般人工剥锌采用 24h，机械化和自动化剥锌采用 48h。加拿大特累尔厂全自动化锌电解车间采用 72h 的析出周期。

表6-10 电解析出时间对电流效率的影响

析出时间/h	电流效率/%	析出表面状况
19	91.317	平整
24	90.635	鸡皮疙瘩
37	80.804	树枝状灰黑色

(8) 消除或减少漏电损失。这是提高电流效率的有效措施之一。生产中应力求做到：及时清理绝缘缝，保持现场清洁、干燥，从而防止供电线路及电解槽对地的漏电；电解液进电解槽之前或废电解液出槽后，采用溶液断流器（如三级虹吸、翻板式与飞溅断流器等），以减少溶液漏电损失；切实加强操作管理，减少电解槽内阴、阳极短路的漏电现象。

(9) 提高技术管理整体化水平。如我国一些工厂总结的“槽上三把关，槽下七不准”及“一平、二光、三消灭、四不下槽”的经验，都是加强管理、提高电效的重要措施。

6.4.2 槽电压

槽电压是指电解槽内相邻阴、阳极之间的电压降。为简化计算，生产实践中是用所有串联电解槽的总电压降（V_1）减去导电板线路电压降（V_2），除以串联电路上的总槽数（N）之商，即为槽电压（$V_槽$），表示如下：

$$V_{槽} = \frac{V_1 - V_2}{N}$$

槽电压是一项重要的技术经济指标，直接影响锌电积的电能消耗。

一个电解槽的电压降系由硫酸锌分解电压（$V_分$），电解液电阻电压降（$V_液$），阴、阳极电阻电压降（$V_极$），阳极泥电阻电压降（$V_泥$）及接触点电阻电压降（$V_接$）等五项组成，即：

$$V_{槽} = V_{分} + V_{液} + V_{极} + V_{泥} + V_{接}$$

(1) 硫酸锌分解电压。锌电积过程中硫酸锌的实际分解电压，由理论分解电压（E）及超电压（η）组成，如下式：

$$V_{分} = (E^{\ominus}_{O_2} + \frac{2.303RT}{F}\lg\alpha_{OH^-} + \eta_{O_2}) - (E^{\ominus}_{Zn} + \frac{2.303RT}{2F}\lg\alpha_{Zn^{2+}} - \eta_{Zn})$$

$$= (E^{\ominus}_{O_2} + \frac{2.303RT}{F}\lg\alpha_{OH^-}) - (E^{\ominus}_{Zn} + \frac{2.303RT}{2F}\lg\alpha_{Zn^{2+}}) + \eta_{O_2} - \eta_{Zn}$$

可见硫酸锌的实际分解电压与电流密度、电解液温度及锌、酸含量有关，一般为2.6~2.8V。

(2) 电解液电阻电压降。克服电解液电阻的电压降大小与电流密度、阴阳极间距离、电解液的比电阻成正比，用下式表示：

$$V_{液} = D_{\mathrm{k}} \cdot \rho \cdot L \times 10^{-4}$$

式中 D_{k}——阴极电流密度，$\mathrm{A/m^2}$；

ρ——电解液比电阻，Ω·cm；

L——阴、阳极间距离，cm。

表6-11为硫酸锌溶液比电阻随酸浓度及锌浓度的变化。

表6-11 在40℃下硫酸锌溶液的比电阻 （Ω·cm）

硫酸浓度 /g·L⁻¹	溶液锌含量/g·L⁻¹			
	40	60	80	100
100	2.88	3.14	3.47	3.73
120	2.44	2.70	3.00	3.25
140	2.16	2.38	2.65	2.96
160	1.96	2.16	2.39	2.64
180	1.81	1.99	2.20	2.42
200	1.69	1.85	2.04	2.25

极间距离、电流密度、温度对槽电压的影响列于图6-12及图6-13中。图中指出，槽电压随电流密度的增加、温度及酸浓度的降低、极间距离的增大而增大。缩短极间距离有利于降低槽电压。我国工厂一般采用同极中心距为60~65mm，国外多采用70~90mm，方便机械化出装槽。

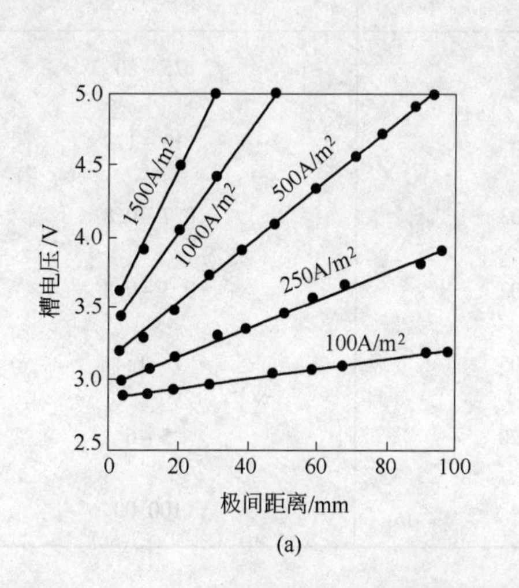

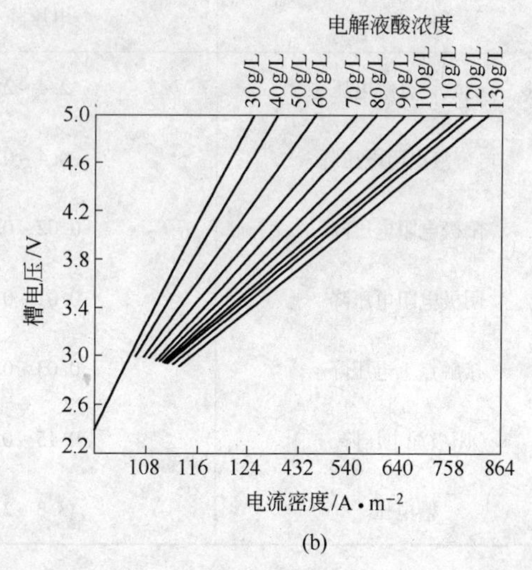

图6-12 电解锌的槽电压与极间距离、电流密度的关系

（a）电解液 H_2SO_4 含量为100g/L，温度25℃；

（b）电解液Zn含量为80g/L，极间距离5cm，温度35℃

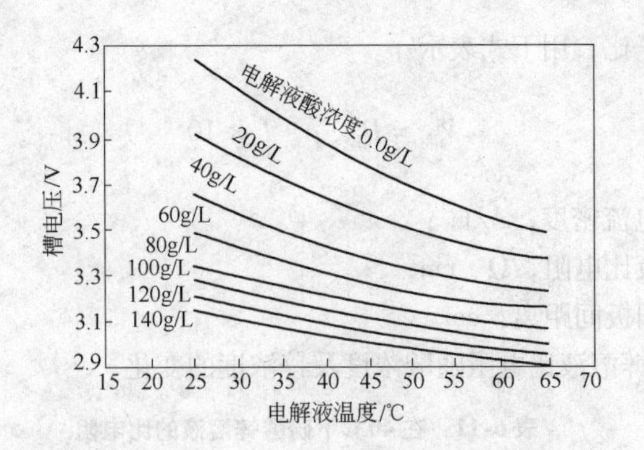

图 6-13 电流密度为 532A/m^{2}时温度对槽电压的影响

溶液中的钙、镁、锰和碱金属的盐类及硅胶等，将增大电解液的比电阻。电解液电阻电压降约为 0.4 ~0.6V。

（3）阴、阳极电阻电压降，包括极板、导电棒及导电头的电阻电压降。铅银合金阳极为 0.02 ~0.03V，铝阴极为 0.01 ~0.02V，若采用铅-银-钙三元合金为阳极，可降低槽电压 20 ~30mV。

（4）接触点电阻电压降，其大小与相互接触的面积、接触表面的清洁程度、接触的大小及两接触面间的压力有关，一般为 0.03 ~0.05V（阴、阳极导电采用夹接法）。某厂采用搭接法，其槽电压比前者要高 20mV 左右，电流效率则提高 1% ~2% 。

（5）阳极泥电阻电压降。阳极表面生成的阳极泥膜要消耗一部分电压；阳极上析出的氧气泡的电阻也要消耗一定的电压。定期刷洗阳极，有利于降低和稳定电压降，约为 0.15 ~0.02V。

工厂槽电压一般为 3.3 ~3.6V。表 6-12 为锌电解槽电压分配情况。

表 6-12 锌电解槽电压分配情况

项 目	电压降/V	分配率/%
硫酸锌分解电压	2.4 ~2.6	75 ~80
电解液电阻电压降	0.4 ~0.6	13 ~17
阳极电阻电压降	0.02 ~0.03	0.7 ~0.8
阴极电阻电压降	0.01 ~0.02	0.3 ~0.8
接触点上电压降	0.03 ~0.05	1 ~1.4
阳极泥电压降	0.15 ~0.20	5 ~6
槽电压	3.3 ~3.4	100.00

6.4.3 电能消耗

电能消耗是指每生产 1t 析出锌所需消耗的直流电能。按下式计算：

$$W = 实际消耗电量（kW \cdot h）/析出锌产量（t）$$

$$= \frac{V \cdot n \cdot I \cdot t}{I \cdot n \cdot t \cdot q \cdot \eta} \times 100$$

$$= \frac{V}{q \cdot \eta} \times 1000$$

$$= 820\, \frac{V}{\eta}$$

式中 W——吨锌直流电单耗，kW·h；

I——通过电解槽的电流强度，A；

t——电解沉积时间，h；

n——电解槽数目；

V——槽电压，V；

q——锌的电化当量，g/(A·h)；

η——电流效率，%。

电能消耗是湿法炼锌的重要技术经济指标之一。工厂吨锌实际电能消耗为3000～3300kW·h，其能耗占整个生产锌锭总能耗的70%～80%，占湿法炼锌成本的30%以上。要降低电能消耗，降低电锌成本，必须采取一切措施提高电流效率，同时降低槽电压。而影响电流效率及槽电压的因素是错综复杂的，在选择技术条件时须全面分析，同时兼顾在高的电流效率下求得最低的电能消耗。图6-14为电流密度、电解液酸浓度对电能消耗的影响。图中看出，提高电流密度，电能消耗增加；随着电解液酸浓度的增加，电耗降低，达到一定限度以后，电能消耗又重新增加。电流密度愈大，则电解液中允许的酸含量也愈高。电解液酸含量低时，因其电阻大，电能消耗较高，当电解液酸含量大到超过一定值后，又由于电流效率的显著降低而使电能消耗增加。

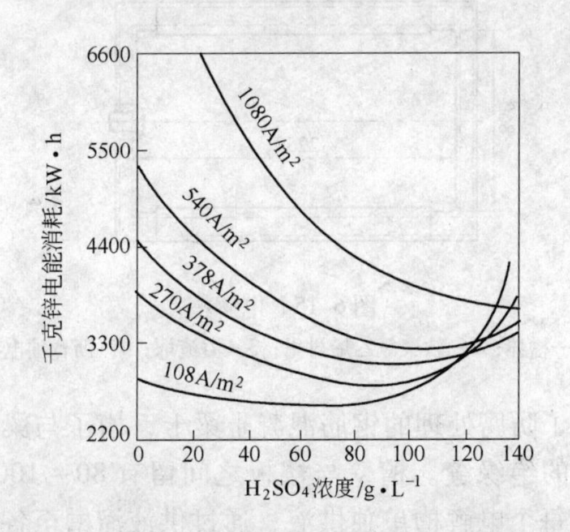

图6-14 电能消耗与电解液酸浓度、电流密度的关系

6.5　锌电解车间的主要设备

6.5.1　电解槽

锌电解槽为一长方形槽子，一般长 2 ~ 4.5m，宽 0.8 ~ 1.2m，深 1 ~ 2.5m。槽内交错装有阴、阳极，出液端有溢流堰和溢流口。电解槽的数目及大小，依选用的电解参数及生产规模而定。槽子的长度由选定的电流密度、阴极片数及极间距离而确定；宽度与深度由阳极面积决定，为保证电解液的正常循环，阴极边缘到槽壁的距离一般为 60 ~ 100mm。槽深按阴极下缘距槽底 400 ~ 500mm 考虑，以便阳极泥平静地沉于槽底。槽底为平底型和漏斗型，我国均采用平底型。

锌电解槽大都用钢筋混凝土制成，内衬铅皮、软塑料、环氧玻璃钢。内衬软塑料的钢筋混凝土槽的结构如图 6-15 所示。钢筋混凝土电解槽具有不变形、不会浸湿、不漏电及使用寿命长等优点，但易被电解液腐蚀，因此要求严格的防腐措施。目前多采用厚为 5mm 的软聚氯乙烯作内衬，外壁也包以软塑料，可以延长槽的使用寿命，还具有绝缘性能好、防腐性能力强等优点。一些工厂部分使用不需内衬的辉绿岩质及玻璃钢电解槽，使用效果较好。某厂已采用钢骨架聚氯乙烯板结构的电解槽。

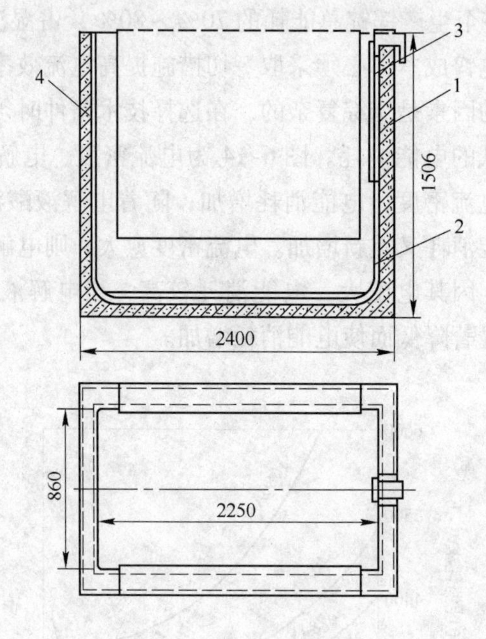

图 6-15　电解槽

1—槽体；2—软聚氯乙烯衬里；3—溢流堰；4—沥青油电毡

电解槽放置在进行了防腐处理的钢筋混凝土梁上，槽子与梁之间垫以绝缘瓷砖。槽子之间留有 15 ~ 20mm 的绝缘缝。槽壁与楼板之间留有 80 ~ 100mm 的绝缘缝。大多数工厂采用水平式配置。每个电解槽单独供液，通过供液溜槽至各电解槽，形成独立的循环系统。

6.5.2 阴极

阴极由阴极板、导电棒及铜导电头（或导电片）组成。阴极板用压延纯铝板（铝含量大于99.5%）制成，一般尺寸为：长1020～1520mm、宽600～900mm、厚4～6mm，重10～12kg。阴极表面要求光滑平直，以保证析出锌致密平整。为减少阴极边缘形成树枝状结晶，阴极要比阳极宽30～40mm。阴板导电棒用铝或硬铝加工，铝板与导电棒焊接或浇铸成一体。导电头一般用厚为5～6mm的紫铜板做成，用螺钉或焊接或包覆连接的方法与导电棒结合为一体。根据阴、阳极连接的方式不同，导电头的形状也不相同。

为了防止阴、阳极短路及析出锌包住阴极周边，造成剥锌困难，阴极的两边缘粘压有聚乙烯塑料条，可使用3～4个月不脱落。图6-16为阴极示意图。为了适应某类剥锌机的需要，阴极两边的塑料条固定在电解槽内，阴极不需另外加包边。

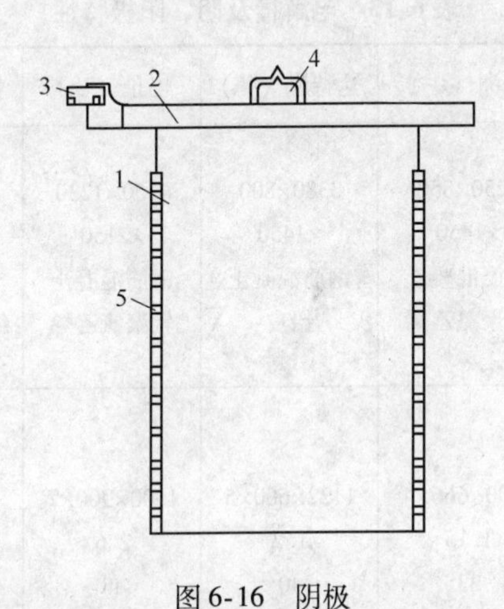

图6-16 阴极

1—阴极铝板；2—导电棒；3—导电片；4—提环；5—聚乙烯绝缘边

6.5.3 阳极

阳极由阳极板、导电棒及导电头组成。阳极板大多采用含Ag 0.5%～1%的铅银合金压延制成，比铸造阳极强度大、寿命长。阳极尺寸由阴极尺寸而定，一般为长900～1077mm、宽620～718mm、厚5～6mm，重50～70kg。使用寿命1.5～2年。图6-17为阳极示意图。为了降低析出锌含铅、延长使用寿命，采用Pb-Ag-Ca-Sr（Ag 0.25%，Ca 0.05%～1%，Sr 0.05%～0.25%）四元合金阳极，强度大、硬度高、导电好、造价低，能形成致密的PbO_2及MnO_2层，使阴极析出铅降低，使用寿命长达6～8年。

导电棒的材质为紫铜。为使阳极板与导电棒接触良好，并防止硫酸侵蚀铜棒，将铅棒酸洗包锡后铸入铅银合金中，再与阳极板焊接在一起。

为了减少极板变形弯曲，改善绝缘，在阳极板边缘装有聚氯乙烯绝缘条。

一些工厂电解槽，阴、阳极规格及特性列于表6-13中。

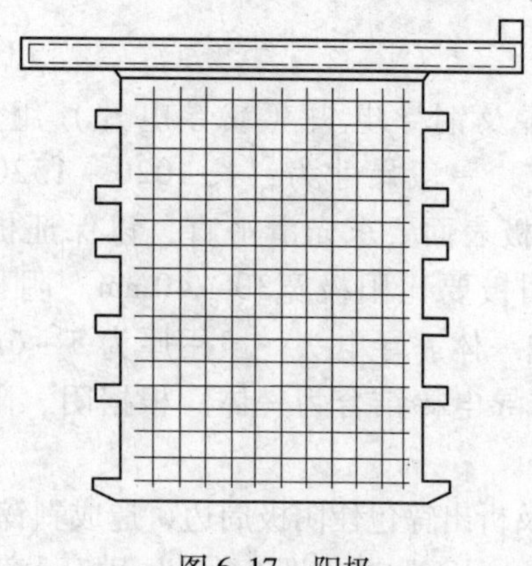

图 6-17　阳极

表 6-13　电解槽及阴、阳极特性

项目		株洲（中）	达特恩（德）	巴伦（比）	特景午（比）	维斯麦港（意）
电解槽	长×宽×高/mm×mm×mm	2250×850×1450	3380×800×1450	4550×1230×2150	5100×1500×2400	8000×2000×2500
	材质	钢筋混凝土	钢筋混凝土	钢筋混凝土	钢筋混凝土	钢筋混凝土
	内衬	软聚氯乙烯	铅皮	软聚氯乙烯	纤维增强塑料	Paraliner
阴极（铝板）	长×宽×厚/mm×mm×mm	1000×666×4	1122×600×5	1600×900×7		
	有效面积/m^2	1. 15	1. 2	2. 6	3	3. 4
	片数	33	40	48	50	56 ~ 60
阳极（铅板）	长×宽×厚/mm×mm× mm	975×620×6	965×550×8	厚 15		
	Ag 含量/%	1	0. 75	0. 9	0. 75	0. 6
	片数	33	41	49	51	57 ~ 61

6. 5. 4　供电设备与电路连接

电解车间的供电设备为整流器，有硅整流器和水银整流器两种。因硅整流器有整流效率高（98%），无汞毒，操作维修方便等优点，被多数厂采用。在选择整流器时，必须适应电解槽总电压降和电流强度的要求。

电解槽按行列组合配置在一个水平上，构成供电回路，一般按双列配置，可为 2 ~ 8列，最常见的配置是由两列组成一个供电系统。图 6-18 为两列组成一个供电系统的配置。每列电解槽内交错装有阴、阳极，依靠阳极导电头与相邻一槽的阴极导电头采用夹接法（或采用搭接法通过槽间导电板）来实现导电。列与列之间设置导电板，将前一列的最末槽与后一列的首槽相接。导电板的断面按允许电流密度1.0~1.2A/mm^{2}计算。因此，在一个供电系统中，列与列和槽与槽之间是串联的，每个槽的阴、阳极则是并联的。一般连接列与列和槽与槽的导电板为铜板，电解槽与供电所之间的导电板用铝板或铜板。

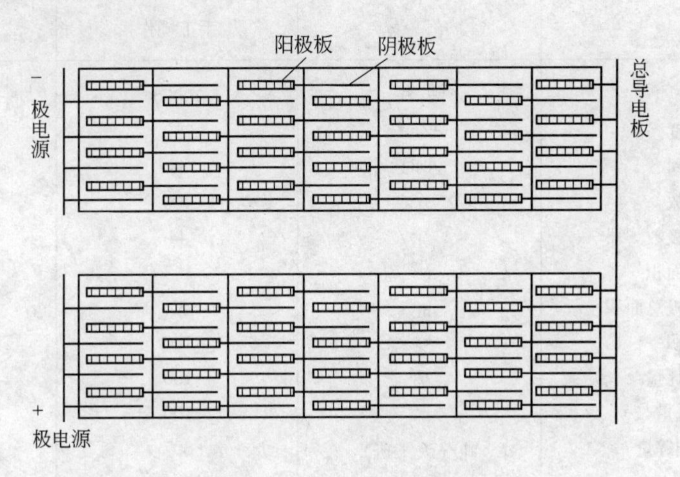

图6-18 成组式电解槽的供电

6.5.5 剥锌机

沉积在铝板上的阴极锌，过去都是人工剥取，劳动强度大，需要的劳动力多。剥锌机的出现为减轻劳动强度、减少劳动力创造了良好条件。随着锌电积采用大阴极，必须有相适应的吊车运输系统及机械剥锌自动化系统。至目前，已有4种不同类型的剥锌机用于生产，其简单工作原理如下：

(1) 马格拉港铰接刀片式剥锌机。将阴极侧边小塑料条拉开，横刀起皮，竖刀剥锌。

(2) 比利时巴伦双刀式剥锌机。剥锌刀将阴极片锌割开，随刀片夹紧，将阴极向上抽出。

(3) 日本三井式剥锌机。先用锤敲松阴极锌片，随后用可移式剥锌刀垂直下刀进行剥离。

(4) 日本东邦式剥锌机。使用这种装置时，阴极的侧边塑料条是固定在电解槽里，阴极抽出后，剥锌刀即可插入阴极侧面露出的棱边，随着两刀水平下移，从而完成剥锌过程。

每片阴极锌的剥离时间为6~8s。

巴伦电锌厂对手工剥锌与机械剥锌的经济效果作了对比，结果列于表6-14。

6.5.6 阴极刷板机

经剥锌及平板后的阴极铝板用刷板机清刷表面的污物。刷板机分为立式与卧式两种。卧式刷板机只有一个刷轮，一次行程只能刷铝板的一面；而立式刷板机由于有两个刷轮，一次行程可以刷铝板的两面，所以它比卧式刷板机的生产效率高、劳动强度小。立式刷板由刷轮驱动与阴极两大部分组成，其结构如图6-19所示。生产能力为1800片/(台·日)。

表6-14　手工剥锌与机械剥锌效果对比

项　目	单　位	手工操作	机械剥锌
产量	吨/年	70000	7000
电流密度	A/m^2	320	400
沉积时间	小时	48	48
电解槽数	个	400	160
每槽装阴极数	个	44	44
每个阴极面积	m^2	1.3	2.6
每个电解槽阴极总面积	m^2	57	114
占地面积	%	100	61
铅、银消耗量	%	100	82
铝的消耗量	%	100	66
每人每班剥锌量	吨/(人·班)	6.7	22.5

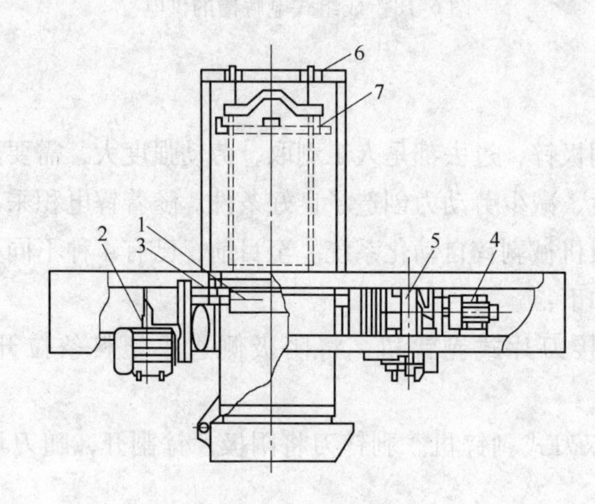

图6-19　立式阴极刷板机
1—刷轮；2，4—电动机；3—手轮；5—减速机；6—卷筒滑轮；7—升降机构

6.5.7　空气冷却塔

锌电解沉积时，因直流电作用而产生的电流效应，使电解液温度逐渐升高，当温度超过40～45℃时，必须进行冷却。冷却多采用空气冷却塔，为中空的长方形槽塔，槽体为钢板焊制内衬环氧树脂玻璃布或玻璃钢槽体内衬软塑料板。塔身高10～15m，槽截面积25～50m^2。电解液自上而下喷洒成滴至槽底，冷空气自下而上逆流运动，达到蒸发水分带走热量，冷却电解液的目的。塔顶淋洒装置采用管式配液系统，每根配液支管装有ϕ20～30mm螺旋式喷嘴80～200个，均布于塔断面上，把电解液喷洒成细滴状，增大与空气的接触面。塔顶捕滴装置用硬塑料板做成格栅捕滴，其上铺有厚100～500m尼龙纱网捕雾，

以减小电解液损失及环境污染。塔下部侧面装有轴流式风机。塔底为集液池，混凝土结构，内衬环氧玻璃布，深400mm，池底坡度1%。底上设有ϕ600mm的排液晶管。表6-15为我国某厂空气冷却塔的特性。

表6-15 国内某电锌厂空气冷却塔的特性

项目	指标	项目	指标
冷却溶液	废电解液	汽水比（kg/kg）	1:1
冷却液量/$m^3 \cdot h^{-1}$	200	风机型号	EF36
进液温度/K	313	风机风量/m^3	25×10^4
出液温度/K	308	风机风压/Pa	170~210
冷却面积/m^2	50	风机台数/台	1
有效高度/m	11.6	功率/kW	30
淋洒密度/$m^3 \cdot (m^2 \cdot h)^{-1}$	4.5		

空气冷却塔具有动力消耗少、简单、可靠、投资少、维修方便等优点，因而得到广泛应用。

6.6 锌电解主要操作

6.6.1 通电开槽与阳极镀膜

通电开槽前的各项准备工作就绪后即可灌液开槽，有两种开槽方法：

（1）中性开槽。将电路连接好后，向槽中灌满中性硫酸锌溶液，然后接通电路。开始阶段，槽电压较高，当电解液酸含量达8~10g/L时，向电解槽供新液进行循环。电解液温度达30℃以上开始冷却。中性开槽无需配液，但开槽通电时，溶液电阻较大，电压较高，开槽较困难。

（2）酸性开槽。将溶液配成含酸70g/L，含锌50~55g/L的电解液，经冷却后加入电解槽内，并迅速装入电极，联通电路后就可开始进行电解液循环进入正常电解。酸性开槽时，配液灌液工作量较大，但开槽通电比中性开槽顺利。

新开始生产的电解车间，对所用新阳极要进行预先镀膜，是在低温电流密度条件下进行电解，使阳极表面形成一层二氧化铅保护膜。其技术条件为：电流密度27~31A/m^2，电解液温度25℃，电解液含锌40g/L，含酸70~80g/L，经24h后阳极表面观察到一层棕褐色氧化膜，说明镀膜完成。此后，逐渐升高电流至规定指标，进行正常生产。

6.6.2 电解液的循环与冷却

目前锌电解车间供液多采用大循环制，即经电解槽溢流出来的废液（含酸130~170g/L、含锌45~55g/L）一部分返回浸出车间作溶剂，一部分送冷却，并按一定体积比与新液混合后供给每个电解槽。电解液在电解槽内的流动方向如图6-20所示。从电解槽出液端溢出的废电解液，先汇集于废液溜槽，再流入地槽（循环槽），一部分新液以

1∶(5~25)与废液混合，与新液混合后送冷却塔冷却。

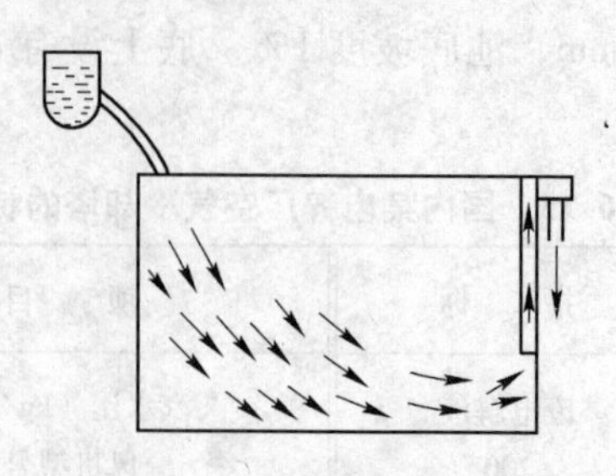

图6-20　电解液循环示意图

当电解液经冷却塔冷却时，温度下降，使溶液中硫酸钙、硫酸镁溶解度下降，并以结晶状析出，阻塞管道等，影响电解液的正常循环，降低冷却效率而降低电流效率。在酸性溶液中硫酸钙的溶解度在29℃时最低，因此，电解液冷却后液的温度控制在33~35℃为宜。

6.6.3　槽面管理与技术控制

槽面管理与电解液的循环紧密相关，其主要任务是当电流密度确定后，按技术条件控制电解液的锌含量、酸浓度、温度及正确使用添加剂，每个电解槽内电解液的锌、酸含量，一般用比重计进行测定，当密度值增大时，说明电解液含锌高、含酸低，这时应减少电解液流量；当密度值降低时，即电解液含锌低、含酸高，则应增大电解液流量。

槽内电解液的温度，冬天控制不超过40℃，夏天不超过45℃。当温度普遍增高时应及时调整冷却塔的冷却效果。如遇个别电解槽温度升高，可适当增大流量并及时消除电解槽中的短路。

锌电积最常用的添加剂是胶，须根据析出锌表面状况，均匀不断地加入电解槽，或1~2h加一次，以保持浓度为10~15mg/L。当发现析出锌含铅高或刷阳极、清理电解槽阳极泥时，须往槽内加入碳酸锶，一般每槽加5g（清理电解阳极泥后加10~15g/槽）。当锌片难剥时，于出槽前10~15min将吐酒石溶液（预先以温水溶解）加入槽中，保持电解液含锌0.12mg/L，不可多加，否则引起烧板。为防止酸雾，应及时往电解槽中加起泡剂。

6.6.4　电解烧板及其处理

(1) 个别烧板。

个别电解槽加吐酒石过多或含铜污物混入电解槽中，使电解液中铜、锑升高，发生“烧板”或电解液流量不足或电解液含锌过低、含酸过高，促使阴极锌反溶或阴、阳极板短路，均使槽内溶液温度升高，严重时，由于阴极的激烈反溶，大量析出氢气，使电解液在槽内翻腾。如果是因为前者引起，应及时加大循环量，更换槽中的部分电解液。情况严重时，应立即取出槽内阴极，重新装入新阴极，消除短路现象。

(2) 普遍烧板。

产生这种现象的原因是由于电解液杂质含量偏高，或者是电解液含锌偏低、含酸偏高。当电解液温度过高时，也会引起普遍烧板。出现这种情况时，首先应取样分析电解液成分。根据分析结果，立即采取措施，加强溶液的净化操作。在电解工序则应加大电解液的循环量，迅速提高电解液锌含量。此外应保证电解液的降温冷却。

6.6.5 酸雾的防治

锌电积过程中，电极反应放出氢气和氧气，带出部分细小的电解液颗粒进入空间，形成酸雾，严重危害人体健康、腐蚀厂房设备并造成硫酸和金属锌的损失。正常操作要求车间内空气中的硫酸含量应低于 $2mg/m^3$。为此国内外炼锌厂对酸雾防治办法，采用如下三种类型；第一是通风，例如加拿大棉敏斯厂，电解厂房全部密闭，在面积为 196m×36.6m 的电解厂房内用三台鼓风机和用顶层排风机进行通风，每分钟供给车间约 $9515m^3$ 的空气，使该车间的空气每小时全部更换 6.5 次，车间内感觉不到酸雾。比利时巴伦锌厂，将电解厂房内的酸雾通过房顶抽风管进入电解废液冷却塔，由强力风扇抽排出厂房外，电解车间内空气含酸 $1\sim4mg/m^3$。

第二是使用添加剂，主要有动物胶、丝石竹、豆饼粉、水玻璃及皂角粉等起泡剂，降低酸雾形成。可单独使用，也可联合使用。可使槽面上空含酸由 $25mg/m^3$ 降至 $3\sim7mg/m^3$。

第三是通风和添加剂并用，例如比利时奥文佩尔特电锌厂，在电解厂房内，从正常工作平面以下到屋顶，通过自然抽风而保持室内通风，同时在电解槽内加起泡剂，使电解现场空气含酸浓度降至 $1mg/m^3$。

国外一些工厂电解车间实现了全自动化，我国一些工厂实现了部分机械化和自动化。表 6-16 为一些工厂锌电解主要技术经济指标。

表 6-16 一些工厂锌电解的主要技术经济指标

项 目		单位	梯敏斯（加）	科科拉（芬）	达特恩（德）	安中（日）	巴伦（比）	克洛格（美）	株洲（中）
电解液成分	Zn	g/L	60	61.8	55~60	60	50	50	40~55
	H_2SO_4		200	180	200	180	180~190	270	150~200
电流密度		A/m^2	571	660	579	400~430	400~430	1000~1100	480~520
电解温度		℃	35	33	34	35	30~35	35	36~42
同极距		mm	76			70~75	90	20~32	62
电解周期		h	24	24	24	24~48	48	8~24	24
槽电压		V	3.5	3.54	3.5	3.54	3.3	3.5	3.2~3.3
电流效率		%	90	90	91.3	92	90	90~93	89~90
吨锌电能消耗		kW·h	3189	3219	3239	2997	3100	3100	2950~3100

6.7 阴极锌的熔铸

电解沉积产出的阴极锌片，虽然化学成分已达标准，但物理规格不符合要求，且运输和储存甚为不便。因此，阴极锌片要进行熔化铸锭才可作为成品出厂。

阴极锌熔铸过程的实质是在熔化设备中，加热熔化阴极锌片成熔融的锌液，加少量氯化铵（NH_4Cl）搅拌，扒出浮渣，锌液铸成锌锭。

熔锌所用的设备有反射炉及电炉两种。无论采用哪种设备都要产生浮渣，这是由于从炉门进入空气、炉内的燃烧废气 CO_2 以及阴极锌片带入少量的水分，使炉内的锌液氧化，生成的氧化锌与锌的混合物——浮渣，一般含锌 80% ~85%。浮渣越多，熔铸时锌的实收率越低。

浮渣的产出率与熔铸设备、熔铸温度、阴极锌的质量等有关。当采用感应电炉熔铸时，由于不用燃料燃烧，炉内锌的氧化少，因而浮渣的产出率比采用反射炉熔铸时低；熔锌时，炉内温度过高，使锌液更易氧化，因此采用低温操作（稍高于锌的熔点），可以降低浮渣产出率。但若温度过低，特别是在搅拌、扒渣时温度过低，将造成随浮渣带出的锌液增加，使浮渣锌含量显著升高，一般熔化温度控制在 450 ~500℃之间；锌片质量影响也很大，熔铸结构致密的阴极锌片比熔铸结构疏松、有“烧板”现象的锌片的浮渣少得多，直接回收率也就高得多。

为了降低浮渣产出率和降低浮渣含锌，熔锌时加入氯化铵，它的作用在于与浮渣中的氧化锌发生如下反应：

$$2NH_4Cl+ZnO = ZnCl_2+2NH_3+H_2O$$

生成的 $ZnCl_2$ 熔点低（约为 318℃），因而破坏了浮渣中的 ZnO 薄膜，使浮渣颗粒中的锌露出新鲜表面而聚合成锌液。吨锌氯化铵消耗为 1 ~2kg。

工厂浮渣产出率一般为 2.5% ~5%。浮渣的主要成分为金属锌（约占 40% ~50%）、氧化锌（约占 50%）和少量氯化锌（约 2% ~3%）。浮渣中夹带着相当多的金属锌粒，一般先将大块锌粒分离，并直接回炉熔化，余下进行湿法或火法处理，最大限度地回收其中的锌及氧化锌。

电炉熔锌比反射炉熔锌可以得到较高的金属直接回收率，达 97% ~98%；浮渣率低，能耗较低，1t 析出锌一般耗电 100 ~120kW · h；劳动条件好；操作条件易于控制。国内外已逐渐用电炉熔铸代替了反射炉熔铸。

低频感应电炉熔锌的实质是利用电能转变为热能，使阴极片加热熔化熔铸。电炉的容量大小视生产规模而异。功率一般为 150 ~500kW，大型的为 750 ~1800kW。加拿特累尔厂采用特大型电炉功率为 2000kW 及 3000kW，容积为 20 ~120t。

电炉是由 10 ~12mm 钢板焊成，内衬耐火黏土砖的长方形炉体。炉子熔池两边及后方安装六个电炉变压器。每个变压器的一次线圈为铜导线，二次感应线圈为锌熔体（锌环）。当一次线圈供电后，二次线圈产生比一次线圈大若干倍的感应电流（视一次线圈匝数而定），将电能转变为热能，使炉内锌被加热熔化。同时，由于电磁场的作用，产生电动压缩力，引起锌液的剧烈运动，使炉子熔池内的锌不断熔化。表 6-17 为 20t 低频感应炉及其附属设备的规格及性能。炉外配有圆盘浇铸机或直线浇铸机，每机有 40 ~160 个模，每块锭重 20 ~27kg。锌片自炉顶加入，液体锌从前室端墙上的放料口舀出并铸入浇铸机膜内，即为产品锌锭。一些工厂还配备有合金炉，将合金成分加入锌熔体中，并铸成各种规格的锌基合金产品。

表 6-17 20t 低频感应炉及其附属设备的规格及性能

	项目	规格及性能
感应电炉	质 量	20t
	外形尺寸	4.362m×3.184m×3.4m
	炉子总质量	20t/台（其中炉盖 4.388t）
	生产能力	1.5～5t/h，平均 75t/d
	熔化室容积	2.265m×1.39m×0.87m=3.1m^3
	浇铸室容积	1.39m×0.875m×0.8m=0.9m^3
炉变压器	功 率	32～90kW
	一次线圈	$\phi_{外}$293mm，匝数 2×40，铜线断面积 84mm^2，I_{max}≤300A
	二次线圈	$\phi_{外}$502mm，最大电流密度 9～12A/mm^2，锌环最小断面 2000mm^2，风冷
	冷 却	耗量 1800m^2/h，风压 1400Pa，变压器温度小于 60℃
供电变电器		SJ-1000/10，10/0.5kV，750kVA
调压器		GF-75/25，0.5/10kV，400kVA
炉变压器冷却风机		型号：4-62-11，No.7A，风量 6500～16000m^3/h，风压 950～1750Pa

国内外一些工厂阴极锌的熔铸，从加料、冷却、打印、脱膜、堆垛、捆扎及运锭，全部实现了机械化和自动化。

表 6-18 和表 6-19 为一些工厂熔铸技术参数及锌锭成分。

表 6-18 阴极锌熔铸技术参数

工 厂	电炉功率/kW	熔池温度/℃	吨锌电能消耗/kW·h	吨锌氯化铵消耗/kg	熔铸直收率/%
株洲（中）	190～540	540～550	110～120	1～1.3	97.5
秋田（日）	1140	470	100	0.5	97.5
科科拉（芬）	1700	470	99	0.618	—

表 6-19 一些工厂锌锭成分 （%）

工 厂	Zn	Pb	Cu	Cd	Fe
株洲（中）	99.99	0.005	0.001	0.002	0.003
饭岛（日）	99.998	0.0011	0.0004	0.0003	0.0003
科科拉（芬）	99.995	0.001	0.0001	0.001	0.0008
皮里港（澳）	99.99	0.002	0.0005	<0.005	0.001
特累尔（加）	>99.99	<0.0017	<0.001	<0.0001	<0.002
克洛格（美）	99.99	<0.001	<0.005	<0.0001	<0.0001

6.8 湿法炼锌厂的能耗及热平衡

湿法炼锌厂的能耗大，生产1t锌锭的能耗为38～61GJ，折合标准煤为吨锌1.7～1.9t，吨锌电耗为3800～4200kW·h。根据克洛格的分析，湿法炼锌吨锌的总能耗为50.07GJ，各个过程的能耗（GJ）分配如表6-20所示。

表6-20 湿法炼锌能耗分配

项　目	各过程能耗/GJ	占总能耗/%
精矿焙烧	1.33	2.7
硫酸生产	2.66	5.3
浸出净化	3.57	7.1
电解	39.74	79.4
熔铸	1.49	3.0
其他	1.28	2.5
总能耗	50.07	100.0

其中电解能耗占总能耗的70%～80%。各湿法炼锌企业都竭尽全力节约能源、降低能耗，主要措施为：

（1）降低蒸汽消耗。主要措施有：1）研究高效率的换热材质，充分利用蒸汽来加热浸出、净化的溶液；2）改变工艺条件以减少蒸汽的消耗，如提高溶液锌含量（从含锌130g/L提高至150～170g/L）和降低净液温度（从85℃降至70～75℃）；3）电解液的冷却方式趋向于用冷却塔。

（2）降低电耗。主要措施有溶液的深度净化、改变电解操作条件及研究新的阳极材质等。例如日本秋田炼锌厂采用的节电措施为：1）电解液温度由33℃提高至43℃；2）电解液含酸由140g/L提高到160g/L；3）阴极间极距从75mm降至71mm；4）阳极清理周期从44天缩到20天；5）电解液中镁含量从28g/L降至12g/L；6）增加槽中阴极片数，使电流密度从504A/m^2降至435A/m^2。从而使电流效率从88%提高到90%，吨锌直流电耗从3310kW·h降至3060kW·h。日本安中锌厂采用高低电流密度相结合的电解制度：白天330～300A/m^2，夜用450～500A/m^2（见表6-21）。比利时巴伦锌厂采用大阴极（从1.3m^2增至3.2m^2）及低电流密度（400～430 A/m^2），保持吨锌电耗为3100kW·h。我国株洲冶炼厂采用废液酸锌比为（3.4～3.8）：1，增大废液新液循环体积比，保持吨锌低的电耗为3000kW·h。

（3）电解节能的措施有：1）电解液中加入甲醇、乙醇、醋酸等，可降低槽电压，使电积节能5%左右；2）改变电解质电解，使H_2SO_4溶液中含有SO_2，添加少量K_2O等，可节约电能56%；3）$Zn-MnO_2$同时电积，节约电能60%。

表6-21　安中电锌厂的热平衡

热收入项目	热量/TJ	比例/%	热支出项目	热量/TJ	比例/%
精矿焙烧反应热	148	70.7	产生蒸汽的显热	62	29.6
浸出反应放热	16	7.6	焙烧的热损失	86	41.1
锌粉溶解热	0.4	0.2	溶液带走显热	13	6.2
蒸汽加热	13	6.2	浸出净化的热损失等	17	8.1
电解的电阻热	23	11.0	空气冷却及热损失	27	13.0
整流器升温	4.2	2.1	锌液带走显热	3.2	1.5
熔铸电炉加热	4.6	2.2	散热损失	1.0	0.5
共　计	209.2	100	共　计	209.2	100

参 考 文 献

[1] 魏昶，等．湿法炼锌理论与应用 [M]．昆明：云南科技出版社，2003.
[2] 赵天从．重金属冶金学 [M]．昆明：北京：冶金工业出版社，1981.
[3] 邱竹贤．有色金属冶金学 [M]．北京：冶金工业出版社，1988.
[4] 钟竹前，等．湿法冶金过程 [M]．长沙：中南工业大学出版社，1988.
[5] 陈家镛，等．湿法冶金中铁的分离与利用 [M]．北京：冶金工业出版社，1991.
[6] 陈国发．重金属冶金学 [M]．北京：冶金工业出版社，1992.
[7] 彭容秋．有色金属提取冶金手册（锌镉铅铋）[M]．北京：冶金工业出版社，1992.
[8] 梅光贵，王德润，等．湿法炼锌学 [M]．长沙：中南大学出版社，2001.
[9] 徐鑫坤，魏昶．锌冶金学 [M]．昆明：云南科技出版社，1996.
[10] 钟竹前，梅光贵．化学位相图在湿法冶金和废水净化中的应用 [M]．长沙：中南工业大学出版社，1986.
[11] 凌江华．低品位氧化锌矿和高铁闪锌矿 $NH_3(NH_4)_2SO_4$ 体系浸出的研究 [D]．长沙：中南大学，2011.
[12] 贾希俊．氧化锌矿物碱法提取新工艺研究 [D]．
[13] 张承龙．含锌危险废物及贫杂锌矿的烧碱介质湿法冶金清洁工艺研究 [D]．上海：华东理工大学，2008.
[14] 刘清．碱浸-电解法从含锌废料和贫杂氧化锌矿中制备金属锌粉 [D]．上海：同济大学，2007.

冶金工业出版社部分图书推荐

书　名	作　者	定价(元)
熔池熔炼——连续烟化法处理有色金属复杂物料	雷　霆　等著	48.00
低品位硫化铜的细菌冶金	袁明华　等编著	22.00
锗的提取方法	雷　霆　等著	30.00
现代锗冶金	王吉坤　等著	48.00
湿法提锌工艺与技术	杨大锦　等编著	26.00
铟冶金	王树楷　编著	45.00
冶金熔体结构和性质的计算机模拟计算	谢　刚　等编著	20.00
硫化锌精矿加压酸浸技术及产业化	王吉坤　等著	25.00
冶金物理化学教程（第2版）	郭汉杰　编著	30.00
常用有色金属资源开发与加工	董　英　等编著	88.00
铬冶金	阎江峰　等编著	45.00
金属塑性成形力学原理	黄重国　等编著	32.00
金属及矿产品深加工	戴永年　主编	118.00
泡沫浮选	龚明光　编著	30.00
统计动力学及其应用	张太荣　编著	39.00
金属眼镜型材和加工工艺	雷　霆　等著	36.00
合金电子结构参数统计值及合金力学性能计算	刘志林　等著	25.00
锡	黄位森　主编	65.00
有色金属材料的真空冶金	戴永年　等编著	42.00
有色冶金原理	黄兴无　主编	25.00
湿法冶金	杨显万　等著	38.00
固液分离	杨守志　等编著	33.00
有色金属熔炼与铸锭	陈存中　主编	23.00
微生物湿法冶金	杨显万　等编著	33.00
电磁冶金学	韩至成　著	35.00
轻金属冶金学	杨重愚　主编	39.80
稀有金属冶金学	李洪桂　主编	34.80
稀土（上、中、下册）	徐光宪　主编	88.00
铝加工技术实用手册	肖亚庆　主编	248.00
有色冶金分析手册	符　斌　主编	149.00
现代有色金属冶金科学技术丛书　锑冶金	雷　霆　等编著	88.00
碱介质湿法冶金技术	赵由才　等编著	38.00